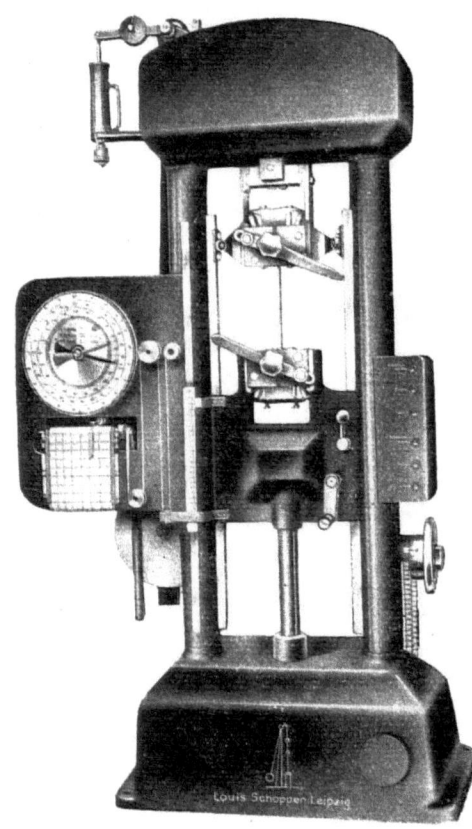

Schopper Prüfmaschinen

und Meßgeräte für

Stahl u. Metalle

Preßstoffe

Gummi

Textilien

Papier u. Pappe

Louis Schopper
Leipzig S 3

Fabrik für Werkstoffprüfmaschinen u. wissenschaftliche Apparate

---

Holz-imprägnierung

RÜTGERSWERKE-

AKTIENGESELLSCHAFT

BERLIN W 35

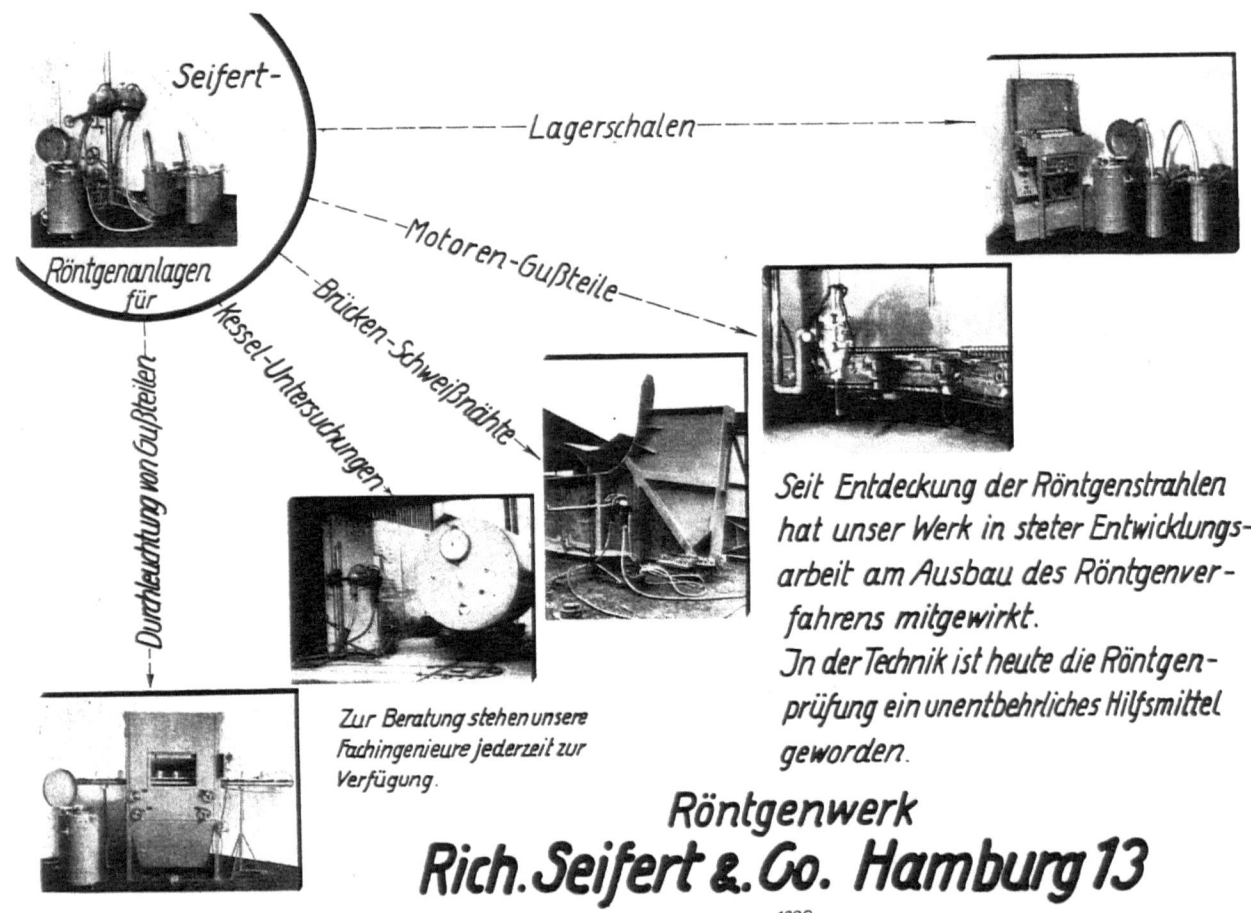

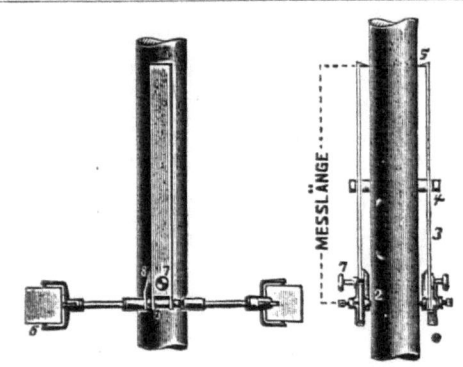

FEINMESS-INSTRUMENTE
FÜR MATERIAL-PRÜFUNG
F. STAEGER
BERLIN-STEGLITZ
Telephon: 723955

Spiegelapparate nach Martens / Dehnungsmesser nach Okhuizen / Messuhr nach Leuner-Staeger (50 mm Meßbereich) / Ritzhärteprüfer / Brinell-Mikroskope / Torsionsmesser usw.

WOLPERT-HÄRTEPRÜFER DIA-TESTOR

für Härteuntersuchungen nach Brinell, Vickers und Rockwell. Sofortige Anzeige der Härtewerte und Festigkeitszahlen an der Mattscheibe.

Verlangen Sie bitte die Übersendung unserer Druckschrift Nr. 1193 über neuzeitliche Werkstoffprüfmaschinen. Sie finden darin das für ihre Zwecke geeignete Gerät.

HAHN & KOLB / STUTTGART

AKTOPHOT

Archivierung wichtiger Betriebsunterlagen für Luftschutzsicherung.

Maßstäbliches Umzeichnen von Karten- und Konstruktionsmaterial.

Mit den Aktophot-Umzeichnungsgeräten werden Vorlagen jeder Größe auf Film oder Papier aufgenommen und können im gleichen Apparat beliebig rückvergrößert werden.

Die Arbeitsweise der Aktophot-Apparate ist denkbar einfach. Die Geräte können von angelernten Arbeitskräften ohne Schwierigkeiten bedient werden.

Sämtliche Aktophot-Geräte arbeiten mit vollautomatischer Scharfeinstellung. Vorlagenhalter mit Saugluft. Aufnahmeformate: 9×12, Din A 5, Din A 4 (Geräte unseres Kriegserzeugungsplans.)

VEREINIGTE PHOTOKOPIER-APPARATE K.-G.
HAMBURG   DR. BÖGER   BERLIN

Pfeiffer's Metall-Prüfapparat
nach Straube-Pfeiffer

zur

Prüfung der Gußprobe

auf Gasgehalt

Arthur Pfeiffer, Wetzlar C 138
Fabrik physikalischer und chemischer Apparate

Maschinen für die Baustoffprüfung
nach den verschiedenen **Normen und Vorschriften**

300-t-Betonprüfpresse mit Antrieb durch Elektro-Regelpumpe

OSCAR A. RICHTER
DRESDEN-A. 1, Güterbahnhofstraße 8

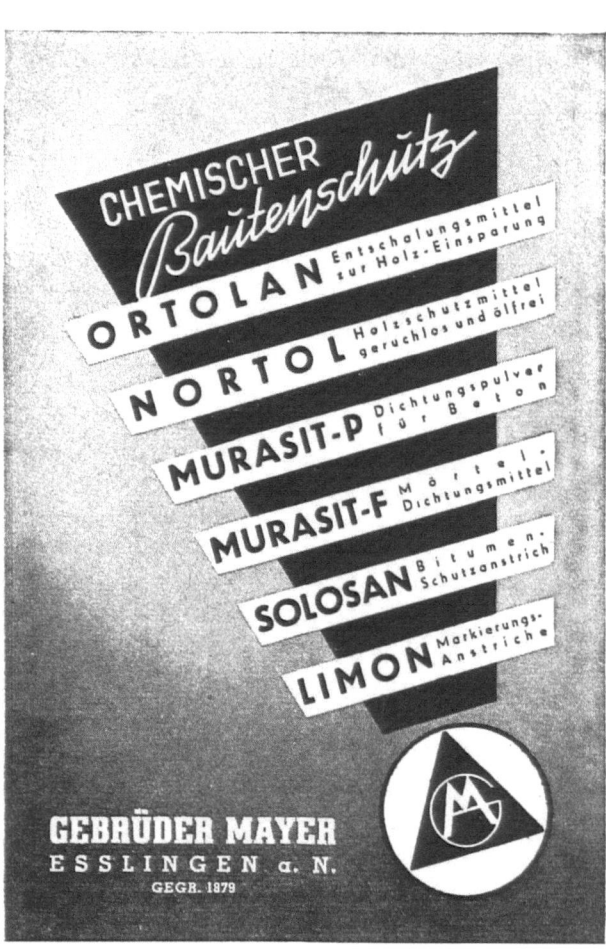

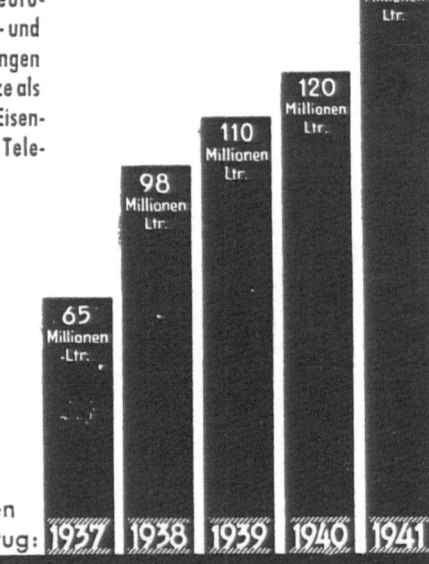

WISSENSCHAFTLICHE ABHANDLUNGEN
DER
DEUTSCHEN MATERIALPRÜFUNGSANSTALTEN

FRÜHER SONDERHEFTE DER MITTEILUNGEN DER DEUTSCHEN MATERIALPRÜFUNGSANSTALTEN

II. FOLGE   HEFT 4

NEUERE UNTERSUCHUNGEN AN BAUSTOFFEN UND BAUTEILEN

FORSCHUNGSARBEITEN AUS DEM STAATLICHEN MATERIALPRÜFUNGSAMT BERLIN-DAHLEM
UND DEM KAISER WILHELM-INSTITUT FÜR SILIKATFORSCHUNG BERLIN-DAHLEM

MIT 139 BILDERN IM TEXT

AUSGEGEBEN AM 18. NOVEMBER 1942

BERLIN
SPRINGER-VERLAG
1942

ISBN 978-3-7091-5287-4   ISBN 978-3-7091-5435-9 (eBook)
DOI 10.1007/978-3-7091-5435-9

Alle Rechte vorbehalten

VORWORT

Im vorliegenden Heft sind in zwangloser Folge eine Reihe von Abhandlungen zusammengefaßt worden, die neuere Untersuchungen an Baustoffen und Bauteilen zum Gegenstand haben.

Die Arbeiten über Beton enthalten zum Teil Ansätze zu wichtigen Neuerungen, deren Weiterverfolgung und Ausschöpfung bereits in Angriff genommen ist. Die Abhandlungen über Steinholzmassen und Prüfverfahren von asbesthaltigen Erzeugnissen behandeln Themen, deren Veröffentlichung nicht nur im Hinblick auf die vielfältigen Fragen geboten war, die in diesem Zusammenhang neuerdings immer wieder auftauchen, sondern auch zur Stützung und Erläuterung jüngster Normungsarbeiten notwendig erschien. Die Aufsätze über Wärmedurchlässigkeit von Wänden, die Mauerwerksfestigkeit, das Verhalten von Bauteilen unter Brandeinwirkung und die Darlegungen über die Prüfung von Raumabschlüssen stellen Auswertungen neuerer Beobachtungen dar, die in den letzten Jahren im Staatlichen Materialprüfungsamt Berlin-Dahlem gesammelt worden sind. Die Ergebnisse der Brandversuche selbst haben unmittelbare praktische Bedeutung für zweckmäßige Maßnahmen im Luftschutz. Die Arbeit über die neue Erfindung des Leichtkalksandsteins bildet einen Beitrag zur Erweiterung des Rahmens der bei den großen Bauplanungen verfügbaren Baustoffe.

Die Arbeit Nr. 4 stammt aus dem Kaiser Wilhelm-Institut für Silikatforschung. Alle übrigen Arbeiten sind in der Hauptabteilung für anorganische Baustoffe und Baukonstruktionen des Staatlichen Materialprüfungsamtes Berlin-Dahlem entstanden.

A. Hummel.

INHALT

Seite

Vorwort III

1. A. Hummel und J. Sittel: Die derzeitigen Grundlagen zur Beurteilung der Wärmedurchlässigkeit von Wänden 1
2. K. Charisius: Die mechanischen Eigenschaften von Steinholzmassen in Abhängigkeit von der stofflichen Zusammensetzung 6
3. J. Sittel: Untersuchung von Steinholz für Fußböden 19
4. F. Oberlies und D. Krüger: Verfahren zur Untersuchung von asbesthaltigen Erzeugnissen 24
5. A. Hummel: Die Bedeutung des Rüttelverfahrens für die Beton-Technologie 32
6. H. Lenhard: Zur Frage der praktischen Bedeutung der vollkommenen Frischbetonverdichtung 35
7. A. Hummel und H. Lenhard: Beziehung zwischen Zementfestigkeit und Betonfestigkeit 52
8. A. Hummel und F. Hüttemann: Leichtkalksandstein, ein neuer Leichtbaustoff . . 63
9. M. Herrmann: Über die Abhängigkeit der Mauerwerksfestigkeit der Steine und des Mörtels unter Berücksichtigung verschiedener Konstruktionseinflüsse 71
10. M. Herrmann: Erfahrungen bei der Prüfung von Luftschutz-Raumabschlüssen . . . 78
11. M. Herrmann: Brandversuche an verschieden geputzten Steineisendecken 86
12. M. Herrmann: Brandversuche an verschieden geputzten Eisenbetonstützen 91
13. M. Herrmann und W. Dohmöhl: Brandversuche mit belasteten Mauerwerkspfeilern 97
14. L. Krüger: Die internationalen Siebnormen 106

Forschungsarbeiten Nr. 1—3 und 5—14 aus dem Staatlichen Materialprüfungsamt, Berlin-Dahlem.
Forschungsarbeit Nr. 4 aus dem Kaiser Wilhelm-Institut für Silikatforschung, Berlin-Dahlem.

DIE DERZEITIGEN GRUNDLAGEN ZUR BEURTEILUNG DER WÄRMEDURCHLÄSSIGKEIT VON WÄNDEN[1]

Von **Alfred Hummel** und **Josef Sittel**, Berlin-Dahlem

Zu den beachtlichen technischen Fortschritten im Wohnhausbau gehört u. a. die Festlegung eines Mindestwärmeschutzes für Räume, die dem dauernden Aufenthalt von Menschen dienen. Es ist beabsichtigt, diese Forderung in Zukunft auch auf Ställe auszudehnen. Der Wärmeschutz ist nicht nur aus gesundheitlichen Gründen notwendig, sondern auch im volkswirtschaftlichen Interesse der Senkung des Heizmittelverbrauchs dringlich geworden. Die Entwicklung in dieser Richtung bedingt eine zuverlässige Beurteilung des Wärmeschutzes von Bauteilen, vor allem aber der Wände als der in diesem Zusammenhang entscheidenden raumabschließenden Flächen der Gebäude. Im folgenden sollen die Grundlagen für eine solche Beurteilung unter Berücksichtigung der Fortschritte der letzten Jahre gedrängt zusammengefaßt werden.

Wärmephysikalische Begriffe

Die Mittel zur Erfassung des Abfließens von Wärme liefert die Wärmephysik. Sie bedient sich der grundlegenden Begriffe Wärmeleitzahl λ, Wärmedurchlaßzahl Λ, Wärmedurchlaßwiderstand $\frac{1}{\Lambda}$, Wärmeübergangszahl α, Wärmeübergangswiderstand $\frac{1}{\alpha}$, Wärmedurchgangszahl k, Wärmedurchgangswiderstand $\frac{1}{k}$, welch letztere Wärmedurchlaßwiderstand und Wärmeübergangswiderstand zusammenfaßt. Die Bedeutung dieser Begriffe ist in DIN 4701 eindeutig festgelegt und möge dort nachgelesen werden.

Während die Wärmebedarfsrechnung zur Bemessung von Heizanlagen sich der Wärmedurchgangszahl k bedient, die den Gesamtvorgang der Wärmeübertragung von Innenluft zu Außenluft umfaßt, greift die vergleichende Beurteilung des Wärmeschutzes von Bauteilen die Wärmeleitzahl λ bzw. Wärmedurchlaßzahl Λ als charakteristische Größen heraus, die sich unmittelbar durch Versuche verfolgen lassen. Einigen Einwänden der letzten Zeit zu dieser scheinbar willkürlichen Wahl des Beurteilungsmaßstabes muß gleich an dieser Stelle begegnet werden.

Es wurde der vom Standpunkt des Heizungstechnikers durchaus begreifliche Wunsch laut, doch ebenfalls die Wärmedurchgangszahl k zum Maßstab der Beurteilung des Wärmeschutzes zu nehmen. Diese Forderung verkennt, daß der hierbei mitberücksichtigte Wärmeübergang von Luft zum festen Medium eine Größe ist, die nur zum geringen Teil durch die Konstruktion, vielmehr entscheidend durch die einem stetigen Wechsel in Raum und Zeit unterliegenden Umweltbedingungen, namentlich aber die Windverhältnisse bestimmt wird. Die Festlegung bestimmter Wärmeübergangszahlen für die Heizungstechnik bildet ebenso wie die Begrenzung bestimmter, auf die bauliche Lage und die Betriebsbedingungen abgestimmter Zuschläge ein Sonderkapitel der Wärmeschutztechnik. Diese Zahlen sind zwar für den Heizungstechniker unentbehrliche Rechnungsgrößen, aber kein Kriterium für die Güte einer Konstruktion hinsichtlich ihres Wärmeschutzes, zumal die Wärmeübergangsverhältnisse bei Innenwänden und Außenwänden verschieden sind. Die Beurteilung der verschiedenen Baustoffe und Bauelemente an Hand der durch direkten Versuch ermittelten Wärmeleitzahl λ bzw. Wärmedurchlaßzahl Λ ist unbedingt der einwandfrei richtige durch Beschränkung auf das Notwendigste gebotene Weg.

Die Verfahren für wärmephysikalische Messungen sind neuerdings zusammenfassend von Reiher (1) behandelt worden. Für die Bestimmung der Wärmeleitzahl bzw. Wärmedurchlaßzahl dienen in erster Linie das Heizplattenverfahren und das Wärmeflußmeßplattenverfahren. Während beide Verfahren bei Messungen an Versuchsstücken im Laboratorium in Anwendung sind, wird für Versuche an Bauten das Verfahren mit Hilfe der Wärmeflußmeßplatte bevorzugt. Die Genauigkeit der Verfahren ist wiederholt nachgeprüft worden (2); sie dürfen entgegen manchen Zweifeln als einwandfreie Grundlagen für die Erfassung der wärmeleitenden Eigenschaften der Baustoffe gelten. Abweichende Ergebnisse fanden ihre Erklärung nicht in Mängeln der Meßverfahren, vielmehr in verschiedenen Versuchsbedingungen.

Die Wärmeleitzahlen der Baustoffe und Bauelemente sind nach dem derzeitigen Stand der Erkenntnis abhängig von der Stoffart, von dem durch spezifisches Gewicht und Porenraum bedingten Raumgewicht, von der Porenart, von der Porenverteilung, vom Feuchtigkeitsgehalt und im Rahmen der vorkommenden Klimawärmestände im geringeren Umfange auch von der Höhe der Temperaturen und des Temperaturgefälles. Die Zusammenhänge sind qualitativ bereits seit längerem bekannt, werden aber quantitativ für die einzelnen Stoffe und Bauelemente immer wieder verfolgt im Bestreben, allgemeine Gesetzmäßigkeiten und Zusammenhänge aufzudecken. Im folgenden werden die wichtigsten Beziehungen kurz zusammengefaßt und durch typische Bilder belegt, die jedoch nicht verallgemeinert, zunächst vielmehr in ihrer grundsätzlichen Bedeutung gewertet sein wollen.

Einfluß des Stoffes

Stofflich kann man hinsichtlich der Wärmeleitung vier Hauptklassen von Werkstoffen unterscheiden. Die größte Wärmeleitfähigkeit besitzen die Metalle, in weitem Abstand folgen dann die anorganischen Stoffe, die in zwei Klassen (die kristallinen und amorphen Stoffe) unterteilt werden können, und schließlich kommen die organischen Stoffe, die die relativ niedersten Wärmeleitzahlen aufweisen. Einen

---
[1] Bereits abgedruckt in „Forschungen und Fortschritte" 1942. Heft 1.

Überblick über die Wärmeleitzahlen der verschiedensten Stoffe gibt E. Schmidt (3).

Einfluß der Gewichtsverhältnisse

Während sich das spezifische Gewicht nicht eindeutig auswirkt, beeinflußt das Raumgewicht die Wärmeleitfähigkeit der Baustoffe in dem Sinne, daß wachsenden Gewichten

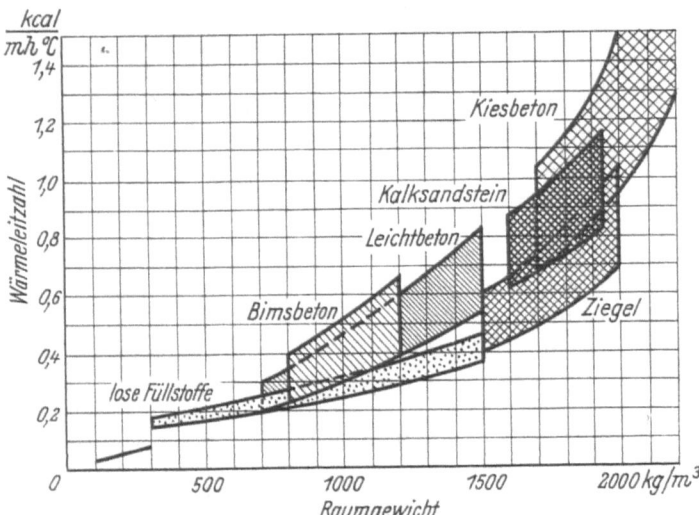

Bild 1. Wärmeleitzahlen der wichtigsten Baustoffe unter praktischen Verhältnissen

auch zunehmende Leitfähigkeitszahlen gegenüberstehen. Soweit die Raumgewichte durch wachsende Porosität gesenkt werden, ist die Ursache für diesen Zusammenhang in der vergleichsweise geringen Leitfähigkeit eingeschlossener Luft zu suchen. Die Abhängigkeit der Wärmeleitfähigkeit vom Raumgewicht wird jedoch durch andere Einflußgrößen überlagert bzw. verschleiert, besonders durch die Porenart und die Porenverteilung, also durch die Struktur, und durch die Feuchtigkeit. Hieraus ergeben sich bereits bei der

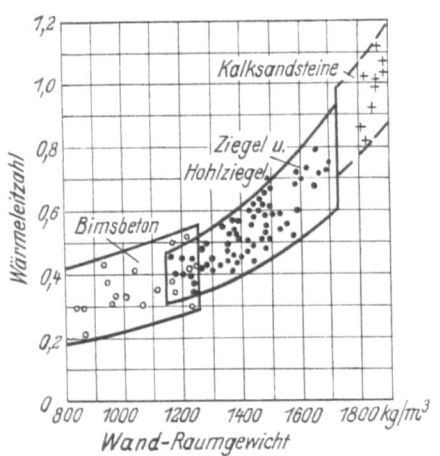

Bild 2. Wärmedurchlässigkeit massiver Wände

gleichen Stoffgruppe erhebliche Streuungen in der Beziehung zwischen Wärmeleitzahl und Raumgewicht, wie dies aus Bild 1 von Cammerer (4) hervorgeht. Diese Streuungen sind bei Wandkonstruktionen sehr häufig noch größer, da hier noch die Hohlraumanordnung der einzelnen Bauglieder und die Bedingungen der Vermörtelung bei der Herstellung der Wandbaustücke hereinspielen. Bild 2 gibt die Beziehung zwischen Wärmeleitzahl und Raumgewicht bei Wänden nach Versuchen des Staatlichen Materialprüfungsamtes Berlin-Dahlem (5), wobei die Prüfungen teils im laboratoriumstrockenen Zustand der Prüflinge, teils in der 8. bis 12. Woche nach deren Herstellung in Anlehnung an DIN 4110 durchgeführt worden sind.

Einfluß von Porenart und Porenverteilung

Porenart und Porenverteilung, also die Struktur des Baustoffes, sind auch bei gleichem Raumgewicht deshalb

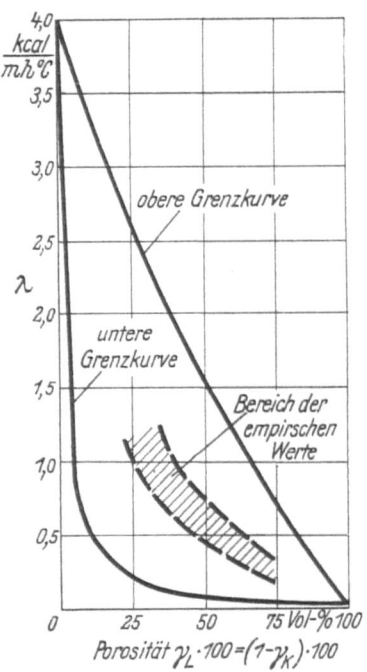

Bild 3. Maxwellsche Grenzkurven für die Wärmeleitfähigkeit trockener mineralischer Stoffe

von großer Bedeutung, weil es nicht gleichgültig ist, in welcher Form die Luft in dem festen Stoff verteilt ist (ob punktweise eingeschlossen oder mehr oder weniger zusammenhängend) und weil die Porenart und die Porenverteilung auch den praktischen Feuchtigkeitsgehalt entscheidend bestimmen. Krischer und Rohnalter (6) haben auf theoretischem Wege den Einfluß der Struktur auf die Wärmeleitfähigkeit beim Zweistoffsystem Luft plus fester Stoff in Anlehnung an Eucken (7) abgeleitet (Bild 3). Wenn es sich hierbei auch um eine theoretische Konstruktion handelt, so ist doch die Bedeutung

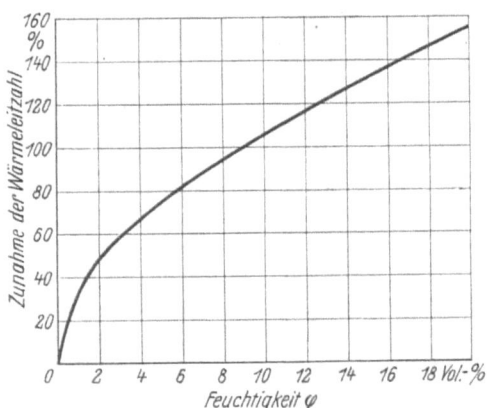

Bild 4. Beziehung zwischen Feuchtigkeit und Wärmeleitzahl

der Stoffstruktur klar gekennzeichnet. Auf die Gegenläufigkeit des Einflusses der Einzelporengröße auf Wärmeleitung und Feuchtigkeitsspeicherung hat vor allem Hummel (8) hingewiesen.

Einfluß des Feuchtigkeitsgehaltes

Dieser Einfluß auf die Wärmeleitfähigkeit der Baustoffe ist seit langem Gegenstand von Untersuchungen. An Wandkonstruktionen wird diese Abhängigkeit erst neuerdings planmäßig verfolgt. Cammerer (9) hat unter Benutzung der im internationalen Schrifttum verstreuten Zahlenwerte eine Beziehung zwischen dem Feuchtigkeitsgehalt und der Wärmeleitfähigkeit abgeleitet (Bild 4). Neuere Untersuchungen von Schüle (10), Raisch (11) und Sittel (5), deren Ergebnisse in den Bildern 5, 6 und 7

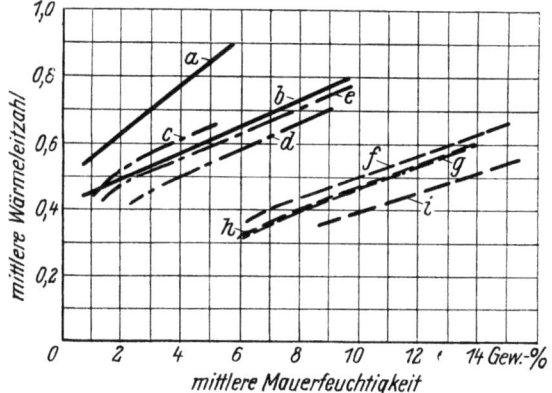

Bild 5. Wärmeleitfähigkeit von Wänden in Abhängigkeit von der Feuchtigkeit

zusammengefaßt sind, haben jedoch gezeigt, daß diese Beziehung nicht nur großen Streuungen unterliegt, sondern daß auch der sie wiedergebende Kurventypus selbst bei Stoffen derselben Stoffgruppe, z. B. bei Ziegelwänden,

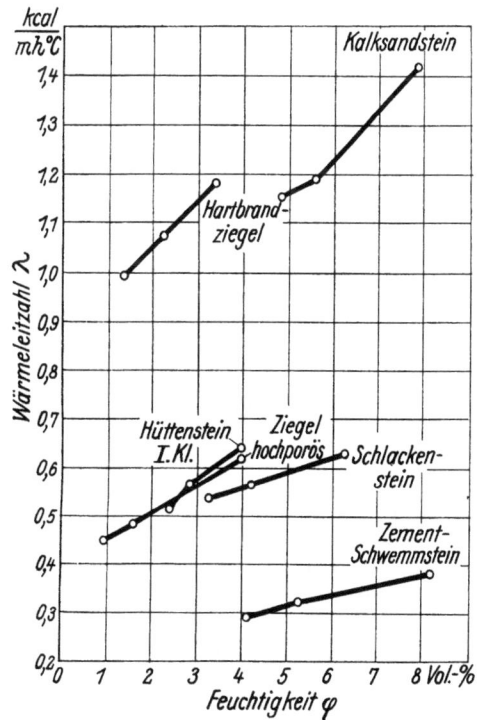

Bild 6. Wärmeleitfähigkeit von Wänden in Abhängigkeit von der Feuchtigkeit

wesentlichen Wandlungen unterliegen kann. Rechnerische Extrapolationen bei einer Umrechnung der Wärmeleitfähigkeit eines Baustoffes auf andere Feuchtigkeitsgrade sind daher für eine zuverlässige Beurteilung des Wärmeschutzes von Wandbauteilen, als mit zu großen Unsicherheiten behaftet, unstatthaft.

Einfluß der Temperaturhöhe und des Temperaturgefälles

Raisch (12) hat die Wärmeleitung einer Ziegelwand bei 0 und 10° in Abhängigkeit vom Feuchtigkeitsgehalt untersucht und das aus Bild 8 ersichtliche Ergebnis erzielt. Meissner und Immler (13/14) fanden bei ihren Untersuchungen an Baustoffen gewisse Anomalien im Temperaturbereich zwischen —15 und +30°, die sie auf das Zusammenwirken von Kapillarkondensation und Diffusion zurückführen. Diese Vorgänge haben noch Krischer und Rohnalter (6) im Temperaturbereich von etwa +20 bis 60° verfolgt; bei Ziegeln von etwa mittlerer Porosität ergab sich das im Bild 9 veranschaulichte Ergebnis.

Auswertung der Versuchsergebnisse

Diese Hauptzusammenhänge bilden die unentbehrliche Grundlage für die Auswertung von Versuchsergebnissen auf dem Gebiet des Wärmeschutzes. Ihre Verallgemeinerung ohne jeweils individuellen Versuch ist aber hauptsächlich deshalb erschwert, weil einige der Einflußgrößen, wie z. B. Feuchtigkeit und Porenart, wiederum unter sich voneinander abhängig sind und weil die für die Dauerfeuchtigkeit maßgebliche Porenart und Porenverteilung bis zur Stunde quantitativ überhaupt nicht erfaßbar sind. Überdies spielen nach neueren Beobachtungen (2) bei hydraulisch gebundenen Massen nicht nur die Höhe der Feuchtigkeit, sondern auch die Art des Wassers (physikalisch oder chemisch gebundenes Wasser) wie auch der Porenbenetzungsgrad herein. Hinsichtlich seines Wärmeschutzvermögens ist daher jeder Baustoff als ein Individuum anzusehen, und zwar ein Individuum, das nicht durch **eine** Werteziffer für die Wärmeleitzahl λ gekennzeichnet ist, sondern im Hinblick auf den stark wechselnden Typus der Kurven für die Beziehung zwischen Wärmeleitzahl und Feuchtigkeit vgl. Bild 7) im Grunde genommen erst durch eine **Wertereihe** für λ in Abhängigkeit von der Feuchtigkeit (2) und (9). Eine allgemeine Lösung erschwerend kommt noch hinzu, daß nach Schüle (10) die Feuchtigkeitsverteilung in einem Wandbaukörper dem buntesten Wechsel unterworfen sein kann (Bild 10 und 11).

Feuchtigkeitsgehalt und Feuchtigkeitsverteilung im Bauwerk sind stofflich eine Funktion der Porenart und der Porenverteilung, die, wie gesagt, quantitativ noch nicht erfaßbar sind, baulich eine Funktion von Klima, Jahreszeit, Wetter, Wind und Himmelsrichtung.

Die gekennzeichnete ausschlaggebende Bedeutung der jeweiligen Feuchtigkeit für das wärmetechnische Verhalten der Baustoffe bedingt die Aufrichtung einer bestimmten Bezugsachse als Voraussetzung für eine sachgemäße und gerechte Beurteilung der Baustoffe untereinander. Es ist irreführend, die Wärmeleitzahl z. B. eines bei 100° getrockneten Baustoffes (vgl. DIN 1059) derjenigen eines lufttrockenen oder gar feuchten Baustoffes gegenüberzustellen. Schief wäre es aber auch, etwa alle Wandbaustoffe nach einer Trocknung bei 100° zu betrachten, nicht nur deshalb, weil dieser Fall praktisch nicht vorkommt, sondern auch deshalb, weil er die Verhältnisse bei den praktisch auftretenden Feuchtigkeitsgraden verschiedener Baustoffe verschleiert. Es gilt, die für die einzelnen Baustoffe charakteristischen Feuchtigkeitszustände zu erfassen und zur Bezugsachse für die praktisch anzunehmenden Wärmeleitzahlen zu machen.

Als Bezugsachse in diesem Sinne wird immer mehr die **Dauerfeuchtigkeit** erkannt. Hierunter versteht man jene Feuchtigkeitsmenge, die ein Baustoff entsprechend

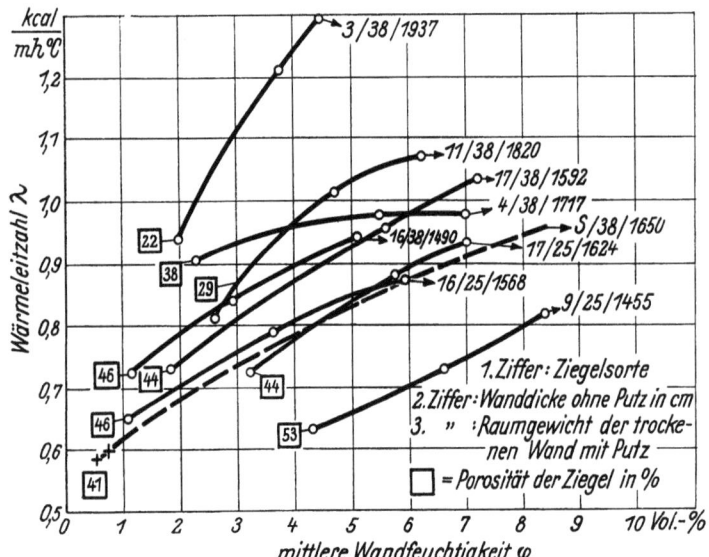

Bild 7. Wärmeleitzahlen von Ziegelwänden in Abhängigkeit von der Feuchtigkeit

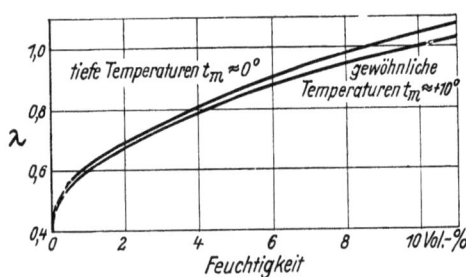

Bild 8. Wärmeleitzahl einer Vollziegelmauer in Abhängigkeit von Temperatur und Feuchtigkeitsgrad

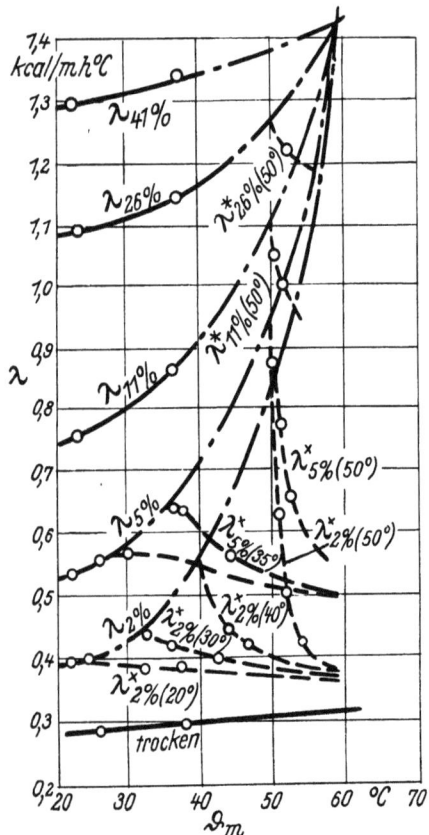

Bild 9. Wahre Wärmeleitfähigkeit λ von Ziegeln (Rohwichte 1450 kg/m³) in Abhängigkeit von der Temperatur ϑ_m bei verschiedenen Feuchtigkeitsgraden. (λ^* Scheinbare Wärmeleitzahl, in Klammer die Kaltplattentemperaturen ϑ_2)

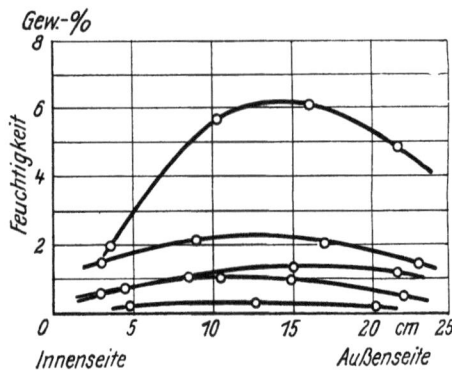

Bild 10. Zeitliche Änderung der waagerechten Feuchtigkeitsverteilung in beiderseits verputztem, 25 cm dickem Ziegelmauerwerk

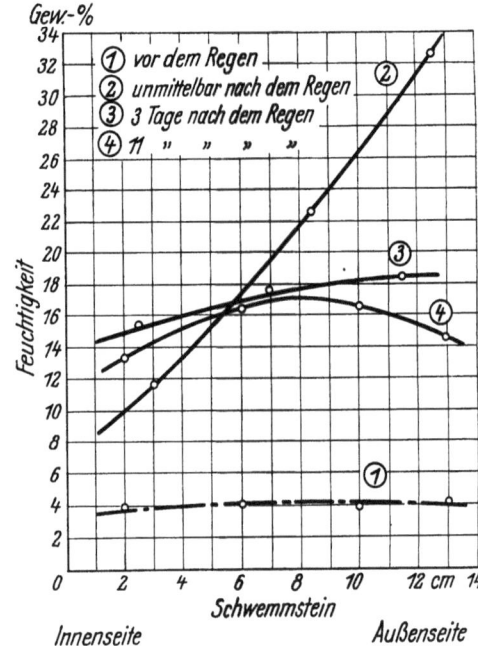

Bild 11. Zeitliche Änderung der waagerechten Feuchtigkeitsverteilung in beiderseits verputztem, 17 cm dickem Schwemmsteinmauerwerk

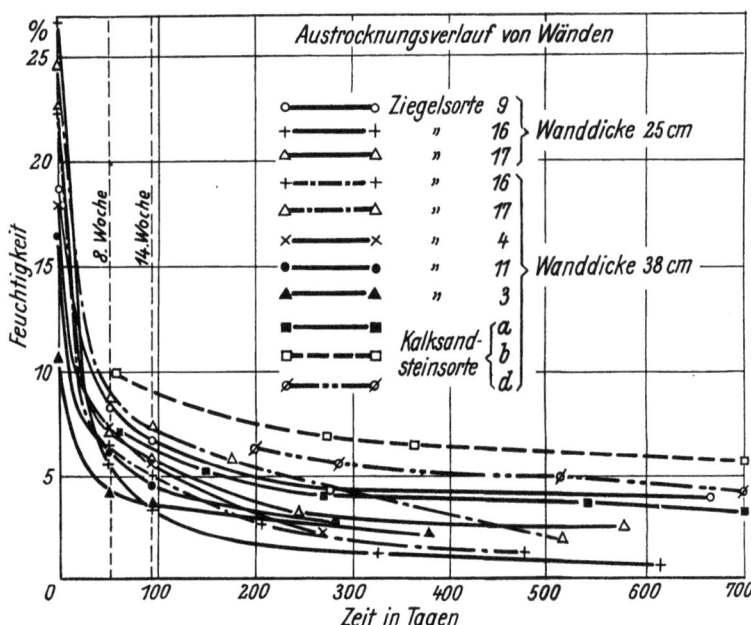

Bild 12. Austrocknungsverlauf von Wänden

seinem Porencharakter dauernd bzw. längere Zeit festzuhalten vermag. Bei wiederholten Durchfeuchtungen und Austrocknungen pflegt seine Feuchtigkeit unter sonst gleichen Bedingungen immer um diesen für ihn charakteristischen Feuchtigkeitsgrad herumzupendeln. Zwar ist es klar, daß auch dieser Dauerfeuchtigkeitsgrad am Bau nicht unabhängig sein kann von Wanddicke, Temperatur, Windanfall und Himmelsrichtung, aber er gibt wenigstens die **Größenordnung** der Feuchtigkeitsgrade für die einzelnen Baustoffe an, mit der man zeitlich vorherrschend zu rechnen hat, um auf der sicheren Seite des Wärmeschutzes zu bleiben.

Solche Werte für die Dauerfeuchtigkeit der Baustoffe erlangt man durch die Ermittlung von Austrocknungskurven im Laboratorium, die man bis zur annähernden Parallelität der Kurven zur Feuchtigkeitsachse verfolgt (Bild 12 nach Dahlemer Versuchen) (5). Besser noch bedient man sich der Statistik von Feuchtigkeitsermittlungen bei Abbrüchen oder Anbohrungen von Häusern aus verschiedenen Baustoffen. In größerem Umfange sind diese statistischen Erhebungen jetzt erst durch die Forschungsstelle für Leichtbaustoffe eingeleitet worden. Man nimmt bei diesen Erhebungen berechtigterweise an, daß die durch eine Großzahlermittlung gefundenen Häufigkeitswerte für die Feuchtigkeit als gute Näherungswerte für die Dauerfeuchtigkeit gelten dürfen. Über die bisherigen Werte des Schrifttums vgl. Zahlentafel 1.

Zahlentafel 1.
Häufigkeitswerte für die Feuchtigkeit

Baustoff	Häufigkeitswert der Feuchtigkeit nach		
	Cammerer[15]	Schüle[10]	Dahlem
Ziegel	1 Vol.%	0,7 Gew.%	0,6 Gew.%[1]
Kalksandstein	1 Vol.%	—	—
Beton jeder Art und Porosität, Gips, Schwemmsteine jeder Art, Hüttensteine und Lehm	7 Vol.%[2]	6 Gew.% für Schwemmstein	

Da die Wärmeleitzahl mit wachsender Feuchtigkeit schnell zunimmt, ist es zweckmäßig, die Bezugsachse nicht genau in die Häufigkeitswerte für die Feuchtigkeit zu legen, sondern auf die Feuchtigkeit einen kleinen Sicherheitszuschlag zu machen, um hinsichtlich des Wärmeschutzes auf der sicheren Seite zu bleiben. Als **Maßstab für die Beurteilung des Wärmeschutzes** eines Baustoffes oder Bauelementes hat jener Wert für λ zu gelten, der beim Häufigkeitswert für die Feuchtigkeit bzw. bei der Dauerfeuchtigkeit des betreffenden Baustoffes einschließlich eines kleinen Zuschlages ermittelt wird.

Für Versuche an Wänden gilt zur Zeit § 10 DIN 4110. Wandstücke mit Abmessungen je nach der Steingröße werden auf die Wärmedurchlaßzahl Λ geprüft, nachdem sie 8 bis 12 Wochen bei eingegrenzter Temperatur und Luftfeuchtigkeit gestanden haben. Die bei dieser Anordnung gemachte Annahme, daß die Versuchsstücke bei der angegebenen Lagerung auf einen für den betreffenden Baustoff charakteristischen Feuchtigkeitswert niedergetrocknet seien, hat sich nach neueren Versuchen (vgl. Bild 12) besonders für sehr poröse Baustoffe nicht bestätigt. Diesem Umstand trägt ein in Vorbereitung befindliches Normblatt über die Prüfung von Wänden auf Wärmedurchlässigkeit Rechnung. In Berücksichtigung der hier gekennzeichneten wichtigsten Zusammenhänge werden dort genaue Vorschriften über den Aufbau der Versuchsstücke, bei Mauerwerk über die Mörtelzusammensetzung und den Mörtelverbrauch gemacht. Wegen der grundlegenden Bedeutung der Feuchtigkeit sind weiterhin Festlegungen über die Lagerung der Versuchsstücke, über die Bestimmung der Feuchtigkeit und die Prüftermine getroffen worden. Der Zeitpunkt für die Prüfung muß entweder entsprechend weit hinausgeschoben werden, um die Verhältnisse für den Dauerfeuchtigkeitswert zu erfassen, oder aber es werden die Versuchsstücke künstlich auf den Dauerfeuchtigkeitswert + Sicherheitszuschlag niedergetrocknet, ein Verfahren, dessen wesentliche Zeiteinsparung die Mehrkosten für künstliche Trocknung aufwiegen wird.

Während zur Zeit noch entsprechend DIN 4110 bei einer Prüfung in der 8. bis 12. Woche die Wärmedurchlaßzahl Λ den Wert 1,81 kcal/m²h° C nicht überschreiten soll, wird diese Forderung demnächst dahin abzuändern sein, daß der Wert $\Lambda = 1,81$ kcal/m²h° C unter den Verhältnissen der Dauerfeuchtigkeit + Sicherheitszuschlag nicht überschritten werden darf. Diese Forderung, auf die Wärmeleitzahl λ bei Wänden verschiedener Dicke umgerechnet, ergibt die Zahlentafel 2 zusammengestellten Werte.

Bei porösen Stoffen, Hohlwänden und Fachwerkwänden sind auf die in Zahlentafel 2 angegebenen Werte noch die in DIN 4110 vorgesehenen verschiedenen Sicherheitszuschläge zu machen.

Um den Anschluß an die praktischen Verhältnisse zu erlangen, sind Messungen an fertigen Bauwerken von Meissner-Gerloff (16), Schüle-Bausch-Seeger (17), Seger-Settele (18), Schüle (10) und Cammerer (11) ausgeführt worden. Mit Rücksicht auf die Schwierigkeiten in der Einhaltung und Erfassung genauer Versuchsbedingungen machen solche das Gesamtbild abrundenden Versuche die genaueren Laboratoriumsuntersuchungen keinesfalls überflüssig.

Zahlentafel 2.
Zulässige Höchstwerte für die Wärmeleitzahl

Wanddicke in cm einschließlich beiderseitigem Verputz (Klammerwert Wand ohne Putz)	Höchstwerte für λ $\frac{kcal}{m \cdot h \cdot C°}$
54 (51)	0,98
41 (38)	0,75
33 (30)	0,60
28 (25)	0,51
23 (20)	0,42

Schrifttum

1. Reiher, H.: Prüfung der Wärmedurchlässigkeit des Betons in Siebel-Graf, Handbuch der Werkstoffprüfung, Bd. III, S. 535/545. Berlin 1941.
2. Hummel, A.: Von der Prüfung der Wärmedurchlässigkeit der Baustoffe und Bauelemente. Zement, Jg. 29 (1940), H. 32/33.
3. Schmidt, E.: Die Wärmeleitzahlen von Stoffen auf Grund von Meßergebnissen. Mitteilungen aus dem Forschungsheim für Wärmeschutz (E. V.), H. 5. München 1924.
4. Cammerer, J. S.: Konstruktive Grundlagen des Wärme- und Kälteschutzes im Wohn- und Industriebau. Berlin 1936.
5. Sittel, J.: Die Prüfung auf Wärmedurchlässigkeit an Baustoffen unter besonderer Berücksichtigung des Normblattentwurfs. Tonind.-Ztg. 66 (1942), S. 23.
6. Krischer, O., Rohnalter, H.: Wärmeleitung und Dampfdiffusion in feuchten Gütern. VDI-Forschungsheft 402 (1940). Berlin.

---

[1] Ermittelt bei Abbrüchen von Berliner Bauten.
[2] Die Tatsache, daß die verschiedenen Betone Porositätsgrade von 2 bis 80% bei ganz verschiedenen Einzelporengrößen besitzen können, erfordert eine weitere Unterteilung dieser Größe in Abhängigkeit von der Dauerfeuchtigkeit.

7. Eucken, A.: Die Wärmeleitfähigkeit keramischer feuerfester Stoffe. Ihre Berechnung aus der Wärmeleitfähigkeit der Bestandteile. VDI-Forschungsheft 353 (1932). Berlin.
8. Hummel, A.: Das Beton-ABC. (Ein Leitfaden für die zielsichere Herstellung und die wirksame Überwachung von Beton.) 4. Aufl., S. 192. Berlin 1940.
9. Cammerer, J. S.: Der Einfluß der Feuchtigkeit auf den Wärmeschutz von Bau- und Dämmstoffen nach dem internationalen Schrifttum. Wärme- u. Kälte-Techn., Jg. 41 (1939), H. 9.
10. Schüle, W.: Wärmetechnische und wirtschaftliche Fragen im Wohnungsbau. Veröffentlichungen aus dem Institut für Technische Physik der Techn. Hochschule Stuttgart (1940), H. 10.
11. Cammerer, J. S.: Der Wärmeschutz der wichtigsten Vollsteinwände. Dtsch. Bauztg., Jg. 75 (1941), H. 46.
12. Raisch, E.: Stand der Forschung auf dem Gebiete des Wärmeschutzes. Wärme- u. Kälte-Techn., Jg. 39 (1937), H. 11.
13. Meißner, W., Immler, R.: Über die Temperaturabhängigkeit der Wärmeleitfähigkeit einiger Baumaterialien zwischen $-15°$ und $+30°$. Wärme- u. Kälte-Techn., Jg. 39 (1937), H. 10.
14. Meißner, W., Immler, R.: Einfluß des Wassergehaltes auf die Wärmeleitfähigkeit von Isolierstoffen. Wärme- u. Kälte-Techn., Jg. 40 (1938), H. 9.
15. Cammerer, J. S.: Der Wärmeschutz von Wänden im baufeuchten Zustand. Wärme- und Kälte-Techn., Jg. 43 (1941), H. 4/5.
16. Meißner, W., Gerloff, G.: Über eine neue Methode zur Bestimmung der Wärmedurchlaßzahl von ausgeführten Wänden und über Wärmedurchlaßbestimmungen in nicht völlig stationärem Zustand. Wärme- u. Kälte-Techn., Jg. 38 (1936), S. 1—4.
17. Schüle, Bausch, Seeger: Wärme- und schalltechnische Untersuchungen an der Versuchssiedlung Stuttgart-Weißenhof. Gesundh.-Ing., Jg. 60 (1937), H. 47.
18. Seeger, R., Settele, E.: Wärmetechnische Untersuchungen in der Holzsiedlung am Kochenhof, Stuttgart. Gesundh. Ing., Jg. 60 (1937), H. 46.

DIE MECHANISCHEN EIGENSCHAFTEN VON STEINHOLZMASSEN IN ABHÄNGIGKEIT VON DER STOFFLICHEN ZUSAMMENSETZUNG

Von **Kurt Charisius**

Unter den im Bauhandwerk gebräuchlichen Mörtelstoffen und den aus ihnen hergestellten Bauelementen nimmt das sog. Steinholz einen breiten Platz ein. Unter Steinholz wird bekanntlich eine Mischung von kaustisch gebranntem Magnesit (MgO), Magnesiumchlorid ($MgCl_2$), Wasser und Füllstoff (außer mineralischen Stoffen vornehmlich organische Stoffe, z. B. Sägemehl und Sägespäne) verstanden, die bei einwandfreier handwerklicher Bereitung und Verarbeitung in hohem Grade Erhärtungsvermögen zeigt. Wenn auch wegen der verhältnismäßig geringen Widerstandsfähigkeit gegen Wassereinflüsse im Vergleich z. B. mit zementgebundenen Bauteilen der Verwendung von Steinholz gewisse Schranken gesetzt sind, so findet es trotzdem noch ein weites Anwendungsgebiet.

Für die Herstellung fugenloser Fußböden kann Steinholz als das am häufigsten benutzte Material bezeichnet werden. Es hilft erstens das teure und gerade heute in Kriegszeiten so wertvolle und für andere Zwecke dringender benötigte Holz einsparen und verwertet gleichzeitig die in der holzverarbeitenden Industrie als Abfall anfallenden Sägespäne und ist zweitens wirtschaftlich von hohem Vorteil bei Arteigenschaften, die bei zweckentsprechender Verwendung des Materials recht gut sind. Steinholzfußböden wirken wärme- und schalldämmend, sie gestatten sowohl unmittelbare Benutzung als Bodenbelag als auch die Verwendung als Unterlage für Linoleum, Parkett usw., sie können als feuerhemmend und als sicher vor Pilzbefall (Hausschwamm) bezeichnet werden und besitzen außerdem eine ausreichende Lebensdauer.

Wie bei anderen Baustoffen die Güte und Verarbeitung der Ausgangskomponenten und des fertigen Baustoffes durch amtliche Vorschriften festgelegt oder genormt sind, so liegen auch bei Steinholz Mindestanforderungen vor. DIN 272 schreibt die an Steinholz für Fußböden zu stellenden Güteeigenschaften, das Normblatt DIN Entwurf E 273 die von dem Magnesit für Steinholz zu erfüllenden Eigenschaften vor. Da auch mit der Festlegung der Güte des für Steinholz zu verwendenden Magnesiumchlorids in absehbarer Zeit zu rechnen ist, und außerdem bereits Entwürfe für die Forderungen, die an die Unterschichten und Unterlagen für Parkett usw. sowie an Unterböden für Steinholzbelag zu stellen sind, in Arbeit sind, kann erwartet werden, daß bald die Bedingungen und Voraussetzungen gegeben sind, unter denen ein Steinholz herzustellen ist, dessen Eigenschaften zu keinen Mißständen mehr zu führen brauchen.

Diese Festlegung der Mindestgüte der Ausgangsstoffe und des fertigen Steinholzes ist um so wichtiger, als gerade in den letzten Jahren, in denen Steinholz in steigendem Maße Verwendung gefunden hat, Steinholzfußböden zuweilen zu berechtigten Beanstandungen Anlaß gegeben haben, sei es, daß der Boden eine nicht ausreichende Festigkeit besaß, so daß er nicht den mechanischen Beanspruchungen genügte, sei es, daß er Rißbildung mit Hohlliegen und Aufbäumen zeigte und hierdurch unbrauchbar geworden war.

Bei einer Erörterung der Ursache dieser Schadenserscheinung ist, abgesehen von einer fehlerhaften Beschaffenheit der Ausgangsmaterialien und abgesehen von handwerklichen Fehlern, als wesentlichstes Moment die stoffliche Zusammensetzung der Steinholzmasse zu bezeichnen. Weist diese Fehler auf, so sind stets mangelhafte Eigenschaften des Steinholzbelages die Folge, auch wenn die Ausgangsstoffe einwandfrei gewesen sind.

Es erhebt sich nun die Frage, wie eine Steinholzmasse zusammenzusetzen ist, um die zur Zeit bestmöglichen Eigenschaften zu zeigen. Die technischen Vorschriften für Bauleistungen, aufgestellt vom Reichsverdingungsausschuß, geben in den Blättern DIN 1965 bezüglich des Mischungsverhältnisses von Bindemittel (gebrannter Magnesit) zu Füllstoff an, daß Nutzschichten im Verhältnis von 1:2 nach Raumteilen, die Unterschichten und die als Unterlage für Linoleum- oder Parkettbelag dienenden Estriche im Verhältnis von 1:4 nach Raumteilen zu mischen sind. Über das Verhältnis von Magnesiumchlorid zu Magnesit finden sich aber keine eindeutigen Angaben, obwohl gerade dieses Verhältnis auf die Güte von sehr großem Einfluß ist. Die in DIN 1965 enthaltene Angabe, daß für Unterschichten und Estriche eine Magnesiumchloridlösung von 18 bis $20°$ Bé, für Nutzschichten eine solche von 20 bis $25°$ Bé zu verarbeiten ist, wobei die fertige Mischung erdfeuchte Konsistenz aufweisen soll, läßt einen relativ weiten Spielraum im Verhältnis der beiden Komponenten $MgCl_2$:MgO zu, besonders dann, wenn, wie es oft in der Praxis geschieht, die fertige Masse nicht erdfeuchte, sondern plastische bis beinahe flüssige Konsistenz aufweist und diese durch Mehrzugabe von Magnesiumchloridlösung und nicht durch Wasser erzielt wird.

Mit Rücksicht auf die Wichtigkeit dieses Verhältnisses von Magnesiumchlorid zu Magnesiumoxyd schien es daher geboten, die Abhängigkeit der mechanischen Güte von Steinholz von seiner stofflichen Zusammensetzung, insbesondere von dem Verhältnis $MgCl_2/MgO$ nachzuprüfen. Nach den aus der Praxis geschöpften Erfahrungen soll das Verhältnis von Magnesiumchlorid zu Magnesiumoxyd nicht größer oder kleiner als etwa 1 : 2,5 gewählt werden, da anderenfalls mit einer wesentlichen Beeinträchtigung der Eigenschaften des fertigen Steinholzes zu rechnen sei.

Die Versuche, über deren Ergebnisse im Nachfolgenden berichtet wird, wurden unter Verwendung von zwei Magnesitsorten, einem inländischen und einem ausländischen Magnesit („Z" und „E") durchgeführt.

Als Füllstoff dienten Normenholzspäne mit den in DIN E 273 festgelegten Eigenschaften. Die Anwendung der Normenholzspäne als Füllstoff im Gegensatz zu dem in der Praxis für Steinholz meistens verwendeten Gemisch von Sägespänen und Sägemehl, dem oft noch anorganische Stoffe zu besonderen Zwecken zugesetzt werden, wurde aus dem Grunde gewählt, um möglichst eindeutig gekennzeichnete Ausgangsstoffe zu verarbeiten und gleichzeitig Anschluß an die Magnesitnorm DIN E 273 zu finden.

Als Magnesiumchloridlösung diente eine wäßrige Lösung von festem Magnesiumchlorid $MgCl_2 \times 6\,H_2O$. Da sämtliche Mischungen möglichst erdfeucht bereitet werden sollten, ließ sich nicht verhindern, daß infolge der jeweils geänderten Magnesiumchloridgehalte die Flüssigkeitsmengen nicht bei allen Mischungen gleich gehalten werden konnten.

Es wurden an den hergestellten Probekörpern folgende Prüfungen durchgeführt:

1. Zugfestigkeit an Achterformen im Alter von 28 Tagen, 3, 6 und 12 Monaten,
2. Härte nach DIN 272 im Alter von 28 Tagen, 3, 6 und 12 Monaten,
3. Raumveränderung an Prismen, 16 × 4 × 4 cm, nach Verfahren Graf-Kaufmann im Alter von 3, 7 und 28 Tagen, 3, 6 und 12 Monaten,
4. Biegezugfestigkeit an den auf Raumveränderung geprüften Prismen nach Abschluß der Raumveränderungsprüfung,
5. Druckfestigkeit an den Reststücken der nach 4. geprüften Mörtelprismen in Anlehnung an die Zementnorm DIN 1165/66.
6. Darüber hinaus wurde an sämtlichen Probekörpern die chemische Vollanalyse durchgeführt, um erstens einen Analysengang zu erproben, der für die Ermittelung der stofflichen Zusammensetzung von Steinholzmassen allgemein Anwendung finden kann, und um zweitens die Innehaltung der lt. Arbeitsplan für die einzelnen Mischungen vorgeschriebenen Mischungsverhältnisse nachzuprüfen.

Bezüglich der Zusammensetzung der einzelnen Mischungen, der Probenfertigung, der Durchführung der Prüfung und der Prüfungsergebnisse wird auf die einzelnen Abschnitte verwiesen.

Eigenschaften der Ausgangsmaterialien

1. Magnesit

Die chemische Zusammensetzung der beiden verwendeten Magnesite ist aus Zahlentafel 1 ersichtlich.

Zahlentafel 1. Chemische Zusammensetzung der Magnesite

	Inländischer Magnesit „Z"		Ausländischer Magnesit „E"	
	Anlieferungszustand %	Glühverlustfreies Material %	Anlieferungszustand %	Glühverlustfreies Material %
Glühverlust	5,75	—	5,74	—
Unlöslicher Rückstand	5,55	5,9	5,02	5,3
Lösl. Kieselsäure SiO_2	0,71	0,8	3,53	3,7
Summe der Oxyde R_2O_3[1]	1,50	1,6	0,30	0,3
Tonerde Al_2O_3[2] . . .	0,29	0,3	0,14	0,1
Eisenoxyd Fe_2O_3 . .	1,21	1,3	0,16	0,2
Kalk CaO	3,78	4,0	0,92	1,0
Magnesia MgO . . .	82,32	87,3	84,41	89,6
Gebundene Schwefelsäure SO_3	0,23	0,2	Spuren	Spuren
Rest (nicht bestimmt)	0,16	0,2	0,08	0,1

[1] Summe von Tonerde Al_2O_3 + Eisenoxyd Fe_2O_3 + etwa vorhandenen Mangans Mn_3O_4 und Titansäure TiO_2.
[2] Einschließlich etwa vorhandenen Mangans Mn_3O_4 und Titansäure TiO_2.

Hierzu ist zu bemerken, daß wesentliche stoffliche Unterschiede zwischen den beiden Magnesiten nicht bestehen. Der ausländische Magnesit „E" liegt nur in seinem Gehalt an MgO etwas höher als der inländische „Z".

Die Litergewichte betrugen:

Zahlentafel 2. Litergewichte der Magnesite

Magnesit	Litergewichte	
	eingelaufen	eingerüttelt
	in kg/dm³	
Inländischer „Z"	0,780	1,220
Ausländischer „E" . . .	0,800	1,220

Hinsichtlich des Kornaufbaues zeigten die beiden Materialien folgendes Bild:

Zahlentafel 3. Kornzusammensetzung

Magnesit	Rückstand auf den Prüfsieben DIN 1171 in Gew.-%		
	0,2 (900 Maschen) auf 1 cm²	0,12 (2500 Maschen) auf 1 cm²	0,09 (4900 Maschen) auf 1 cm²
Inländischer „Z"	0,2	2,9	7,0
Ausländischer „E"	2,0	21,4	36,8

Hiernach ist also der Magnesit „Z" merklich feinkörniger als der Magnesit „E".

In ihrem Abbindeverhalten, gemessen nach DIN-Entwurf E 273, ergab sich bei der Prüfung nachstehender Befund:

Zahlentafel 4. Abbindeverhältnisse

Magnesit	Verbrauch an Magnesiumchloridlösung von 20° Bé	Erstarrungsbeginn	Bindezeit
		in Stunden	
Inländischer „Z"	50 Gew.-%	1¾	3½
Ausländischer „E"	55 „	2	3¾

Hiernach bestehen in dieser Eigenschaft zwischen den beiden Magnesiten keine wesentlichen Unterschiede.

Die Zugfestigkeit und Härte von Probekörpern, die nach DIN E 273 hergestellt und geprüft wurden, erreichten die in Zahlentafel 5 und 6 wiedergegebenen Werte.

Zahlentafel 5. Zugfestigkeit nach DIN E 273

Versuch Nr.	Inländischer „Z"			Ausländischer „E"		
	Magnesit					
	Zugfestigkeit in kg/cm² nach Tagen					
	3	7	28	3	7	28
1	21,9	24,4	27,8	38,2	43,5	52,7
2	21,6	25,0	26,2	34,1	38,1	48,0
3	23,1	30,5	29,8	41,0	40,8	49,2
4	21,1	28,7	26,5	35,8	43,0	52,0
5	22,2	30,4	28,1	37,8	42,8	54,7
Mittel	22,0	27,8	27,7	37,4	41,6	51,3

Zahlentafel 6. Härte nach DIN E 273

Versuch Nr.	Inländischer „Z"			Ausländischer „E"		
	Magnesit					
	Härte in kg/mm² nach Tagen					
	1	3	7	1	3	7
1	0,81	0,85	1,00	0,83	2,20	1,87
2	0,78	0,89	0,94	0,87	2,01	2,39
3	0,53	1,16	1,06	0,99	2,06	2,27
4	0,53	0,91	1,33	0,06	2,26	1,90
5	0,75	0,85	1,44	0,83	1,90	1,96
6	0,63	0,70	1,55	0,91	1,82	1,67
7	0,66	0,77	1,05	0,89	1,76	2,07
8	0,74	0,75	1,11	0,93	2,38	2,31
9	0,75	1,01	1,37	0,93	2,54	1,90
10	0,79	1,00	1,22	0,88	1,88	1,95
Mittel	0,70	0,90	1,21	0,90	2,10	2,03

Hiernach erwies sich der Magnesit „E" als merklich höherwertiger als der inländische Magnesit „Z", da die mit ihm erreichten Zugfestigkeiten und Härten im Alter von 28 Tagen beinahe das Doppelte derjenigen des Magnesits „Z" betrugen. Schon in einem Alter von 1 Tag und 3 Tagen zeigte sich bei dem Magnesit „E" ein größeres Reaktionsvermögen als bei dem Magnesit „Z".

Als letzte, darum aber nicht weniger wichtige Eigenschaft wurde die Raumveränderung der beiden Magnesite an Prismen 16×4×4 cm nach Graf-Kaufmann ermittelt (s. Zahlentafel 7).

Zahlentafel 7. Raumveränderung, ermittelt an Prismen 16×4×4 cm nach Graf-Kaufmann

Versuch Nr.	Längenänderung in ⁰/₀₀ nach Tagen			Gewichtsänderung in ⁰/₀₀ nach Tagen		
	3	7	28	3	7	28
Inländischer Magnesit „Z"						
1	+2,49	+3,14	+3,40	−1,31	−2,10	−2,63
2	+2,56	+3,29	+3,61	−1,31	−2,10	−2,66
3	+2,42	+3,09	+3,42	−1,31	−2,10	−2,63
Mittel	+2,49	+3,17	+3,48	−1,31	−2,10	−2,63
Ausländischer Magnesit „E"						
1	−1,01	−1,59	−2,28	−3,71	−5,04	−5,84
2	−1,09	−1,27	−2,05	−3,73	−5,07	−5,87
3	−1,01	−1,51	−2,27	−4,08	−5,18	−6,00
Mittel	−1,04	−1,46	−2,20	−3,30	−5,10	−5,90

Während der Magnesit „Z" bei verhältnismäßig geringen Gewichtsänderungen der Proben starkes Quellvermögen zeigte, neigte der Magnesit „E" zum Schwinden bei gleichzeitiger, gegenüber dem Magnesit „Z" merklich erhöhter Gewichtsverminderung der Proben.

Faßt man diese Ergebnisse der Eigenschaftsermittlung der beiden Magnesite zusammen und stellt sie in Vergleich zu den Anforderungen, die nach DIN E 273 an Magnesit, welcher für Steinholz verwendet werden soll, erhoben werden, so ergibt sich das in Zahlentafel 8 dargestellte Bild. Hierin bedeutet +, daß der Magnesit die Normen erfüllte, und ein —, daß er sie nicht erfüllte.

Zahlentafel 8.
Eigenschaften der Magnesite nach DIN E 273.

	Inländischer „Z"	Ausländischer „E"
	Magnesit	
Chemische Zusammensetzung .	+	+
Litergewicht	+	+
Kornaufbau (Mahlfeinheit) . .	+	−
Abbindeverhalten	+	+
Zugfestigkeit:		
nach 3 Tagen	+	+
„ 7 „	+	+
„ 28 „	−	+
Härte:		
nach 1 Tag	+	+
„ 3 Tagen	−	+
„ 7 „	−	+
Raumveränderung:		
Quellen	−	
Schwinden		−

Hiernach würden also beide Magnesite nicht in allen Punkten den Normenvorschriften DIN E 273 entsprochen haben.

2. Füllstoff.

Die als Füllstoff verwendeten Normenholzspäne zeigten ein Litergewicht von 0,200 kg/dm³ im Mittel, einen Feuchtigkeitsgehalt von rd. 20 Gew.-% und einen Kornaufbau von 50 Gew.-% 0 bis 1 mm und 50 Gew.-% 1 bis 2 mm einschl. einem Gehalt von rd. 5 Gew.-% unter 0,2 mm.

3. Magnesiumchlorid

Das zur Herstellung der jeweils benötigten Magnesiumchloridlösung verwendete feste Salz war ein aus dem Handel bezogenes, als chemisch rein bezeichnetes, kristallwasserhaltiges Magnesiumchlorid der Zusammensetzung $MgCl_2 \times 6 H_2O$. Als Wasser zur Auflösung des Salzes diente Leitungswasser, dessen wesentliche Zusammensetzung vollständigkeitshalber angegeben sei:

Gesamthärte in d. H.°	11,8°
Vorübergehende Härte in d. H.°	11,3°
Bleibende Härte in d. H.°	0,5°
Kalk CaO	102 mg/l
Magnesia MgO	11 „
Karbonat-Kohlensäure CO_2	89 „
Freie Kohlensäure CO_2	18 „
Gebundene Schwefelsäure SO_3	32 „
Gebundenes Chlor Cl	41 „
Wasserstoffionenkonzentration p_H . . .	7,6

Herstellung der Proben

In Anlehnung an die Technischen Vorschriften für Bauleistungen DIN 1965, Ziffer 18, wurden bei beiden Magnesiten je zwei Versuchsreihen angesetzt:

Versuchsreihe A: Das Verhältnis von Bindemittel (gebrannter Magnesit) zu Füllstoff (Normenholzspäne) betrug 1:2,0 nach Rtln.

Versuchsreihe B: Das Verhältnis von Bindemittel (gebrannter Magnesit) zu Füllstoff (Normenholzspäne) betrug 1:4,0 nach Rtln.

Innerhalb dieser beiden Versuchsreihen wurde jeweils das Verhältnis von Magnesiumchlorid ($MgCl_2$) zu gebranntem Magnesit (MgO) von 1:1,0 bis auf 1:10,0 nach Gew.-Tln. geändert, d. h. mit steigender Reihe wurde der Zusatz von Magnesiumchlorid kleiner bei stets gleichen Mengen von gebranntem Magnesit und Füllstoff.

Unter Beachtung, daß sämtliche Steinholzmörtel in fertig gemischtem Zustande eine zum Einschlagen der Proben geeignete erdfeuchte Konsistenz aufweisen sollten, wurden die Flüssigkeitsmengen möglichst gleichgehalten. Nur bei den an Magnesiumchlorid sehr reichen Mörtelmassen war ein höherer Wasserzusatz zwecks vollständiger Lösung des Salzes notwendig.

Die Herstellung der Mörtel erfolgte derart, daß zuerst Magnesit und Füllstoff trocken für sich gemischt wurden. Dann wurde die jeweils benötigte Menge von Magnesiumchlorid in wenig Wasser gelöst und zu dem Trockengemisch gegeben. Nach kurzem Durchmischen wurde die Masse so weit mit Wasser angefeuchtet, bis erdfeuchte Beschaffenheit erreicht wurde. Die verbrauchten Wassermengen wurden vermerkt (s. Zahlentafel 9).

Da vorgesehen war, an den erhärteten Steinholzmörteln die Zugfestigkeit,
Härte,
Raumveränderung und
chemische Zusammensetzung
in verschiedenen Altersstufen zu ermitteln, wurden Normenzugkörper in der bekannten Achterform und Prismen von $16 \times 4 \times 4$ cm hergestellt. Die Normenzugkörper wurden mit dem Hammerapparat nach Böhme mit 15 Schlägen eingeschlagen, während die Prismen von Hand normengemäß (DIN 1165/1166) eingestampft wurden. Das Entformen der Zugkörper erfolgte etwa ½ Stunde nach dem Einschlagen, das der Prismen nach 18 Stunden.

Die Lagerung sämtlicher Probekörper bis zu den jeweiligen Prüfungsterminen wurde in einem Klimaraum bei konstanter Temperatur von 20° C und bei einer relativen Luftfeuchtigkeit von 65 % im Mittel vorgenommen.

Für die Herstellung von je 26 Zugkörpern und drei Prismen $16 \times 4 \times 4$ cm wurden jeweils die in Zahlentafel 9 wiedergegebenen Mengen der Ausgangsstoffe benötigt.

Zahlentafel 9.
Stoffliche Zusammensetzung der Probekörper

Probe, bezeichnet	$MgCl_2/MgO$	$MgCl_2 \times 6 H_2O$ in g	Bindemittel (Magnesit) in g	Füllstoff (Normenholzspäne) in g	Gesamtflüssigkeitsmenge in cm³
Inländischer Magnesit „Z". $\frac{\text{Bindemittel}}{\text{Füllstoff}} = 1:2,0$					
ZA 1	1 : 1,0	4496	2106	1080	3700
ZA 2	1 : 1,5	2998	2106	1080	2540
ZA 3	1 : 2,0	2248	2106	1080	2100
ZA 4	1 : 2,5	1799	2106	1080	1800
ZA 5	1 : 3,0	1498	2106	1080	2100
ZA 6	1 : 3,5	1285	2106	1080	1860
ZA 7	1 : 4,0	1124	2106	1080	1860
ZA 8	1 : 5,0	899	2106	1080	2000
ZA 9	1 : 6,0	748	2106	1080	2000
ZA 10	1 : 10,0	450	2106	1080	1900
Ausländischer Magnesit „E". $\frac{\text{Bindemittel}}{\text{Füllstoff}} = 1:2,0$					
EA 1	1 : 1,0	4612	2160	1080	3420
EA 2	1 : 1,5	3075	2160	1080	2400
EA 3	1 : 2,0	2306	2160	1080	1880
EA 4	1 : 2,5	1845	2160	1080	1720
EA 5	1 : 3,0	1528	2160	1080	1740
EA 6	1 : 3,5	1318	2160	1080	1680
EA 7	1 : 4,0	1153	2160	1080	1700
EA 8	1 : 5,0	923	2160	1080	1740
EA 9	1 : 6,0	769	2160	1080	1720
EA 10	1 : 10,0	462	2160	1080	1740
Inländischer Magnesit „Z". $\frac{\text{Bindemittel}}{\text{Füllstoff}} = 1:4,0$					
ZB 1	1 : 1,0	3331	1170	1200	2700
ZB 2	1 : 1,5	2221	1170	1200	2080
ZB 3	1 : 2,0	1666	1170	1200	1840
ZB 4	1 : 2,5	1332	1170	1200	2000
ZB 5	1 : 3,0	1110	1170	1200	2240
ZB 6	1 : 3,5	952	1170	1200	2240
ZB 7	1 : 4,0	833	1170	1200	2250
ZB 8	1 : 5,0	666	1170	1200	2220
ZB 9	1 : 6,0	555	1170	1200	2210
ZB 10	1 : 10,0	333	1170	1200	2130
Ausländischer Magnesit „E". $\frac{\text{Bindemittel}}{\text{Füllstoff}} = 1:4,0$					
EB 1	1 : 1,0	3416	1600	1600	2740
EB 2	1 : 1,5	2277	1600	1600	2200
EB 3	1 : 2,0	1708	1600	1600	1900
EB 4	1 : 2,5	1366	1600	1600	2800
EB 5	1 : 3,0	1135	1600	1600	3140
EB 6	1 : 3,5	976	1600	1600	2250
EB 7	1 : 4,0	854	1600	1600	2270
EB 8	1 : 5,0	683	1600	1600	2260
EB 9	1 : 6,0	569	1600	1600	2230
EB 10	1 : 10,0	342	1600	1600	2140

Versuchsergebnisse

Die Versuchsergebnisse sind zwecks Vermeidung unübersichtlicher Zahlentabellen in Bild 1 bis 15 wiedergegeben. Sonderheiten, die aus den graphischen Darstellungen nicht erkennbar sind, werden bei der Besprechung der einzelnen Prüfungsbefunde besonders erwähnt.

1. Zugfestigkeit

Wie aus Bild 1 und 2 ersichtlich ist, wurden die höchsten Zugfestigkeiten in den Mörtelmischungen, die im Verhältnis von Bindemittel (Magnesit) zu Füllstoff (Sägespäne) wie 1:2,0 nach Raumteilen angesetzt waren, bei denjenigen Probekörpern erhalten, deren Verhältnis von Magnesiumchlorid zu Magnesiumoxyd im Bereich von 1:2,0 bis 1:2,5 lag. Sie betrugen unter den gewählten Versuchsbedingungen etwa 80 kg/cm² im Mittel. Unterhalb sowie oberhalb dieser Grenzen war eine sehr deutliche und rasche Abnahme der Zugfestigkeitswerte festzustellen. Bereits im Alter von 28 Tagen lagen die Zugfestigkeiten in dem höchsterreichten

Gebiet, d. h. eine merkliche Zunahme mit fortschreitendem Alter der Steinholzmassen nach 28 Tagen war nicht erkennbar.

Ein ähnliches Bild zeigten die Mörtelmischungen, die ein Verhältnis von Magnesit zu Füllstoff wie 1:4,0 nach Raumteilen aufwiesen (s. Bild 3 und 4). Hier lagen die erreichten Höchstwerte der Zugfestigkeit bei den Mischungen, die ein Verhältnis von Magnesiumchlorid zu Magnesiumoxyd von etwa 1:1,5 bis 1:2,0 besaßen; sie lagen in der Größenordnung von etwa 30 kg/cm². Auch hier war zu beobachten, daß unterhalb und oberhalb dieses Verhältnisses ein rascher Abstieg der Zugfestigkeiten eintrat, analog den Ergebnissen bei den magnesitreichen Mischungen ZA und EA.

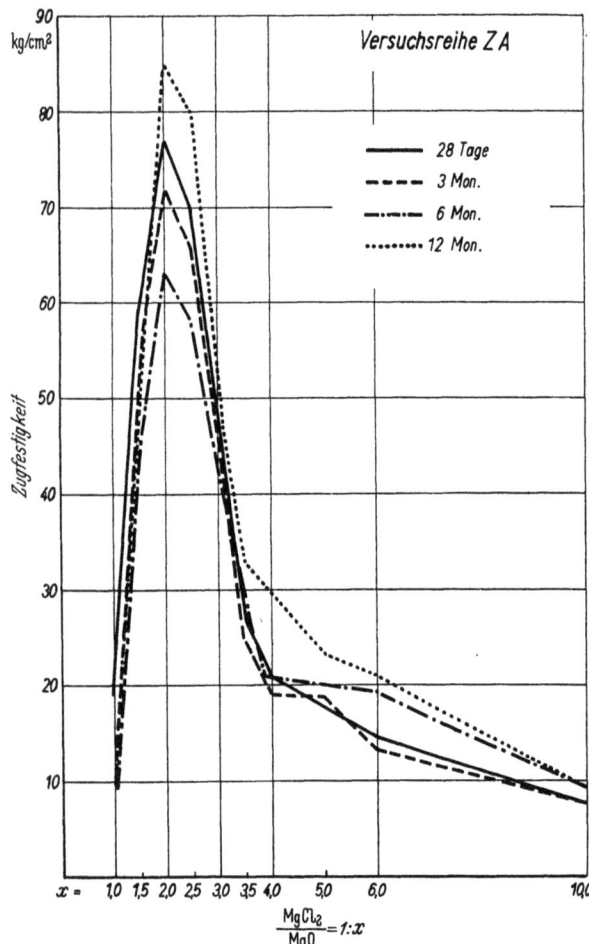

Bild 1. Zugfestigkeit der Mörtelmischungen aus inländischem Magnesit „Z" (Bindemittel : Füllstoff wie 1:2,0) in Abhängigkeit von dem Verhältnis $MgCl_2 : MgO$

Die Feststellung, daß der magnesitärmeren und daher füllstoffreicheren Mischung mehr Magnesiumchlorid zuzusetzen war, als dem Verhältnis von etwa 1:2,0 bis 1:2,5 entsprach, um die Höchstwerte für die Zugfestigkeit zu erreichen, kann dadurch erklärt werden, daß hier wahrscheinlich ein Teil der Magnesiumchloridlösung von den Sägespänen aufgesogen und so der Umsetzung mit dem Magnesiumoxyd des Magnesits entzogen wurde.

Im Alter von 28 Tagen war auch hier eine Zugfestigkeit erreicht, die nahe den Endwerten lag, d. h. es ist mit einer wesentlichen Festigkeitszunahme nach einem Alter von einem Monat ebenfalls nicht mehr zu rechnen.

Ein merklicher Unterschied zwischen den beiden Magnesiten ist nicht festgestellt worden im Gegensatz zu den Ergebnissen der Normenprüfung der Magnesite selbst (vgl. Zahlentafel 5), nach denen der Magnesit „E" eine deutlich höhere Zugfestigkeit lieferte als der Magnesit „Z".

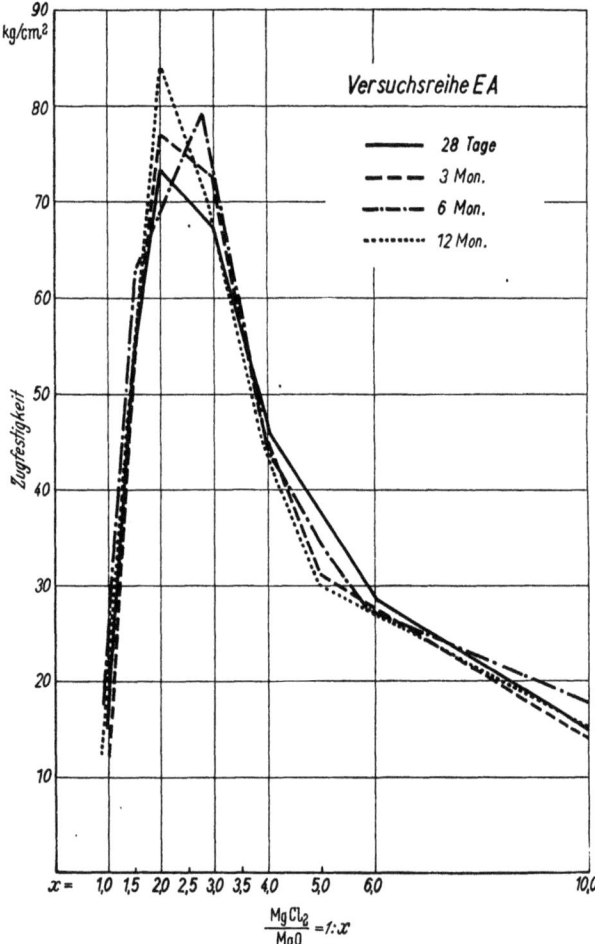

Bild 2. Zugfestigkeit der Mörtelmischungen aus ausländischem Magnesit „E" (Bindemittel : Füllstoff wie 1:2,0) in Abhängigkeit von dem Verhältnis $MgCl_2 : MgO$

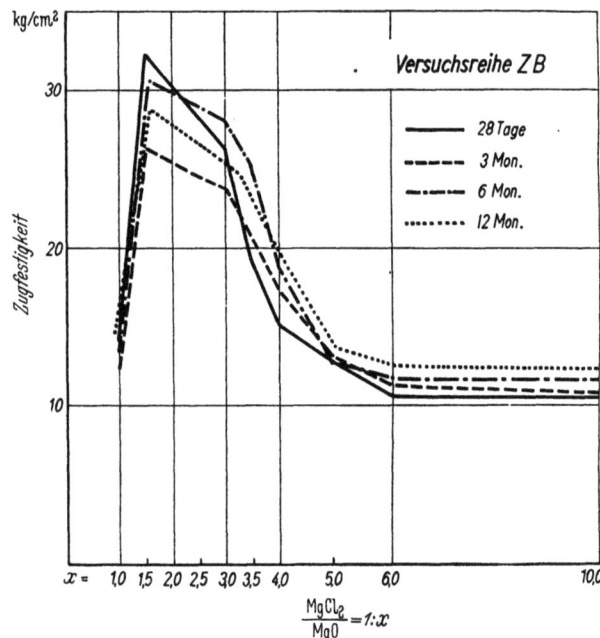

Bild 3. Zugfestigkeit der Mörtelmischungen aus inländischem Magnesit „Z" (Bindemittel : Füllstoff wie 1:4,0) in Abhängigkeit von dem Verhältnis $MgCl_2 : MgO$

2. Härte

In Anlehnung an DIN Entwurf 273 wurde an den Reststücken der auf Zugfestigkeit geprüften Probekörper die Härte ermittelt. Wie aus Bild 5 ersichtlich ist, wurde bei den magnesitreichen Mischungen ZA und EA unabhängig von der Art des verwendeten Magnesits im Alter von 12 Monaten eine Härte von etwa 4 kg/mm² erreicht, während bei den füllstoffreicheren Mischungen ZB und EB, ebenfalls von der Art des Magnesits unabhängig, eine Härte von nur etwa 1 kg/mm² gezeitigt wurde.

Auch hier lagen die höchsten Härtewerte wie bei der Zugfestigkeit bei denjenigen Mischungen, die ein Verhältnis von Magnesiumchlorid zu Magnesiumoxyd wie 1:1,5 bis 1:2,5 aufwiesen, wobei wiederum die füllstoffreichen Mörtel ZB und EB mehr Magnesiumchlorid enthalten konnten als die füllstoffärmeren, dafür aber magnesitreicheren Massen.

Mit Rücksicht darauf, daß in der Steinholzpraxis die Härte nur für die Oberschichten (Nutzschichten) von Steinholzfußböden von Wichtigkeit ist, und die Versuchsreihen ZA und EA bezüglich des Magnesitgehaltes der Zusammensetzung derartiger Schichten entsprechen, kann gefolgert werden, daß die höchste Härte bei einem Verhältnis von Magnesiumchlorid zu Magnesit wie etwa 1:2,0 erreicht wird. Unterhalb und oberhalb dieser Zusammensetzung fällt die Härte rasch und merklich ab.

Die in Bild 5 eingetragenen Werte beziehen sich auf Proben, die 12 Monate alt waren. Es sei aber bemerkt, daß diese Härte auch schon in einem Alter der Steinholzmassen von 28 Tagen festgestellt wurde, wodurch die Folgerung berechtigt ist, daß eine wesentliche Zunahme der Härte mit steigendem Alter nach 28 Tagen ähnlich wie bei der Zugfestigkeit nicht mehr zu verzeichnen ist.

Gegenüber den Ergebnissen der Normenprüfung der beiden Magnesite, nach denen der Magnesit „E" eine deutlich höhere Härte als der Magnesit „Z" zeigte, wurde bei diesen Versuchen kein merklicher Unterschied festgestellt.

3. Raumveränderung

Die Prüfung der Steinholzmassen auf Raumveränderung ergab den in Bild 6 bis 9 wiedergegebenen Befund. Beide Magnesite wiesen hierbei in den bindemittelreichen Mischungen ZA und EA bei einem Verhältnis von Magnesiumchlorid zu Magnesiumoxyd wie 1:1,0 ein Quellvermögen auf, das bei etwa 90°/₀₀, d. h. 90 mm/m lag. Infolge dieser außerordentlich starken Volumenvergrößerung hatten sich diese Prismen stark verzogen und zeigten Rißbildung.

Erniedrigte man den Zusatz von Magnesiumchlorid im Verhältnis zu Magnesit auf etwa 1:1,5, so ergab sich die wesentliche Verkleinerung des Quellvermögens der Steinholzmassen bei dem inländischen Magnesit „Z" um die Hälfte auf etwa 45 mm/m, bei dem ausländischen Magnesit „E" bis auf etwa 33 mm/m. Bei noch weiterer Verkleinerung des Magnesiumchloridzusatzes wurde das Quellvermögen der Steinholzmassen noch weiter erniedrigt und erreichte bei Mischungen, die im Verhältnis von Magnesiumchlorid zu Magnesiumoxyd wie etwa 1:3,0 und tiefer lagen, die Nullinie, bzw. ging in ein relativ geringes Schwinden über. Die entsprechenden Werte für diese Mischungen MgCl₂ : MgO kleiner als 1:3,0 sind übersichtshalber in den Bildern nicht verzeichnet; es wird ausdrücklich vermerkt, daß der höchste Schwindwert bei —6,76°/₀₀ bei dem Magnesit „E" (Probe, bezeichnet EA 6 nach 12 Monaten) und —3,81°/₀₀ bei dem Magnesit „Z" (Probe, bezeichnet ZA 7 nach 28 Tagen) lag, also in einem Größenbereich, der nicht im entferntesten an die hohen Werte für das Quellvermögen heranreichte.

Im übrigen verliefen die Schwindvorgänge nach den Untersuchungsergebnissen nicht in einer Richtung, sondern das Schwinden ging wechselnd ohne Gesetzmäßigkeit zeitweilig auch in ein geringes Quellen über. Man kann annehmen, daß die Steinholzmassen „arbeiten". Da diese

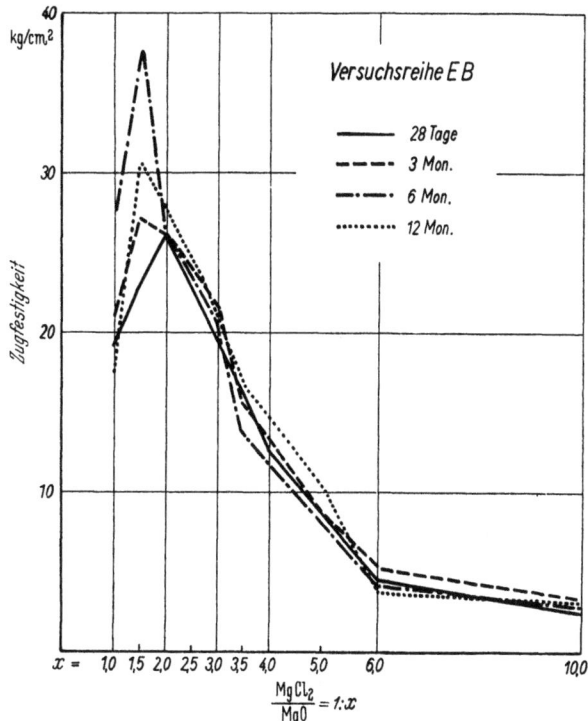

Bild 4. Zugfestigkeit der Mörtelmischungen aus ausländischem Magnesit „E" (Bindemittel : Füllstoff wie 1:4,0) in Abhängigkeit von dem Verhältnis MgCl₂ : MgO

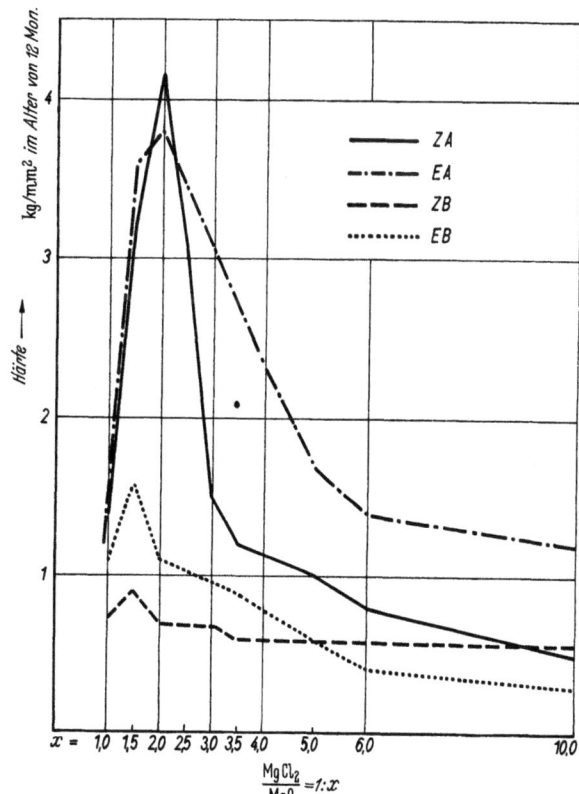

Bild 5. Härte der 12 Monate alten Mörtelmischungen in Abhängigkeit von dem Verhältnis MgCl₂ : MgO

Vorgänge in den magnesium-chloridarmen Mischungen nicht mit fallendem Gehalt an Magnesiumchlorid stärker wurden, sondern größenordnungsmäßig etwa vom Verhältnis MgCl₂/MgO wie 1:3,5 ab bis 1:10,0 gleich waren, kann der Schluß gezogen werden, daß hier das Schwinden nicht durch den Gehalt an Magnesiumchlorid wesentlich beeinflußt wurde, sondern eine Funktion des Magnesits möglicherweise in Zusammenhang mit dem Verhältnis Bindemittel : Füllstoff vorstellte im Gegensatz zu den Quellvorgängen, die scheinbar in der Hauptsache von dem Gehalt der Steinholzmassen an Magnesiumchlorid abhängig waren.

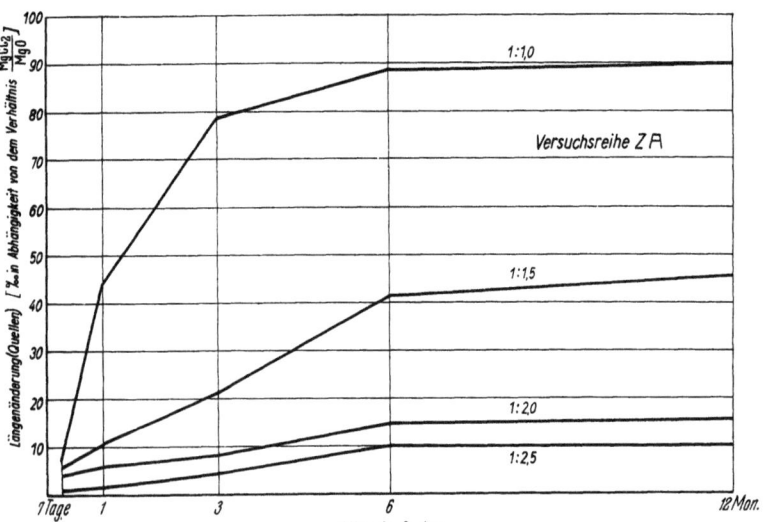

Bild 6. Längenänderung (Quellen) der Mörtelmischungen aus inländischem Magnesit „Z" (Bindemittel: Füllstoff wie 1:2,0) in Abhängigkeit von dem Verhältnis $MgCl_2 : MgO$ und vom Alter

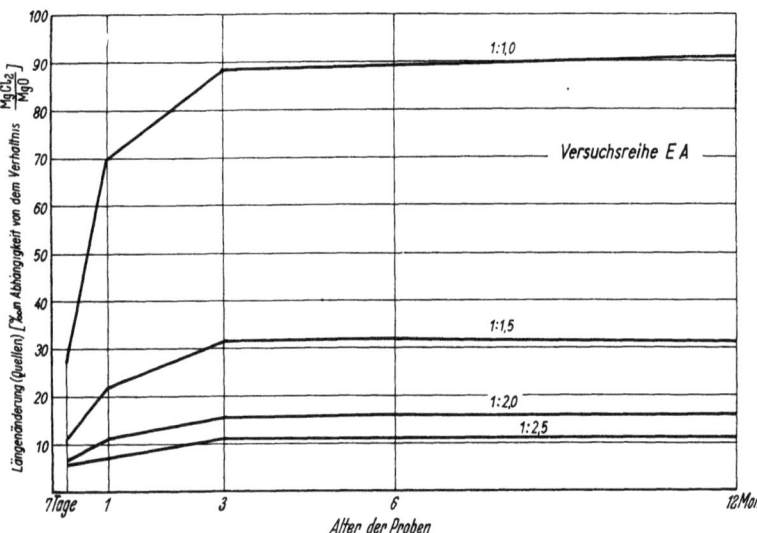

Bild 7. Längenänderung (Quellen) der Mörtelmischungen aus ausländischem Magnesit „E" (Bindemittel: Füllstoff wie 1:2,0) in Abhängigkeit von dem Verhältnis $MgCl_2 : MgO$ und vom Alter

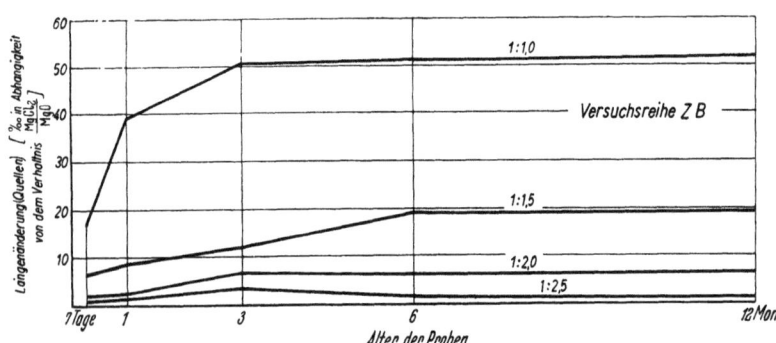

Bild 8. Längenänderung (Quellen) der Mörtelmischungen aus inländischem Magnesit „Z" (Bindemittel: Füllstoff wie 1:4,0) in Abhängigkeit von dem Verhältnis $MgCl_2 : MgO$ und vom Alter

Vergleicht man in Bild 6 und 7 die beiden Kurven für die Mischungen 1:1,5, so fällt auf, daß die Längenänderung bei dem inländischen Magnesit „Z" bis etwa $+45^0/_{00}$, bei dem ausländischen Magnesit „E" aber nur bis etwa $+33^0/_{00}$ ging. Dieser Befund kann in Übereinstimmung mit dem Ergebnis der Magnesitprüfung in Zahlentafel 7 gebracht werden, nach dem der Magnesit „Z" Quellen, der Magnesit „E" aber Schwindneigung zeigte. Nicht in Übereinstimmung dagegen ist der Kurvenverlauf insgesamt: trotz der gegensätzlichen Raumveränderungseigenschaften der beiden Magnesite nach DIN E 273 (vgl. Zahlentafel 8) zeigten die aus ihnen hergestellten Steinholzmassen in magnesiumchloridreicher Mischung übereinstimmend Quellvermögen, in magerer Mischung (bezogen auf den Gehalt an Magnesiumchlorid) jedoch Schwindneigung.

Bezüglich des Zeitpunktes, an dem angenommen werden kann, daß das Quellen oder Schwinden die Grenzwerte erreicht hat, ist aus den Kurven offenbar zu entnehmen, daß diese Vorgänge bei reaktionsfreudigen Magnesiten nach etwa 3 Monaten, bei Magnesiten mit kleinem Reaktionsvermögen aber erst nach 6 Monaten praktisch abgeschlossen sind, und daß im allgemeinen nach dieser Zeit mit einer wesentlichen Volumenänderung der Steinholzmassen unter normalen Temperatur- und Feuchtigkeitsverhältnissen nicht zu rechnen ist.

Das Bild, das die Prüfung der Steinholzmassen mit einem Verhältnis von Bindemittel zu Füllstoff wie 1:4,0 zeigt (Bild 8 und 9) ähnelt stark dem vorbesprochenen Befund. Auch hier lagen die Längenänderungen bei den Mischungen mit einem Verhältnis von Magnesiumchlorid zu Magnesiumoxyd wie 1:1,0 am höchsten, wenn sie auch infolge des höheren Gehaltes dieser Massen an Füllstoff wesentlich geringer waren als bei der Mischung Bindemittel zu Füllstoff wie 1:2,0. Das Quellvermögen nahm mit fallendem Gehalt der Steinholzmassen an Magnesiumchlorid ab und ging von einem Verhältnis $MgCl_2/MgO$ wie etwa 1:3,5 ab in die Nullinie bzw. in ein geringes Schwinden über. Hierbei zeigte sich, was in den Kurven nicht angegeben ist, daß der inländische Magnesit „Z" in sämtlichen 10 Mischungen ($MgCl_2 : MgO$ wie 1:1,0 bis 1:10,0) Quellvermögen, der ausländische Magnesit „E" jedoch von der Mischung $MgCl_2/MgO$ wie 1:3,5 ab Schwindneigung aufwies, ein Befund, der mit den Ergebnissen der Normenprüfung der Magnesite in gewisser Übereinstimmung steht. Es wird erinnert, daß der inländische Magnesit „Z" zum Quellen, der ausländische Magnesit „E" zum Schwinden neigte (s. Zahlentafel 7). Der höchste Schwindwert, der bei den Steinholzmassen des Magnesits „E" erreicht wurde, betrug $-4,75^0/_{00}$ bei Probe EB 4 nach 3 Monaten.

Wie bei den magnesitreichen Mischungen ZA und EA

kann auch hier gefolgert werden, daß die Raumveränderungsvorgänge unter normalen Temperatur- und Feuchtigkeitseinflüssen spätestens nach etwa 6 Monaten abgeschlossen sind.

Setzt man die Längenänderungen der Steinholzmassen in Vergleich zu den Gewichtsänderungen, die die entsprechenden Proben bei der Lagerung jeweils erfahren haben (Bild 10 bis 13), so ergibt sich folgendes Bild:

Die magnesiumchloridreichen Mischungen der Versuchsreihe A (Bindemittel zu Füllstoff wie 1:2,0), welche Quellerscheinungen gezeigt hatten, hatten eine Gewichtszunahme im Laufe der ersten 6 Monate erfahren, die sich nach dieser Zeit nicht weiter vergrößerte. Diejenigen Massen mit einem Verhältnis von Magnesiumchlorid : Magnesiumoxyd kleiner als 1:3,0, die bei der Prüfung auf Raumveränderung keine wesentlichen Quell- oder Schwindvorgänge gezeigt hatten, erbrachten dagegen eine Gewichtsverminderung.

Bei der Versuchsreihe B (Bindemittel zu Füllstoff wie 1:4,0) zeigte sich das gleiche Bild, nur waren hier die Gewichtsverminderungen bei den magnesiumchloridarmen Mischungen weit stärker als bei den Proben der Versuchsreihe A; sie gingen bis etwa 28% herunter. Diese relativ hohe Feuchtigkeitsabgabe kann auf den höheren Gehalt an Sägespänen, bezogen auf den Magnesiumchloridgehalt, und auf das dadurch bedingte hohe Austrocknungsvermögen dieser Mischungen zurückgeführt werden.

Das Quellen von Steinholzmassen scheint demnach mit einer Feuchtigkeitsaufnahme, das Schwinden mit einer Feuchtigkeitsabgabe zusammenzuhängen. Steinholzmassen, deren Volumenänderung gering ist, zeigen auch nur geringe Änderungen in ihren Gewichten, oder umgekehrt, geringe Gewichtsänderungen der Massen bedingen auch nur geringe Volumenänderungen.

4. Biegezugfestigkeit

Die auf Raumveränderung bis zu einem Alter von 1 Jahr untersuchten Prismen wurden im Anschluß an diese Ermittlung auf Biegezugfestigkeit in Anlehnung an die Zementnormen DIN 1166 geprüft. Es ergab sich der in Bild 14 wiedergegebene Befund, zu dem wie folgt Stellung genommen werden kann:

Die höchsten Biegezugfestigkeitswerte wurden bei den magnesitreichen Mischungen ZA und EA bei denjenigen Proben erhalten, die ein Verhältnis von Magnesiumchlorid zu Magnesiumoxyd wie etwa 1:2,0 bis 1:2,5 aufwiesen; sie lagen etwa bei 100 bis 110 kg/cm². Unterhalb und oberhalb dieses Bereiches fand ein merklicher und rascher Abfall statt. Die Mischungen der Versuchsreihe B (Bindemittel zu Füllstoff wie 1:4,0) lagen in den erreichten Höchstwerten unter denjenigen der Versuchsreihen ZA und EA, erreichten aber immerhin noch etwa 80 kg/cm². Auch hier lag die Spitze bei Mischungen, die ein Verhältnis von $MgCl_2/MgO$ wie etwa 1:2,0 zeigten.

Stellt man die Biegezugfestigkeitswerte in Vergleich zu den Zugfestigkeitswerten (Bild 1 bis 14), so ist ein gesetzmäßiger, in Zahlen ausdrückbarer klarer Zusammenhang nicht erkennbar. Wohl liegen sämtliche Biegezugfestigkeitswerte höher als die entsprechenden Zugfestigkeiten, ein genaues Maß aber für diese Beziehung läßt sich nicht ableiten, da nach den Untersuchungsergebnissen die Biegezugfestigkeiten das 1,5- bis 3,3fache der Zugfestigkeit betragen können.

5. Druckfestigkeit

Die in Anlehnung an DIN 1166 (Zementnormen) an den Reststücken der auf Biegezugfestigkeit geprüften,

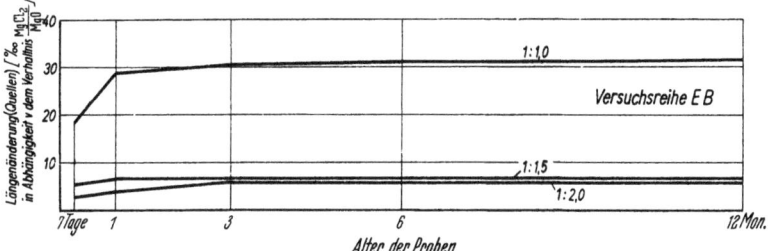

Bild 9. Längenänderung (Quellen) der Mörtelmischungen aus ausländischem Magnesit „E" (Bindemittel : Füllstoff wie 1:4,0) in Abhängigkeit von dem Verhältnis $MgCl_2 : MgO$ und vom Alter

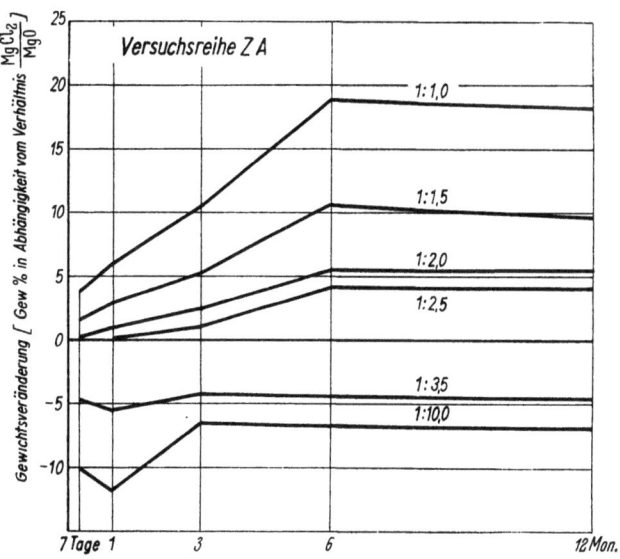

Bild 10. Gewichtsänderungen der Mörtelmischungen zu Bild 6

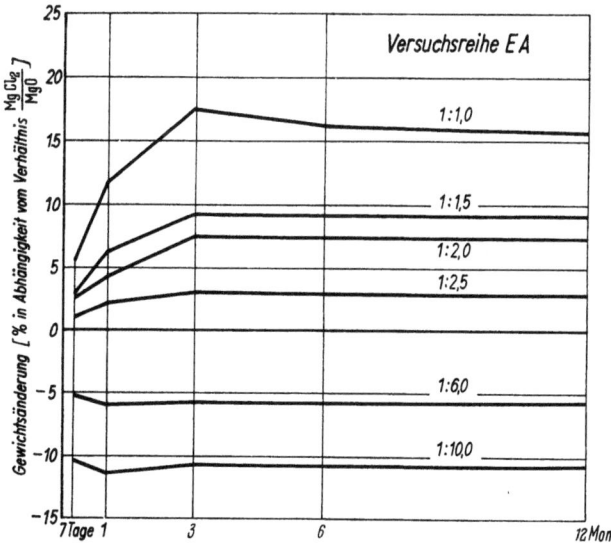

Bild 11. Gewichtsänderungen der Mörtelmischungen zu Bild 7

1 Jahr alten Prismen ermittelten Druckfestigkeiten sind in Bild 15 enthalten. Nach diesem Befund zeigten wiederum die Steinholzmassen mit einem Verhältnis von $MgCl_2/MgO$ wie 1:2,0 bis 1:2,5 die höchsten Druckfestigkeitswerte, während die Mischungen unterhalb und oberhalb dieses Bereiches einen starken Abfall aufwiesen. Wie sich bei den vorbesprochenen Prüfungen bereits mehrfach ergeben hatte, lagen auch hier bei den füllstoffreichen Mischungen die

Höchstwerte bei denjenigen Massen, die ein Verhältnis von $MgCl_2/MgO$ wie 1:1,5 bis 1:2,0 zeigten.

6. Chemische Zusammensetzung

Wie bereits eingangs erwähnt, wurde von allen Mischungen im erhärteten Zustande die chemische Zusammensetzung ermittelt. Hierfür wurde die im Anschluß an die

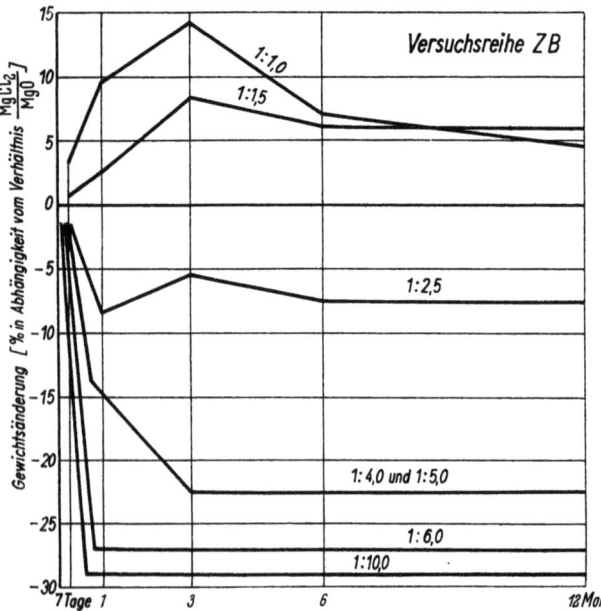

Bild 12. Gewichtsänderungen der Mörtelmischungen zu Bild 8

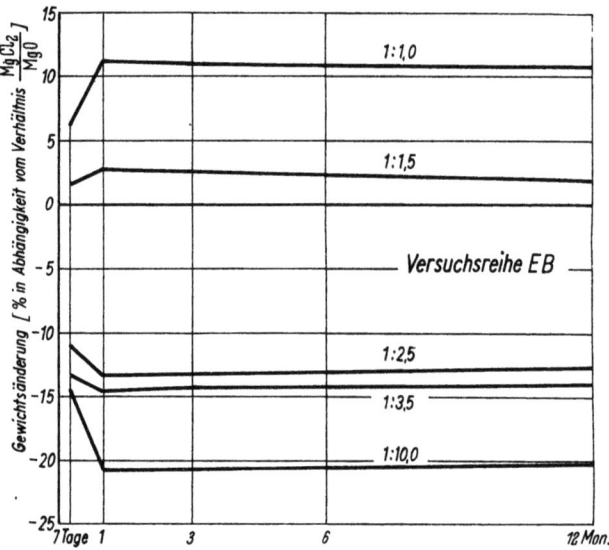

Bild 13. Gewichtsänderungen der Mörtelmischungen zu Bild 9

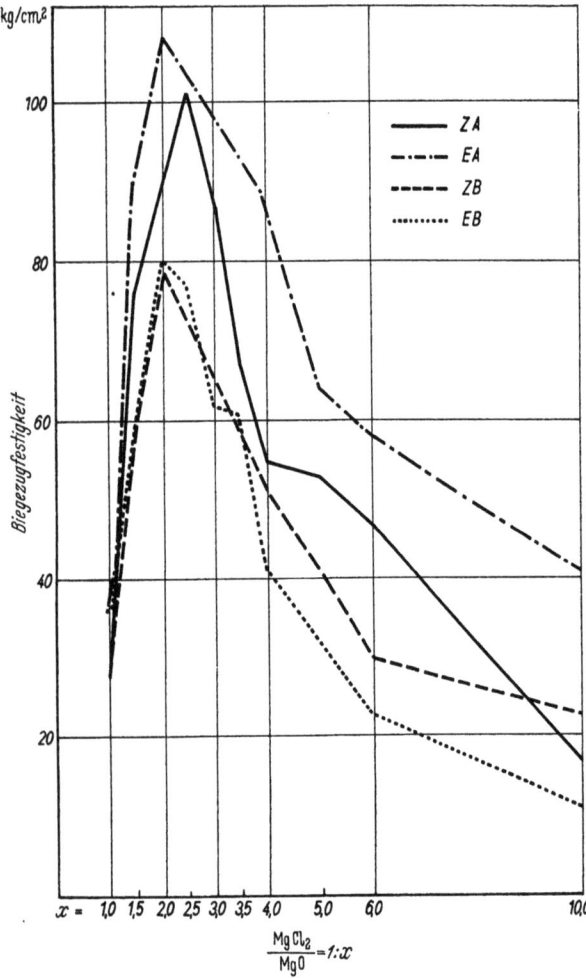

Bild 14. Biegezugfestigkeit der 12 Monate alten Mörtelmischungen in Abhängigkeit von dem Verhältnis $MgCl_2 : MgO$

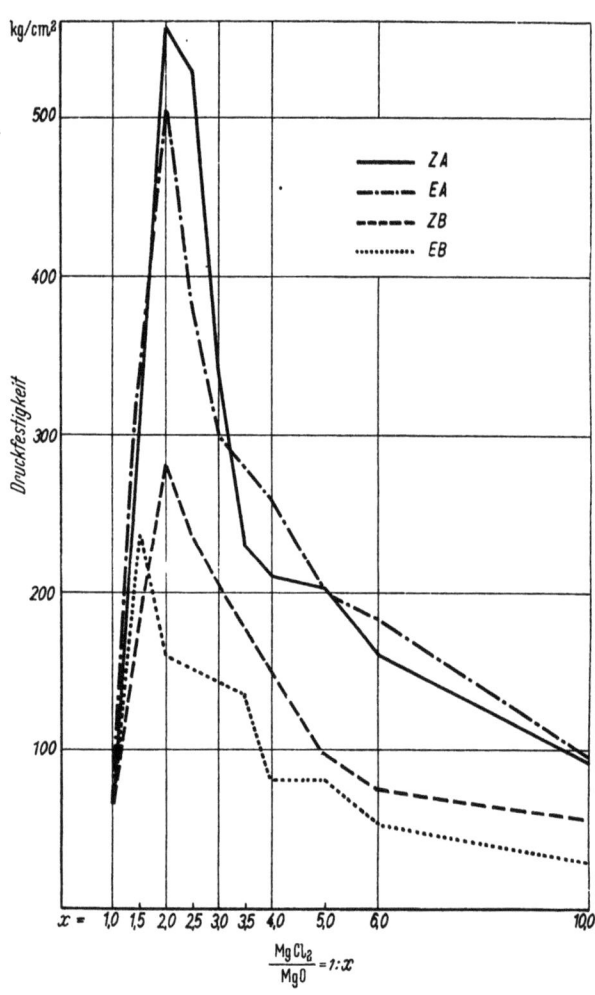

Bild 15. Druckfestigkeit der 12 Monate alten Mörtelmischungen in Abhängigkeit von dem Verhältnis $MgCl_2 : MgO$

Die magnesitreichen Mörtel erreichten Festigkeiten bis 530 kg/cm², die füllstoffreichen Mörtel bis etwa 250 kg/cm². Ein wesentlicher Unterschied zwischen den beiden Magnesiten ist nicht zu erkennen.

Prüfungsergebnisse beschriebene Methode angewendet. Aus der Vielzahl der Einzelergebnisse, deren vollständige Wiedergabe nicht notwendig erscheint, seien als Beispiele vier Analysen der Steinholzmischungen in Zahlentafel 10 angeführt.

Zahlentafel 10. Chemische Zusammensetzung der Steinholzmassen

Gehalt in Gew.-%	Probe, bezeichnet							
	ZA 5		ZA 10		EA 1		EB 7	
	Ursprungs-zustand	getrocknet	Ursprungs-zustand	getrocknet	Ursprungs-zustand	getrocknet	Ursprungs-zustand	getrocknet
Feuchtigkeit	12,5	—	11,4	—	16,2	—	11,6	—
Gesamtfüllstoff	13,5	15,4	16,5	18,6	8,7	10,3	23,3	26,4
davon:								
Holz (Sägespäne)	11,2	12,8	13,9	15,6	7,2	8,5	21,3	24,2
mineralische Stoffe	2,3	2,6	2,6	3,0	1,5	1,8	2,0	2,2
Lösliche Kieselsäure SiO_2	0,2	0,2	0,2	0,2	0,7	0,8	0,9	1,1
Summe der Oxyde R_2O_3[1]	0,6	0,7	1,0	1,1	0,1	0,1	0,4	0,4
Tonerde Al_2O_3[2]	0,5	0,5	0,1	0,1	0,05	0,05	0,3	0,3
Eisenoxyd Fe_2O_3	0,1	0,2	0,9	1,0	0,05	0,05	0,1	0,1
Kalk CaO	1,4	1,6	0,9	1,0	0,4	0,5	0,3	0,3
Magnesia MgO (Gesamtmenge)	37,9	43,4	40,6	45,8	31,1	37,1	34,6	39,2
Gebundene Schwefelsäure SO_3	0,1	0,1	0,1	0,1	0,03	0,04	Spur	Spur
Gebundenes Chlor Cl	8,8	10,1	2,9	3,2	15,5	18,5	5,9	6,7
entspr. Magnesiumchlorid $MgCl_2$	11,8	13,5	3,9	4,3	20,8	24,9	7,9	9,0
Freie Magnesia MgO[3]	33,0	37,7	39,0	43,9	22,4	26,6	31,3	35,4

[1] Summe von Tonerde Al_2O_3 + Eisenoxyd Fe_2O_3 + etwa vorhandenen Mangans Mn_3O_4 und Titansäure TiO_2.
[2] Einschließlich etwa vorhandenen Mangans Mn_3O_4 und Titansäure TiO_2.
[3] Aus der Gesamtmenge von Magnesia nach Abzug des an Chlor gebundenen Magnesiumoxyds berechnet.

Aus den Einzelergebnissen wurde das Verhältnis von Bindemittel zu Füllstoff und das Verhältnis von Magnesiumchlorid (wasserfrei $MgCl_2$) zu Magnesiumoxyd (MgO) rechnerisch ermittelt.

Bei der Berechnung von Bindemittel zu Füllstoff konnten drei Wege beschritten werden. Es konnten erstens die bei der chemischen Zusammensetzung ermittelten Anteile an SiO_2, R_2O_3, CaO und SO_3 zu der berechneten Menge von freiem Magnesiumoxyd zugezählt und diese Summe dann als „Magnesit" angesprochen werden. Der zweite Weg bestand darin, daß allein die berechnete Menge von freiem Magnesiumoxyd ohne die vorerwähnten Einzelbestandteile dem „Magnesit" gleichgesetzt und nur dieser Wert für die Verhältnisberechnung genommen wurde. Die dritte Möglichkeit der Berechnung ging dahin, die berechnete Menge von freiem Magnesiumoxyd mit 1,11 bzw. 1,25 zu vervielfachen unter der Berücksichtigung, daß die für Steinholz verwendeten Magnesite oft einen Gehalt an MgO von nur etwa 90 bis 80% aufweisen*.

Werden diese Berechnungen an den in Zahlentafel 10 angegebenen Analysen der Steinholzmassen durchgeführt, dann ergeben sich die in den Zahlentafeln 11 bis 13 wiedergegebenen Werte.

Zahlentafel 11.
Berechnung der stofflichen Zusammensetzung (Bindemittel [„Magnesit"] gebildet aus freiem $MgO + SiO_2 + R_2O_3 + CaO + SO_3$)

Probe, bezeich-net	Gesamtfüll-stoff (Säge-späne + säu-reunlösliche mineralische Stoffe) %	Bindemittel = freies MgO + SiO_2 + R_2O_3 + CaO + SO_3 %	Magnesium-chlorid $MgCl_2$ wasserfrei %	$\frac{\text{Bindemittel}}{\text{Gesamtfüllstoff}}$ in Gew.-Tln.	$\frac{MgCl_2[1]}{MgO}$ in Gew.-Tln.
ZA 5	15,4	40,3	13,5	1:0,38	1: 2,8
ZA 10	18,6	46,3	4,3	1:0,38	1:10,2
EA 1	10,3	28,0	24,9	1:0,37	1: 1,1
EB 7	26,4	27,2	9,0	1:0,72	1: 3,9

* Die Faktoren ergeben sich aus der Gleichung: 90 bzw. 80% freies MgO entsprechen 100% Magnesit, X% MgO folglich $= \frac{100 \times X}{90}$ bzw. $\frac{100 \times X}{80}$ % Magnesit.
[1] MgO = freies Magnesiumoxyd.

Zahlentafel 12.
Berechnung der stofflichen Zusammensetzung (Bindemittel [„Magnesit"] gebildet aus freiem MgO)

Probe, be-zeichnet	Gesamtfüll-stoff (Säge-späne + säu-reunlösliche mineralische Stoffe) %	Bindemittel = freies MgO %	Magnesium-chlorid $MgCl_2$ wasserfrei %	$\frac{\text{Bindemittel}}{\text{Gesamtfüllstoff}}$ in Gew.-Tln.	$\frac{MgCl_2[1]}{MgO}$ in Gew.-Tln.
ZA 5	15,4	37,7	13,5	1:0,41	1: 2,8
ZA 10	18,6	43,9	4,3	1:0,42	1:10,2
EA 1	10,3	26,6	24,9	1:0,39	1: 1,1
EB 7	26,4	35,4	9,0	1:0,75	1: 3,9

Zahlentafel 13.
Berechnung der stofflichen Zusammensetzung (Bindemittel [„Magnesit"] gebildet aus freiem Magnesiumoxyd × 1,11 bzw. 1,25)

Probe, be-zeichnet	Gesamtfüll-stoff (Säge-späne + säu-reunlösliche mineralische Stoffe) %	Bindemittel = freies MgO vervielfacht mit		Magne-sium-chlorid $MgCl_2$ wasser-frei %	$\frac{\text{Bindemittel}}{\text{Gesamtfüllstoff}}$ in Gew.-Tln.	$\frac{MgCl_2[1]}{MgO}$ in Gew.-Tln.
		1,11 %	1,25 %			
ZA 5	15,4	41,9	47,1	13,5	1:0,37 bzw.0,33	1: 2,8
ZA 10	18,6	48,7	54,9	4,3	1:0,38 bzw.0,34	1:10,2
EA 1	10,3	29,6	33,2	24,9	1:0,35 bzw.0,31	1: 1,1
EB 7	26,4	39,4	44,3	9,0	1:0,67 bzw.0,60	1: 3,9

[1] MgO = freies Magnesiumoxyd.

Werden zwecks Berechnung des Mischungsverhältnisses von Bindemittel zu Gesamtfüllstoff nach Raumteilen die Litergewichte des Magnesits und des Füllstoffes berücksichtigt, und wird außerdem bei dem Füllstoff ein Feuchtigkeitsgehalt von 20% in Rechnung gesetzt, so berechnen sich die Raumteilmischungsverhältnisse von Bindemittel zu Füllstoff wie folgt:

Zahlentafel 14.
Mischungsverhältnisberechnung

Probe, bezeichnet	Berechnet auf Grund der Zahlenwerte von			
	Zahlentafel 11	Zahlentafel 12	Zahlentafel 13 90%iger Magnesit	80%iger Magnesit
ZA 5[1]	1:1,9	1:2,0	1:1,8	1:1,6
ZA 10[1]	1:1,9	1:2,0	1:1,9	1:1,7
EA 1[1]	1:1,8	1:2,0	1:1,7	1:1,5
EB 7[2]	1:3,9	1:3,9	1:3,3	1:3,0

[1] Sollwert 1:2,0.
[2] Sollwert 1:4,0.

Hiernach liefern also die beiden ersten erörterten Wege Ergebnisse, die gut mit den tatsächlich gewählten Zusammensetzungen der Steinholzmassen übereinstimmen, während dagegen der dritte Weg dazu neigt, zu fette, d. h. zu magnesitreiche Mischungen zu zeitigen, und dieses um so mehr, je ärmer die Steinholzmasse an Magnesit ist.

Faßt man diese Erörterungen zusammen, so besteht Berechtigung, bei der Berechnung der stofflichen Zusammensetzung aus der Vollanalyse den zweiten Weg einzuschlagen, d. h. als „Bindemittel" nur die berechnete Menge von freiem Magnesiumoxyd MgO anzusprechen und diesen Wert als „Magnesit" zu bezeichnen. Hierfür spricht auch, daß das Reaktionsvermögen eines normal gebrannten Magnesits in chemischer Hinsicht in der Hauptsache von dem Gehalt an Magnesiumoxyd MgO abhängen dürfte, und die übrigen Bestandteile gewissermaßen als unwirksam anzusehen sind.

Bei der Verhältnisberechnung Magnesiumchlorid zu Magnesiumoxyd ($MgCl_2$/MgO) ist ebenfalls nur die Menge des freien MgO in Rechnung zu setzen, da die im Magnesit vorhandenen Nebenbestandteile kaum in Reaktion mit dem Magnesiumchlorid treten und somit für die chemische Bindung in Fortfall kommen.

Diese Art der Ermittlung des Mischungsverhältnisses von Bindemittel zu Füllstoff führt aber nur dann zu befriedigenden Ergebnissen, wenn der verarbeitete Magnesit keine wesentlichen Mengen von säureunlöslichen Bestandteilen aufweist. Gewöhnlich liegt ja der Gehalt von für Steinholzmassen verwendeten Magnesiten an derartigen Verunreinigungen weit unter etwa 10%. Bei Magnesit, der wesentlich größere Mengen von säureunlöslichen Bestandteilen als etwa 10% besitzt, kann die Mischungsverhältnisbestimmung zu Ergebnissen führen, die gegenüber dem tatsächlichen Mischungsverhältnis zu mager ausfallen und zwar um so mehr, je größere Mengen der Magnesit an diesen Bestandteilen hat. Liegt der verwendete Magnesit in noch unverarbeitetem Zustande vor, was aber z. Zt. noch in der Praxis bei der Nachprüfung der Zusammensetzung von erhärteten Steinholzmassen in den wenigsten Fällen zutreffen dürfte, dann kann an Hand seiner zu ermittelnden chemischen Zusammensetzung diese Ungenauigkeit ausgeglichen werden.

Über die Berechnung des Mischungsverhältnisses von Bindemittel zu Füllstoff in Raumteilen sei noch folgendes bemerkt:

Nur bei Kenntnis der Litergewichte der Ausgangsstoffe ist eine entsprechende Umrechnung der bei der Analyse ermittelten Gewichtsteile in Raumteilen möglich. Während wohl in den meisten Fällen für den Magnesit ein Litergewicht von 0,700 kg/dm³ als Mittelwert unterstellt werden kann, ist eine entsprechende Annahme für das Litergewicht der Füllstoffe nicht zu machen, da dieses erstens von der Art der Füllstoffe und zweitens von der Korngröße und -form abhängig ist und diese Eigenschaften starken Schwankungen unterworfen sind. Wenn also die Untersuchungsstelle keine genauen Angaben über das Litergewicht des Gesamtfüllstoffes des untersuchten Steinholzes vorgelegt bekommt, dann ist eine Berechnung des Mischungsverhältnisses in Raumteilen nicht mehr mit genügender Sicherheit möglich und sollte daher gänzlich unterbleiben. Es bleibt den z. Zt. laufenden Normungsarbeiten vorbehalten, der Steinholzindustrie in ihrem eigenen Interesse in dieser Beziehung die Ermittelung des Litergewichtes der von ihr jeweils verarbeiteten Füllstoffe nahe zu legen oder sogar zwangsläufig vorzuschreiben, um dadurch die Möglichkeit zu haben, bei späteren Einsprüchen die Raumteilmischungsverhältnisse an Hand der chemischen Analyse mit genügender Genauigkeit nachprüfen zu können. Wieweit außerdem etwa durch eine Vorschrift Proben der verarbeiteten Magnesite aufzubewahren sind, um in Streitfällen zwecks chemischer und physikalischer Untersuchung darauf zurückgreifen zu können, bleibt zu erwägen.

Nachfolgend sei der Analysengang für Steinholzmassen, wie er bei der vorliegenden Arbeit angewendet worden ist, näher beschrieben.

7. Analysengang für Steinholz

Durch die chemische Analyse wird ermittelt der Gehalt des Steinholzes an:

Feuchtigkeit,
Gesamtfüllstoff:
  a) organische Füllstoffe (Holz od. dgl.),
  b) mineralische Füllstoffe einschl. etwa vorhandenen mineralischen Farbpulvers und der vom Magnesit herrührenden säureunlöslichen Anteile,
Gebundenes Chlor,
Säurelösliche Kieselsäure[1],
Summe der Oxyde R_2O_3 (Summe von Tonerde Al_2O_3 + Eisenoxyd Fe_2O_3 + etwa vorhandenen Mangans Mn_3O_4 und Titansäure TiO_2),
Kalk CaO,
Magnesia MgO (Gesamtmenge),
Gebundener Schwefelsäure SO_3,
Eisenoxyd Fe_2O_3.

Die Analyse kann ergänzt werden durch die Ermittlung des Gehaltes an Kohlensäure CO_2.

Vorbereitung des Probematerials

Eine Durchschnittsprobe des zu untersuchenden Steinholzes von mindestens etwa ¼ kg wird in einem Mörser so weit gefeint, daß keine größeren Stücke mehr vorliegen. Das Material wird in eine Weithalsflasche mit eingeschliffenem Stopfen gefüllt und hier durch wiederholtes Schütteln gut durchgemischt. Bei feucht eingelieferten Steinholzproben ist zwecks Vermeidung von Feuchtigkeitsverlusten

---
[1] Ist die Analyse lediglich für die Ermittlung des Mischungsverhältnisses bestimmt, dann kann von einer Abscheidung der säurelöslichen Kieselsäure, deren Menge im übrigen gewöhnlich sehr klein ist, abgesehen werden. Es braucht in diesem Falle das Hauptfiltrat nicht eingedampft und der Rückstand nicht geröstet zu werden. Die Ermittlung des Gehaltes an R_2O_3, CaO und MgO erfolgt dann in der salpetersauren Lösung. Die Bestimmung der gebundenen Schwefelsäure und des Eisenoxyds muß dagegen derartig geändert werden, daß der hierfür bestimmte Teil des Hauptfiltrates (Filtrat II) eingedampft und der Rückstand mit Salzsäure, gegebenenfalls nach Filtration, aufgenommen wird, um keine Störung der Sulfatfällung und der Eisentitration durch die Salpetersäure zu erfahren.

die Zerkleinerung möglichst schnell vorzunehmen. Das so vorbereitete Material dient für die chemische Analyse.

Feuchtigkeit

In ein Wägegläschen mit Schliffstopfen werden etwa 20 g eingewogen. Während der Wägung ist das Gläschen verschlossen zu halten. Dann wird in einem elektrisch geheizten Trockenschrank bei 98° C ±2° bis zur Gewichtskonstanz getrocknet, die bei ursprünglich bereits lufttrockenen Materialien etwa nach 3 bis 4 Stunden, bei feuchten Proben erst nach etwa 8 Stunden und länger erreicht ist.

Ergebnis: Mechanisch gebundenes Wasser (Feuchtigkeit).

Gesamtfüllstoff

20,000 g der zerkleinerten Probe werden in ein Becherglas von 250 bis 400 cm³ Inhalt eingewogen und vorsichtig mit etwa 150 cm³ verdünnter Salpetersäure (30%ig) übergossen. Nach Beendigung der oft stürmisch verlaufenden Kohlensäureentwicklung wird zum Sieden erhitzt. Unnötig langes Kochen ist möglichst zu vermeiden, um einen Angriff der organischen Füllstoffe auf das geringste Maß zu halten. Dann wird über eine Filtriernutsche abgefiltert, der unlösliche Anteil mit heißem Wasser gut ausgewaschen und das Filtrat in einem Meßkolben mit Wasser auf 500 cm³ aufgefüllt (Hauptfiltrat).

Das Filter mit Rückstand wird in einem elektrisch geheizten Trockenschrank bei 98° C ± 2° getrocknet und gewogen. Das Leergewicht des Filters ist vorher ermittelt worden.

Wird das Gewicht des Leerfilters von der Gesamtauswaage in Abzug gebracht, dann erhält man die Gesamtmenge an Füllstoff einschl. der vom Magnesit herrührenden säureunlöslichen Anteile und kleiner Mengen im Holz verbliebener Magnesiareste.

Filter mit Rückstand wird nunmehr in einen gewogenen Platin- oder Porzellantiegel gegeben und auf dem Brenner verascht. Nachdem keine kohligen Anteile mehr erkennbar sind, wird der Rückstand noch etwa 10 Minuten in einem Tiegelofen oder über dem Gebläse bei etwa 1000° C geglüht, im Exsikkator erkalten lassen und gewogen. Die Auswaage stellt die mineralischen Anteile des Füllstoffes einschl. der Hauptmenge des dem Steinholz etwa beigegebenen mineralischen Farbpulvers und der unlöslichen Anteile des Magnesits vor. Außerdem können kleine Reste von Magnesiumoxyd enthalten sein.

Der Glührückstand wird in ein kleines, etwa 200 cm³ fassendes Becherglas gegeben und mit etwa 50 cm³ verdünnter Salzsäure aufgekocht. Ohne Filtration vom Unlöslichen wird nach Zugabe von etwas Bromwasser und festem Ammoniumnitrat das möglicherweise in Lösung gegangene Eisen- und Aluminiumoxyd mit Ammoniak in der Siedehitze gefällt. Dann gibt man zu der Lösung noch etwas wäßrige, kaltgesättigte Ammoniumoxalatlösung zwecks Fällung etwa vorhandenen Kalkes hinzu, läßt kurze Zeit stehen und filtriert. Der Rückstand wird mit Wasser ausgewaschen und das Filtrat nach Erkalten mit Ammoniumphosphatlösung (10%ig) und Ammoniak versetzt. Die Weiterverarbeitung des Niederschlages geschieht nach dem unten angegebenen Verfahren der Ermittlung des Gesamtmagnesiagehaltes.

Die in Prozent erhaltene Menge MgO wird zu der Hauptmenge des Magnesiumoxyds hinzugerechnet, von der Gesamtfüllstoffmenge aber in Abzug gebracht.

Ergebnis: Gesamtfüllstoff (mineralische und organische Stoffe einschließlich des säureunlöslichen Anteils des gebrannten Magnesits).

Gebundenes Chlor

Von dem Hauptfiltrat werden mittels Pipette zweimal je 50 cm³ entnommen und in je einen 500 cm³-Erlenmeyerkolben abgefüllt. Nach reichlichem Verdünnen mit Wasser werden in jede Lösung mittels Pipette 50 bis 100 cm³ n/10-Silbernitratlösung gegeben. Die Höhe des Zusatzes richtet sich nach dem mutmaßlichen Gehalt der Steinholzprobe an Magnesiumchlorid. Bei $MgCl_2$-reichen Massen empfiehlt es sich, 100 cm³-Silbernitratlösung, bei ärmeren Mischungen nur 50 cm³ vorzulegen. Nach Zugabe von etwa 5 cm³ einer wäßrigen, kaltgesättigten Eisenammoniumalaunlösung als Indikator wird mit einer n/10-Ammoniumrhodanidlösung titriert, bis ein Farbumschlag der schwachgelblichweißen Lösung ins Bräunliche eintritt. Die verbrauchte Anzahl cm³-Rhodanidlösung wird von der Anzahl der vorgelegten cm³-n/10-Silbernitratlösung in Abzug gebracht; der verbleibende Rest n/10-Silbernitratlösung entspricht dem Chlorgehalt (1 cm³ n/10 $AgNO_3$-Lösung = 3,546 mg Cl).

Ergebnis: Gebundenes Chlor, umgerechnet auf Magnesiumchlorid (Faktor Cl auf $MgCl_2$ = 1,343).

Kieselsäure

Die vom Hauptfiltrat verbliebenen 400 cm³-Lösung werden geteilt (je 200 cm³) und nach Überführung in je eine Porzellanschale auf dem Wasserbade zur Trockene eingedampft. Die Rückstände werden in einem Trockenschrank bei etwa 130° C etwa 2 Stunden geröstet. Dann wird mit verdünnter Salzsäure aufgenommen und von der jeweils abgeschiedenen Kieselsäure getrennt abgefiltert. Nach gutem Auswaschen der meistens nur geringen Mengen von Kieselsäure werden die beiden Filter mit den Rückständen in einen gewogenen Porzellantiegel zusammengegeben, vorsichtig nach Trocknung über dem Brenner verascht und bei 1000° C in einem Tiegelofen geglüht. Nach Erkalten wird gewogen.

Von den beiden Filtraten dient das eine (I) für die weitere Ermittlung des Gehaltes an Trioxyden, Kalk und Magnesia, das andere Filtrat (II) zur Ermittlung des Gehaltes an gebundener Schwefelsäure und Eisenoxyd.

Soll eine genaue Kieselsäurebestimmung durchgeführt werden, dann muß an Stelle des Porzellantiegels ein Platintiegel genommen und die Kieselsäure nach dem Auswägen mit wenig Flußsäure und einigen Tropfen Schwefelsäure abgeraucht werden. Verbleibt hierbei ein Rückstand, dann muß dieser von der Kieselsäuremenge abgezogen und zu der Summe der ermittelten Trioxyde zugerechnet werden. Im allgemeinen ist aber die Prüfung der Kieselsäure auf Reinheit nicht erforderlich.

Ergebnis: Kieselsäure SiO_2.

Summe der Oxyde R_2O_3

Das Filtrat I von der Kieselsäurefällung wird nach Verdünnen auf ein Volumen von etwa 400 cm³ mit etwas Bromwasser und etwa 4 g Ammoniumnitrat versetzt, zum Sieden erhitzt und tropfenweise mit wenig Ammoniak bis zur deutlich alkalischen Reaktion versetzt. Die Lösung wird solange im Kochen gehalten, bis nur noch ein schwacher Geruch nach Ammoniak wahrnehmbar ist. Dann wird abfiltriert, der Rückstand mit wenig heißem Wasser gewaschen und zwecks Umfällung in wenig verdünnter heißer Salzsäure aufgelöst. Die Umfällung wird wie eben beschrieben vorgenommen. Nach Filtration wird das Filter mit dem Rückstand über dem Brenner vorsichtig verascht und der Glührückstand bei etwa 1000° C in einem Tiegelofen 20 Minuten lang geglüht. Nach dem Erkalten im Exsikkator wird gewogen.

Ergebnis: Summe der Oxyde R_2O_3 (Summe von Tonerde Al_2O_3 + Eisenoxyd Fe_2O_3 + etwa vorhandenen Mangans Mn_3O_4 + Titansäure TiO_2).

Kalk CaO

Die vereinigten Filtrate der Trioxydfällungen einschl. der Waschwässer, die etwa zusammen ein Volumen von etwa 600 bis 800 cm³ ausmachen sollen, werden mit Essigsäure schwach angesäuert (Lackmuspapier) und zum Sieden erhitzt. Dann gibt man während des Kochens etwa 1 g festes Ammoniumoxalat hinzu und kocht etwa 5 Minuten. Man läßt erkalten und filtriert. Bei feinstkörnig ausgefälltem Oxalat empfiehlt es sich, auf das Filter vorher Papierschlamm (Pulpe) zu geben, um das Durchlaufen des Niederschlages zu vermeiden. Nach ein- bis zweimaligem Auswaschen mit Wasser wird der Niederschlag in heißer verdünnter Salzsäure in Lösung gebracht und die Fällung in der Siedehitze nach Zugabe von etwas festem Ammoniumnitrat wiederholt. Es ist für eine genügende Verdünnung der Lösung zu sorgen, um die Mitfällung der Magnesia sicher zu vermeiden.

Falls die erste Ausfällung langsam vonstatten geht, empfiehlt es sich, den Niederschlag über Nacht absetzen zu lassen.

Nach Filtration und Auswaschen mit kaltem Wasser wird das Filter mit dem Niederschlag in ein kleines Becherglas oder in einen 400 cm³ fassenden Erlenmeyerkolben gegeben, mit verdünnter Schwefelsäure in Lösung gebracht und nach Verdünnen auf etwa 200 bis 300 cm³ auf etwa 80° C erwärmt. Dann wird mit einer n/10-Kaliumpermanganatlösung bis zu einer bleibenden schwachen Rosafärbung titriert (1 cm³ n/10 $KMnO_4$-Lösung = 2,8 mg CaO).

Ergebnis: Kalk CaO.

Magnesia

Die Filtrate der Kalkfällungen einschl. der Waschwässer werden in einem Meßkolben mit Wasser auf 1000 cm³ aufgefüllt. Von dieser Lösung werden zweimal je 100 cm³ entnommen und in der Kälte mit Ammoniumphosphatlösung (10%ig) und ⅓ des Gesamtvolumens mit Ammoniak versetzt. Die Ausfällung der Magnesia wird durch Rühren mit dem Glasstabe beschleunigt. Dann läßt man den Niederschlag absetzen; ist nach mehreren Stunden die überstehende Flüssigkeit völlig klar, dann wird abfiltriert, der Niederschlag auf dem Filter mit wenig Wasser gewaschen und in wenig verdünnter Salzsäure in der Kälte gelöst. Die Lösung wird mit Wasser verdünnt und die Ausfällung in der Kälte durch Zugabe von Ammoniak wiederholt.

Bei kleinen Mengen von Magnesia oder einer nur langsam vonstatten gehenden Fällung des Phosphatniederschlages ist ein Stehenlassen über Nacht vor der ersten Filtration zweckmäßig. Eine Umfällung des Niederschlages hat aber auch hier zu erfolgen.

Der Niederschlag wird abfiltriert, mit ammoniakhaltigem, kaltem Wasser ausgewaschen und mit dem Filter in einen gewogenen Porzellantiegel gegeben; dann wird vorsichtig verascht und der Glührückstand in einem Tiegelofen bei etwa 1000° C ½ Stunde lang geglüht. Nach Erkalten im Exsikkator wird gewogen.

Es kommt zuweilen vor, daß das weiße Glühprodukt oberflächlich durch kleine, unverbrannte Kohlereste des Filters verunreinigt ist. Sofern nicht eine wesentliche Schwarzfärbung des Glühproduktes zu beobachten ist, kann diese geringe Verunreinigung vernachlässigt werden, da sie gewichtsmäßig ohne Einfluß auf das Endresultat ist. Anderenfalls ist das Glühprodukt mit einigen Tropfen Salpetersäure zu behandeln und nochmals auszuglühen.

Ergebnis: Gesamtmenge an Magnesia MgO (Faktor von $Mg_2P_2O_7$ auf MgO = 0,3623).

Gebundene Schwefelsäure

Das Filtrat II von der Kieselsäurefällung wird nach Zugabe von etwas Bromwasser zum Sieden erhitzt und tropfenweise mit etwa 10 cm³ 10%iger Bariumchloridlösung versetzt. Die Flüssigkeit wird ½ Stunde in gelindem Sieden gehalten. Die Fällung bleibt über Nacht stehen. Nach Abfiltrieren des Niederschlages und Auswaschen mit heißem, salzsäurehaltigem Wasser wird das Filter mit dem Rückstand in einen gewogenen Porzellantiegel verascht, nach kurzem Ausglühen in einem Tiegelofen bei 1000° C im Exsikkator erkalten gelassen und gewogen.

Ergebnis: Gebundene Schwefelsäure (Faktor von $BaSO_4$ auf SO_3 = 0,343).

Eisenoxyd

Das Filtrat des Bariumsulfatniederschlages einschl. der Waschwässer wird mit Ammoniak bis zur schwach sauren Reaktion abgestumpft und mit etwa 1 g Kaliumjodid versetzt. Nach Verdünnen mit Wasser wird das ausgeschiedene Jod mit n/10 oder n/100-Natriumthiosulfatlösung titriert, wobei die als Indikator benötigte Stärkelösung erst am Schluß der Titration zugegeben wird. Nach Verschwinden der Blaufärbung wird die Lösung kurz auf 60 bis 80° erwärmt, unter fließendem Wasser abgekühlt und eine etwa noch entstandene Blaufärbung mit einigen Tropfen Thiosulfatlösung beseitigt. Die verbrauchten cm³-Lösung geben den Gehalt an Eisenoxyd an. (1 cm³ n/10 Na-Thiosulfatlösung = 7,98 mg Fe_2O_3).

Ergebnis: Eisenoxyd Fe_2O_3.

Zusammenfassung

Die mechanischen Eigenschaften von Steinholzmassen, die unter Verwendung von organischen Füllstoffen (Sägespäne) hergestellt worden sind, werden erwartungsgemäß sehr wesentlich durch das Mengenverhältnis von Magnesit zu Füllstoff und von dem Mengenverhältnis $MgCl_2$ zu MgO bestimmt. Je magerer die Mischung an Magnesit ist, desto nachteiliger wird naturgemäß die Güte des Steinholzes beeinflußt.

Bei einem Verhältnis von Magnesit zu Füllstoff wie 1:2,0 in Raumteilen und bei erdfeuchter Konsistenz sowie genügender Verdichtung der Mörtel werden Massen erhalten, die hohe und für die praktische Beanspruchung im allgemeinen bei weitem ausreichende Werte für die Zug- und Biegezugfestigkeit sowie Härte und Druckfestigkeit zeigen. Bei Mischungen mit einem Verhältnis von Bindemittel zu Füllstoff wie 1:4,0 in Raumteilen ist eine deutliche Abnahme der ebengenannten Eigenschaften zu verzeichnen. Diese Massen eignen sich wohl als Unterschicht von zweischichtigen Fußbodenbelägen oder als Unterlage für Linoleum, Parkett usw., sie können aber nicht als unmittelbar zu beanspruchende Bodenbeläge benutzt werden. Die in der VOB DIN 1965 geforderte stoffliche Zusammensetzung von Steinholzbelägen — für Nutzschichten soll ein Verhältnis von 1:2, für Unterschichten ein Verhältnis von 1:4 gewählt werden — besteht daher nach den vorliegenden Untersuchungsergebnissen zu Recht.

Bezüglich des Mischungsverhältnisses von Magnesiumchlorid $MgCl_2$ zu Magnesiumoxyd MgO hat sich eindeutig ergeben, daß die günstigsten Eigenschaften vorwiegend bei einem Verhältnis von etwa 1:2,0 bis 1:2,5 erreicht werden. Unterhalb und oberhalb dieses Bereiches ist ein sehr merkliches Absinken der meisten mechanischen Eigenschaften festzustellen. Um also die höchstmögliche Güte von Steinholzmassen, die unter Verwendung von Sägespänen als Füllstoff hergestellt werden, zu erzielen, ist zweckmäßigerweise auf die Innehaltung dieses Verhältnisbereiches zu achten.

Bei diesen auf die Praxis übertragenen Folgerungen muß jedoch vorausgesetzt werden, daß die frischen Steinholzmörtel bei der Verarbeitung eine etwa erdfeuchte Konsistenz besitzen und ausreichend verdichtet werden. Es kann erwartet werden, daß bei einer flüssigen Konsistenz oder bei ungenügender Verdichtung der zu verlegenden Steinholzmasse ein Einfluß auf die Eigenschaften der erhärteten Beläge in nachteiligem Sinne eintritt, ähnlich wie es z. B. beim Beton der Fall ist. Die erdfeuchte Beschaffenheit der Frischmörtel gegenüber der flüssigen Verarbeitung ist nebenher noch mit dem Vorteil verbunden, daß bei einem porigen Beton als Unterlage ein Absaugen von Magnesiumchloridlauge aus der aufgebrachten Mörtelmasse nicht in gleichem Maße wie bei einer plastischen oder gar flüssigen Konsistenz des Mörtels eintreten kann und somit eine möglicherweise eintretende Schädigung des Betons durch „Verseuchung" mit Magnesiumchloridlösung vermieden wird.

Der für die Nachprüfung der stofflichen Zusammensetzung von erhärteten Steinholzmassen eingeschlagene Analysengang liefert Ergebnisse, die in guter Übereinstimmung mit der tatsächlich gewählten Zusammensetzung stehen, wenn die im Vorstehenden näher erörterten Voraussetzungen gegeben sind.

Wie weit aus den Untersuchungsergebnissen Schlüsse auf die Eigenschaften von Steinholzmassen mit andersartigen, organischen und rein mineralischen Füllstoffen gezogen werden können, bleibt weiteren Arbeiten vorbehalten. Desgleichen soll versucht werden, den Einfluß des Wasserzusatzes auf die mechanischen Eigenschaften der Steinholzmassen zu verfolgen.

UNTERSUCHUNG VON STEINHOLZ FÜR FUSSBÖDEN

Von **Josef Sittel**, Berlin-Dahlem.

I. Zweck und Umfang der Untersuchung

Die vorliegende Untersuchung verfolgte das Ziel, Unterlagen für die Normung der Unterschicht des zweischichtigen Steinholzfußbodens und der Steinholzunterlagen für Linoleum, Parkett usw. zu schaffen. Vornehmlich sollten die für diese Beläge wesentlichen Güteeigenschaften, wie Zug- und Biegezugfestigkeit, Härte sowie Schwind- und Quellverhalten überprüft werden, um entsprechende Mindestanforderungen für diese Eigenschaften festlegen zu können. Gleichzeitig sollte die Brauchbarkeit und Zuverlässigkeit der zum Nachweis dieser Güteeigenschaften erforderlichen Prüfverfahren kontrolliert werden. Zu diesem Zweck wurden Beläge der genannten Art in Nachahmung der praktischen Verhältnisse verlegt. Aus den für die Verlegung vorbereiteten Steinholzmassen wurden die für die Untersuchung erforderlichen Prüfkörper gefertigt. Zwecks Feststellung, ob und in welchem Umfange die aus der Steinholzmasse gefertigten Prüfkörper die Güteeigenschaften des Belages widerspiegeln, wurden zum Vergleich aus den Belägen zu bestimmten Terminen entsprechende Prüfkörper herausgeschnitten und zur Prüfung herangezogen. Die Beläge wurden getrennt als Steinholzunterlage und Steinholzunterschicht in handwerk üblicher Weise von einer Berliner Steinholzfirma auf drei verschiedene Unterböden aufgebracht, und zwar auf zwei Betonböden verschiedener Fertigung sowie auf schwach saugendes Hohlziegelmauerwerk. Die Betonböden wurden im Mischungsverhältnis 1 Rtl. Zement zu 6 Rtl. Kiessand hergestellt. Für den einen Betonboden wurde ein nach den Bestimmungen des Deutschen Ausschusses für Stahlbeton gut gekörnter Kiessand verwendet, für den anderen Betonboden ein Kiessand von ungünstiger Kornzusammensetzung mit einem Sandanteil von 90%. Der letztere Kiessand entspricht zwar nicht den Bestimmungen des Deutschen Ausschusses für Stahlbeton, stellt aber ein Material dar, welches nicht nur in der Mark Brandenburg, sondern auch anderenorts häufig für Unterböden verwendet wird. Für die Hohlziegel-Unterböden wurden Kleine'sche Lochziegel verwendet.

Für die Untersuchung wurden zwei Magnesite verschiedener Herkunft (im folgenden als Magnesit Z und Magnesit E gekennzeichnet) verwendet. Beide Magnesite wurden nach DIN E 273 auf ihre Normeneigenschaften hin überprüft. Ferner wurden die kennzeichnenden Eigenschaften der Füllstoffe ermittelt.

Die für die Herstellung der Beläge erforderliche Chlor-Magnesium-Lösung sowie die Füllstoffe wurden von der Steinholzfirma geliefert, die beiden Magnesite vom Amt aus dem Handel beschafft. Zement und Zuschlagstoff für die Herstellung der Betonböden wurden aus den Beständen des Amtes entnommen.

Die Untersuchung der Belagmassen sowie der Beläge selbst erstreckte sich auf die Ermittlung der folgenden Eigenschaften:

1. Zugfestigkeit nach DIN 272
   a) der Masse nach 1, 3, 7, 28 und 56 Tagen an je 10 Achter-Formlingen von 5 cm² Querschnitt,
   b) der Beläge nach 28 und 56 Tagen an je 10 Achter-Formlingen in der Dicke des Belages.
2. Biegezugfestigkeit nach DIN 272
   a) der Masse nach 7, 28 und 56 Tagen an je 10 Prüfkörpern von 12 × 6 × 1,2 cm,
   b) der Beläge nach 28 und 56 Tagen an je 10 Prüfkörpern von 12 × 6 cm in der Dicke des Belages.
3. Härte
   In Anlehnung an DIN E 273
   a) der Masse nach 1, 3, 7, 28 und 56 Tagen an je 10 Reststücken der Zugproben,
   b) der Beläge nach 56 Tagen an je 10 Reststücken der aus den Belägen herausgeschnittenen Zugproben.
4. Raumbeständigkeit (Quellen und Schwinden)
   a) der Masse in Anlehnung an DIN E 273 an je vier Prismen von 16 × 4 × 4 cm nach DIN 1165/66 sowie an Prismen von 10 × 1 × 1 cm nach Bauschinger gemäß DIN 272.
   b) der Beläge nach 28 Tagen an je 4 Prismen von 10 × 1 × 1 cm nach dem Bauschinger-Verfahren,

die Proben wurden im Alter von 21 Tagen herausgeschnitten, 7 Tage in klimatisierter Luft gelagert und anschließend der Nullmessung unterzogen. Darauf wurden sie 7 Tage im Exsikkator über $CaCl_2$ getrocknet, dann 7 Tage in feuchtigkeitsgesättigter Luft aufbewahrt und abschließend weitere 7 Tage im Exsikkator getrocknet. Die unter der wechselnden Trocken-Feucht-Lagerung eintretenden Längenänderungen wurden gemessen und auf die Nullmessung bezogen.

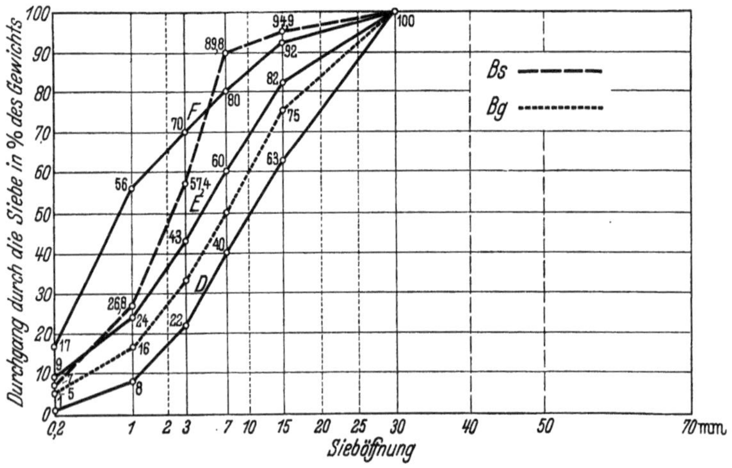

II. Herstellung der Unterböden

a) Unterböden aus Beton

Der Beton mit schlecht gekörntem Zuschlagstoff wurde mit B_s und der Beton mit dem gut gekörnten Zuschlagstoff mit B_g gekennzeichnet. Beide Zuschlagstoffe wurden aus den trockenen Einzelkörnungen synthetisch zusammengesetzt. Ihre Sieblinien sind in dem nebenstehenden Bild 1 zeichnerisch dargestellt.

Nach DIN 1045 Bestimmungen für Ausführung von Bauwerken aus Stahlbeton II, § 7, Absatz 2 soll die Zusammensetzung des Gemisches aus Sand (Körnung von 0 bis 7 mm) und Feinkies oder Splitt (Körnung von 7 bis 30 mm) zwischen den Sieblinien D und F liegen. Als besonders gute Zuschläge gelten solche, deren Sieblinien zwischen den Linien D und E liegen.

Die Bestimmung der Litergewichte der Be-

Bild 1

Zahlentafel 1: Zusammen-

Art der Prüfung	Alter der Proben in Tagen	Masse	Magnesit Z Steinholzunterlage Belag auf Unterboden		
			B_s	B_g	B_z
Zugfestigkeit in kg/cm²	1	13,4	—	—	—
	3	21,4	—	—	—
	7	24,0	—	—	—
	28	28,0	23,4	23,6	22,3
	56	30,0	23,2	22,6	23,0
Biegezugfestigkeit in kg/cm²	7	46,2	—	—	—
	28	54,0	46,9	48,3	48,0
	56	52,0	52,8	55,6	49,3
Härte kg/mm²	1	0,81	—	—	—
	3	1,16	—	—	—
	7	1,59	—	—	—
	28	1,67	—	—	—
	56	1,65	1,36	1,28	1,19
Quellen und Schwinden der Masse nach Bauschinger					
Längenänderung ⁰/₀₀	28	+ 0,35	—	—	—
	56	+ 0,57	—	—	—
Gewichtsänderung %	28	− 10,0	—	—	—
	56	− 8,6	—	—	—
nach DIN 1165/66					
Längenänderung ⁰/₀₀	28	+ 0,88	—	—	—
	56	+ 1,02	—	—	—
Gewichtsänderung %	28	− 19,1	—	—	—
	56	− 18,6	—	—	—
Längen- und Gewichtsänderung der Beläge bei wechselnder Trocken-Feuchtlagerung					
Längenänderung ⁰/₀₀	35	—	− 2,17	− 2,85	− 2,28
	42	—	+ 1,29	− 0,18	+ 1,55
	49	—	+ 0,61	− 0,86	+ 0,52
Gewichtsänderung %	35	—	− 7,8	− 6,1	− 7,3
	42	—	+ 15,0	+ 13,6	+ 14,6
	49	—	− 0,9	− 0,6	− 1,0

[1] Durch vorzeitige Vernichtung der Zugproben-Reststücke konnte die Härte nicht ermittelt werden.

tonstoffe im 10-Litergefäß bei loser Einfüllung führte zu folgenden Werten:
1. Zement (gewöhnlicher Portlandzement) 1,18 kg/dm³
2. ungünstig gekörnter Zuschlagstoff (B_s) 1,79 kg/dm³
3. günstig gekörnter Zuschlagstoff (B_g) (trocken) 1,88 kg/dm³

Zement und Kiessand wurden unter Zugrundelegung der ermittelten Litergewichte in dem vorgesehenen Raumteilmischungsverhältnis 1 : 6 nach Gewicht zusammengemischt. Der Wasserzusatz wurde so bemessen, daß beide Betone erdfeuchte Beschaffenheit hatten. Die Betonmischung B_s hatte einen Wasser-Zement-Faktor von 0,82, die Mischung B_g einen Wasserzement-Faktor von 0,74. Von jeder Betonmischung wurden 8 Platten von etwa 90 × 70 cm Seitenlänge und 10 cm Dicke hergestellt. Die Verdichtung des Betons erfolgte durch Stampfen mit dem Normalstampfer. Nach der Herstellung lagerten die Platten 7 Tage unter feuchten Tüchern und dann bis zur Herstellung der Beläge an Luft im Zimmer.

b) Unterboden aus Hohlziegelmauerwerk

Die erforderlichen 8 Platten dieses Unterbodens wurden aus einer bereits vorhandenen größeren Decke aus Kleine'schen Hohlziegeln mit geringer Saugfähigkeit mit der Steinsäge herausgeschnitten und mit B_z gekennzeichnet. Die Decke war ohne Ausgleichschicht.

III. Herstellung der Beläge

Die Beläge wurden von einem Facharbeiter der Steinholzfirma auf die drei gut ausgetrockneten Unterböden in handwerksüblicher Weise aufgebracht.

a) Steinholzunterlage

Für die Steinholzunterlage wurde folgende Stoffzusammensetzung gewählt:

40 Liter Sägespäne,
20 Liter Holzmehl,
15 Liter Magnesit,
36 Liter Chlormagnesiumlauge von 18° Bé.

Dieser Zusammensetzung entspricht folgendes Mischungsverhältnis:

1 Rtl. Magnesit : 4 Rtl. Füllstoffe,
1 Rtl. Magnesit : 2,4 Rtl. Chlormagnesiumlauge.

Die Masse wurde zunächst von Hand gemischt und dann eine Stunde stehen gelassen. Inzwischen wurden die Oberflächen der Unterböden von Staub gesäubert, mit Wasser benetzt und nach einer Stunde mit trockenem Magnesit

fassung der Mittelwerte

	Magnesit Z					Magnesit E						
	Steinholzunterschicht				Steinholzunterlage				Steinholzunterschicht			
		Belag auf Unterboden				Belag auf Unterboden				Belag auf Unterboden		
Masse	B_s	B_g	B_z	Masse	B_s	B_g	B_z	Masse	B_s	B_g	B_z
7,2	—	—	—	7,9	—	—	—	5,8	—	—	—
12,3	—	—	—	16,6	—	—	—	15,5	—	—	—
15,8	—	—	—	19,3	—	—	—	15,9	—	—	—
20,5	14,1	11,7	11,5	26,0	18,1	20,0	18,1	23,0	9,2	12,5	6,5
20,1	13,3	15,4	13,1	23,5	18,3	20,2	19,2	27,8	9,7	9,0	9,4
23,9	—	—	—	38,5	—	—	—	33,9	—	—	—
33,4	32,9	33,6	31,6	47,2	40,9	42,4	43,6	48,0	24,8	29,9	24,2
37,1	27,3	27,0	26,6	45,8	44,6	48,5	43,2	51,5	22,9	24,7	28,2
0,32	—	—	—	0,46	—	—	—	0,79	—	—	—
0,38	—	—	—	1,25	—	—	—	0,76	—	—	—
0,35	—	—	—	1,45	—	—	—	0,84	—	—	—
0,36	—	—	—	1,44	—	—	—	0,86	—	—	—
0,46	0,69	0,71	0,60	1,54	1	1	1	1,04	0,89	0,88	0,88
+ 0,18	—	—	—	+ 0,47	—	—	—	+ 0,98	—	—	—
+ 0,59	—	—	—	+ 0,91	—	—	—	+ 1,72	—	—	—
— 7,8	—	—	—	— 8,8	—	—	—	— 11,6	—	—	—
— 2,5	—	—	—	— 6,6	—	—	—	— 14,0	—	—	—
+ 0,30	—	—	—	+ 0,42	—	—	—	+ 0,91	—	—	—
+ 0,85	—	—	—	+ 0,72	—	—	—	+ 1,18	—	—	—
— 16,0	—	—	—	— 20,5	—	—	—	— 23,6	—	—	—
— 12,4	—	—	—	— 19,5	—	—	—	— 24,8	—	—	—
—	— 1,98	— 2,02	— 1,98	—	— 1,49	— 2,36	— 1,88	—	— 2,93	— 2,08	— 2,53
—	+ 0,21	+ 0,23	+ 0,34	—	+ 1,11	+ 1,37	+ 1,32	—	+ 0,98	+ 1,14	+ 1,57
—	+ 0,14	+ 0,01	+ 0,09	—	+ 0,51	— 0,32	+ 0,10	—	+ 0,48	— 0,49	+ 0,53
—	— 6,7	— 6,7	— 5,55	—	— 7,5	— 4,9	— 4,7	—	— 6,5	— 6,2	— 4,4
—	+ 27,9	+ 23,3	+ 27,2	—	+ 18,5	+ 16,3	+ 17,7	—	+ 24,0	+ 22,5	+ 20,0
—	+ 6,0	+ 3,8	+ 5,2	—	— 1,1	+ 2,9	+ 0,5	—	+ 3,3	+ 3,3	+ 4,7

bestreut. Auf den aufgestreuten Magnesit wurde je Platte etwa eine Handvoll Mörtelmasse mit einem feuchten Besen verstrichen. Anschließend wurde die Steinholzunterlage etwa 1,2 cm dick aufgetragen und mit einer Kelle geglättet. Die Platten mit dem Belag lagerten an der Luft im Zimmer. Der Feuchtigkeitsgrad der frischen Mörtelmasse wurde bei beiden Magnesiten durch einen Darrversuch zu 42 Gew.-% bezogen auf das Frischgewicht bestimmt.

b) Unterschicht

Die Masse für die Unterschicht wurde wie folgt zusammengesetzt:

30 Liter Sägespäne,
6 Liter Magnesit,
18 Liter Chlormagnesiumlauge von 18° Bé.

Dieser Zusammensetzung entspricht folgendes Mischungsverhältnis:

1 Rtl. Magnesit : 5 Rtl. Füllstoffe,
1 Rtl. Magnesit : 3 Rtl. Chlormagnesiumlauge.

Die fertig gemischte Masse wurde ebenfalls eine Stunde stehen gelassen. Die Oberflächen der Unterböden wurden nach vorhergehender Reinigung vom Staub zunächst mit Wasser und danach mit Chlormagnesiumlauge benetzt. Im Anschluß hieran wurde die Masse 1,2 cm dick aufgebracht und mit einer Kelle geglättet. Nach 3 Tagen wurden die Unterschichten in Anlehnung an die Praxis mit einer Nutzschicht versehen. Die fertigen Proben lagerten ebenfalls an der Luft im Zimmer. Der Feuchtigkeitsgehalt der frischen Unterschichtmasse wurde durch einen Darrversuch beim Magnesit Z zu 37 Gew.-% und beim Magnesit E zu 40 Gew.-% bezogen auf das Frischgewicht bestimmt.

IV. Prüfung der Ausgangsstoffe.

Die Prüfung der Ausgangsstoffe fand kurz vor der Herstellung der Beläge statt.

1. Prüfung der Magnesite.

Die Prüfung der beiden Magnesite wurde nach DIN E 273, Ausgabe vom 8. 10. 1937, vorgenommen. Auf eine Wiedergabe der Ergebnisse der Normenprüfung an dieser Stelle konnte verzichtet werden, da beide Magnesite zu einer weiteren Untersuchung herangezogen wurden, über die Herr Dr. Charisius in diesem Heft berichtet. Sie mögen dort nachgelesen werden.

2. Prüfung der Füllstoffe

a) **Litergewicht**, im 10-Litergefäß bei loser Einfüllung ermittelt:

Sägespäne = 0,170 kg/dm³,
Sägemehl = 0,130 kg/dm³.

b) **Kornfeinheit**

Zahlentafel 2: Kornfeinheit der Füllstoffe

Sieb	Gesamtdurchgänge in Gewichts-%	
	Sägespäne	Sägemehl
5 mm Lochsieb	99	—
3 mm Lochsieb	98	—
2 mm Lochsieb	90	—
1 mm Lochsieb	50	—
0,6 mm Maschensieb	—	100
0,3 mm Maschensieb	—	85
0,2 mm Maschensieb	—	57

c) **Feuchtigkeitsgehalt**:

getrocknet bei 100°
Sägespäne = 15,2%
Sägemehl = 10,9%.

V. Prüfung der Beläge und der Belagmassen

a) Herstellung und Lagerung der Proben aus der Masse

Bei der Herstellung der beiden Beläge — Steinholzunterlage und Steinholzunterschicht — wurden wie vorgesehen gleichzeitig jeweils die erforderlichen Prüfkörper aus den verwendeten Mischungen gefertigt. Die Masse wurde in die Formen eingefüllt und etwa in der gleichen Weise verdichtet wie die Beläge. Die überschüssige Masse wurde entfernt, die Oberseite der Proben mit dem Messer geglättet und gekennzeichnet. Die Proben wurden 24 Stunden an Luft aufbewahrt und dann entformt. Die entformten Proben lagerten bis zur Prüfung in klimatisierter Luft von etwa 20° und etwa 65% relativer Feuchtigkeit.

b) Herstellung und Lagerung der Proben aus den Belägen

Die erforderlichen Proben wurden jeweils eine Woche vor dem fälligen Prüftermin aus den Belägen gewonnen. Zunächst wurden einige hinreichend große Flächenstücke vom Unterboden durch Sägeschnitte getrennt. Die Unterschicht der zweischichtigen Beläge wurde außerdem von der Nutzschicht durch Sägen abgelöst. Aus den abgelösten Belagstücken wurden dann die Proben herausgearbeitet. Da bei den Sägearbeiten eine Benetzung durch Wasser nicht zu vermeiden war, wurden die Proben zunächst etwa 24 Stunden in warmer Luft vorgetrocknet und dann in klimatisierter Luft bis zur Prüfung aufbewahrt. Die Proben für die Raumbeständigkeitsprüfung wurden der in Abschnitt I Ziffer 4b beschriebenen wechselnden Feucht-Trockenlagerung unterzogen.

c) Versuchsausführung

Die Prüfungen auf Zug- und Biegezugfestigkeit wurden gemäß DIN 272 durchgeführt. Die Härte wurde in Anlehnung an DIN E 273 an den Reststücken der Zugproben und zwar jeweils an der Oberseite der Proben ermittelt. Die Untersuchung der Masse beider Beläge auf Quellen und Schwinden wurde nach dem Bauschinger-Verfahren gemäß DIN 272 und nach DIN 1165/66 vorgenommen. Das Quellen und Schwinden wurde unter entsprechender Abwandlung der Lagerungsbedingungen gemäß dem Versuchsplan auch bei den Belägen ermittelt. Die Messungen wurden nach dem Bauschinger-Verfahren durchgeführt.

d) Versuchsergebnisse

Die Versuchsergebnisse sind in ihren Mittelwerten getrennt für die einzelnen Eigenschaften in der Zahlentafel 1 zusammengefaßt.

VI. Beurteilung der Versuchsergebnisse

Ein Überblick über die Zahlentafel 1 zeigt, daß bei der durchgeführten Vorbehandlung die Art des Unterbodens auf die mechanischen Eigenschaften (Zugfestigkeit, Biegezugfestigkeit und Härte) der Steinholzunterlage und der Steinholzunterschicht praktisch keinen Einfluß ausgeübt hat. Diese Feststellung trifft auch zu für das Verhalten der beiden Beläge bei wechselnder Trocken- und Feuchtlagerung. Hiernach darf man folgern, daß bei Verwendung von Unterböden aus schwach saugenden Hohlziegeln sowie

Zahlentafel 3: Zusammenfassung der wichtigsten Werte

Eigenschaft		Magnesit	Normenmörtel (28 Tage)	Steinholzunterlage (28 Tage)		Steinholzunterschicht (28 Tage)	
				Masse	Belag	Masse	Belag
Zugfestigkeit kg/cm²		Z	28	28	23	20	12
		E	51	26	19	23	9
Biegezugfestigkeit kg/cm²		Z	—	54	48	33	33
		E	—	47	42	48	26
Härte kg/mm²		Z	1,2 [1]	1,7 [2]	1,3 [2]	0,5 [2]	0,7 [2]
		E	2,0 [1]	1,5 [2]	—	1,0 [2]	0,9 [2]
Quellen und Schwinden der Masse ⁰/₀₀							
	Bauschinger	Z	—	+ 0,4	—	+ 0,2	—
		E	—	+ 0,5	—	+ 1,0	—
	DIN 1165/66	Z	+ 3,5	+ 0,9	—	+ 0,3	—
		E	— 2,2	+ 0,4	—	+ 0,9	—

[1] 7 Tage. [2] 56 Tage.

bei sachgemäßer Vorbehandlung auf eine besondere Betonausgleichschicht verzichtet werden kann.

Es ist ferner zu erkennen, daß die Festigkeitsentwicklung sowohl bei den Belägen als auch bei den zugehörigen Massen nach 28 Tagen nahezu abgeschlossen ist, dagegen ist die Formänderung der Masse nach 28 Tagen noch nicht zur Ruhe gekommen, obwohl die Gewichtsänderungen zu diesem Zeitpunkt im großen und ganzen das Maximum erreicht haben.

Zur Erleichterung der Übersicht bei der Beurteilung der einzelnen Eigenschaften sind die Zahlenwerte der Zahlentafel 1 für den 28 Tage-Termin nachstehend nochmals gesondert zusammengefaßt. Abweichungen vom 28 Tage-Termin ergaben sich jedoch bei der Härte. Um den Vergleich zwischen Masse und Belag zu erleichtern, wurden die Werte für die Beläge auf den drei verschiedenen Unterböden gemittelt. Die Mittelbildung wurde auch auf die bei der wechselnden Trocken- und Feuchtlagerung ermittelten Formänderungen ausgedehnt. Zum Vergleich wurden außerdem die bei der Normenprüfung der Magnesite erzielten Mittelwerte in die Zusammenstellung mitaufgenommen und zwar die Zugfestigkeit und die Raumbeständigkeit nach 28 Tagen und die Härte nach 7 Tagen.

Längenänderung des Belages bei Wechsellagerung in ⁰/₀₀

Prüfalter in Tagen	Magnesit Z		Magnesit E	
	Steinholzunterlage	Steinholzunterschicht	Steinholzunterlage	Steinholzunterschicht
35	— 2,4	— 2,0	— 1,9	— 2,5
42	+ 0,9	+ 0,3	+ 1,3	+ 1,2
49	+ 0,1	+ 0,1	+ 0,1	+ 0,2

Vergleicht man an Hand der vorstehenden Zahlenwerte zunächst das Verhalten der beiden Magnesite, so ist festzustellen, daß bei der Normenprüfung sowohl in der Festigkeit als auch im Quell- und Schwindverhalten erhebliche Unterschiede zutage getreten sind. Im Gegensatz hierzu sind die bei der Steinholzunterlage mit beiden Magnesiten erzielten Ergebnisse praktisch gleich. Das gilt sowohl für die Masse als auch für den Belag. Bei der Unterschicht ergibt sich im großen und ganzen ein ähnliches Bild. Allerdings überwiegt hinsichtlich der Biegezugfestigkeit und der Härte der Masse der Magnesit E, so daß sich hier ausnahmsweise eine gewisse Analogie zu der Normenfestigkeit der Magnesite widerspiegelt. Beim Belag dagegen weist der Magnesit Z die höhere Biegezugfestigkeit auf. Sieht man von dieser Unstimmigkeit bei der Unterschicht ab, die vermutlich auf Verdichtungseinflüsse zurückgeht, so darf man sagen, daß sich die bei der Normenprüfung der Magnesite in Erscheinung tretenden Unterschiede bei der Untersuchung von Belag und Masse verwischt haben. **Es erscheint daher notwendig, die Beziehung zwischen den Eigenschaften von Normenmörtel und Belagsmörtel durch weitere Untersuchungen zu verfolgen und aufzuklären.**

Von Interesse ist weiterhin der Vergleich zwischen Masse und Belag. Hier kann sich der Vergleich jedoch nur auf die Festigkeitseigenschaften erstrecken, da sich wegen der abweichenden Lagerungsbedingungen zwischen der Raumbeständigkeit des Belages (Verhalten bei wechselnder Trocken-Feuchtlagerung) und der Raumbeständigkeit der Masse im Sinne von DIN 272 keine Parallele ziehen läßt. Man ersieht aus der vorstehenden Zusammenfassung der Ergebnisse, daß sich bei der Steinholzunterlage die Unterschiede zwischen Masse und Belag in erträglichen Grenzen halten. Die Unterschicht dagegen weist kein einheitliches Verhalten von Masse und Belag auf. So bleibt die Zugfestigkeit des Belages im beachtlichen Umfang hinter der der Masse zurück. Die Biegezugfestigkeit ergibt wohl beim Magnesit Z eine gute Übereinstimmung zwischen Masse und Belag, nicht jedoch bei dem Magnesit E. Bei der Härte können die Abweichungen zwischen Belag und Masse vernachlässigt werden. Die im Vergleich zur Masse erheblich niedrigere Zugfestigkeit des Belages dürfte im Zusammenhang mit dem Prüfverfahren stehen. Bei der relativ geringen Festigkeit der Unterschicht besteht zweifellos die Gefahr, daß die an und für sich empfindlichen Achterformlinge bei der Gewinnung aus dem Belag und bei der weiteren Bearbeitung geschwächt werden. Andererseits ist der durch Zug beanspruchte Querschnitt der Formlinge bei der verhältnismäßig körnigen Struktur des Materials sehr knapp bemessen. **Es ist daher zu empfehlen, die Zugprüfung von fertigen Belägen wegen der erwähnten Unsicherheit des Prüfverfahrens fallen zu lassen und statt dessen das Schwergewicht auf die Biegezugprüfung zu legen.**

Die bei der wechselnden Trocken-Feuchtlagerung der aus dem Belag gewonnenen Proben gemessenen Formänderungen lassen zwar eine gewisse Gesetzmäßigkeit in Abhängigkeit von den Lagerungsbedingungen erkennen, doch scheint es nicht ratsam, aus den gefundenen Formänderungen Normengrenzwerte herzuleiten. Ein Nachteil dieser Prüfung besteht darin, daß die Proben zu geringe Abmessungen aufweisen.

Bei der Raumbeständigkeitsprüfung der Masse decken sich die nach DIN 1165/66 ermittelten Werte ungefähr mit den Werten des Bauschinger-Verfahrens; nur bei der Steinholzunterlage aus Magnesit Z liegt eine deutliche Abweichung der Quellmasse zwischen beiden Verfahren vor. Da versuchstechnisch das Verfahren nach DIN 1165/66 dem Bauschinger-Verfahren vorzuziehen ist, sollte man das erstere Verfahren in die Steinholz-Normenprüfung einführen.

Im allgemeinen sind beachtliche Streuungen der Einzelwerte bei den aus den Belägen herausgearbeiteten Proben zu verzeichnen. Zur Gewinnung zuverlässiger Mittelwerte sollte man daher die Anzahl der zu untersuchenden Proben bei den Festigkeitseigenschaften nicht unter 5 und bei der Raumbeständigkeit nicht unter 3 begrenzen.

Wenn sich auch bereits auf Grund des gewonnenen Zahlenmaterials Mindestanforderungen für die Biegezugfestigkeit, Härte sowie für Quellen und Schwinden von Steinholzunterlage und Unterschicht abschätzen lassen, so wird eine Erweiterung der Untersuchung auf 1 oder besser 2 Magnesite doch für zweckmäßig erachtet, um die Normenanforderungen auf eine möglichst sichere Basis zu stellen.

VERFAHREN ZUR UNTERSUCHUNG VON ASBESTHALTIGEN ERZEUGNISSEN

Von **Fridel Oberlies** und **Deodata Krüger** (Aus dem Kaiser-Wilhelm-Institut für Silikatforschung).

Asbest wird bekanntlich seit langem in Verbindung mit anderen anorganischen oder organischen Stoffen zu verschiedenartigen Erzeugnissen, wie Platten, Pappen, Garnen und Geweben verarbeitet. Die Analyse solcher Erzeugnisse bereitet wegen der Mannigfaltigkeit der in Betracht kommenden Zusatzstoffe schon an und für sich gewisse Schwierigkeiten. Diese sind in letzter Zeit noch dadurch erheblich gewachsen, daß im Rahmen der autarkischen Bestrebungen die Bemühungen dahingehen, in solchen Erzeugnissen den Asbest, der im wesentlichen aus dem Auslande bezogen werden muß, ganz oder teilweise durch heimische Stoffe, wie z. B. Glas- oder Schlackenwolle, zu ersetzen. Dadurch erwächst aber ein erhöhtes Bedürfnis nach Verfahren zur Ermittlung der Zusammensetzung derartiger Erzeugnisse, um feststellen zu können, in welchem Umfange ein Ersatz des Asbestes durch andere Stoffe ohne Beeinträchtigung der wichtigen Gebrauchseigenschaften möglich ist; solche Prüfverfahren können außerdem nützlich sein, um unabsichtliche oder absichtliche Fehlangaben über die Zusammensetzung von asbesthaltigen Erzeugnissen oder ihren Ersatzstoffen aufdecken zu können. Im Laufe dieser Untersuchung hat es sich nämlich gezeigt, daß die Zusammensetzung der Fertigfabrikate von derjenigen, die den angewandten Mengenverhältnissen der einzelnen Stoffe entsprechen würde, beträchtlich abweichen kann, weil bei der Herstellung in verschiedenem Umfange Verluste an einzelnen Ausgangsmaterialien eintreten können. Da die im Gemisch mit Asbest zu erwartenden Stoffe diesem teilweise chemisch ähnlich sind, wie silikatische Füllstoffe oder anorganische Fasern, und ihm andererseits in der äußeren Beschaffenheit ähneln, wie Fasern anorganischer oder organischer Herkunft, so kommt man in den meisten Fällen nur mit einer Kombination mechanischer, mikroskopischer und chemischer Prüfverfahren zum Ziele.

Mechanische Verfahren. Die mechanische Analyse bezweckt, zunächst die ausgesprochen faserigen Anteile (Asbestfasern, Glaswolle, Schlackenwolle, organische Fasern) von den pulverförmigen Stoffen, den sog. Füllstoffen, zu trennen. Eine Trennung durch Sedimentation ist hierbei im allgemeinen schon deswegen nicht durchführbar, weil die Asbestfasern die Neigung haben, trotz energischen Schüttelns mit Wasser oder verdünnten wäßrigen Lösungen in Klumpen aneinanderzuhaften, die größere Mengen von Füllstoffen hartnäckig festhalten. Nach verschiedenen Vorversuchen erwies es sich als zweckmäßig, die faserigen und nichtfaserigen Anteile durch Schlämmen des Faserbreies über Sieben unter Rühren und Abspritzen mit destilliertem Wasser zu trennen. Die durchgelaufene Flüssigkeit läßt man in hohen Standzylindern bis zum nächsten Tage absitzen. Dann wird die überstehende, noch etwas trübe Waschflüssigkeit abgehebert und weggegossen, der Bodensatz filtriert und ebenso wie die auf den beiden Sieben verbliebenen Rückstände getrocknet und gewogen. Durch Anwendung von Sieben verschiedener Maschenweite kann dabei gleichzeitig noch eine Trennung des faserigen Anteils nach Faserlängen vorgenommen werden. Bei der wie unten angeführten Untersuchung von Asbestpappen wurden zwei Siebe von 121 bzw. 10000 Maschen (lichte Weite 540 bzw. 60 μ) benutzt und so zwei Faserfraktionen und eine Füllstoff-Fraktion gewonnen. Wie aus den dort angegebenen Zahlen hervorgeht, läßt sich mit diesem Verfahren bei einiger Übung leicht eine Reproduzierbarkeit von mindestens 5% erreichen. Ein gewisser Fehler in dem Sinne, daß die faserigen Anteile etwas zu niedrig gefunden werden, dürfte unvermeidlich sein, weil stets eine gewisse Anzahl Fasern, die länger sind, als den Maschenweiten entspricht, nicht zurückgehalten wird, wenn sie auf das Sieb nicht quer sondern längs auftreffen. Andererseits werden aber auf beiden Sieben kleine Mengen gröberer Verunreinigungen zurückgehalten, wodurch der Verlust an Fasern bis zu einem gewissen Grade ausgeglichen wird. Gegenüber den angewandten Mengen wurden bei den beiden wie unten beschriebenen Platten etwa 95% wiedergefunden; es gingen also 5% der feinsten Anteile verloren.

Mikroskopische Untersuchung. Zur mikroskopischen Untersuchung wird man zunächst das Ausgangsmaterial heranziehen. Handelt es sich um stark gepreßte Pappen, so wird es jedoch oft nicht möglich sein, durch Zerzupfen oder Zerschaben eine hinreichende Zerteilung der Faser- und Füllstoffanteile herbeizuführen, um auch nur annähernde Aussagen über Art und Mengenverhältnisse der Bestandteile machen zu können. In diesem Falle ist es notwendig, Fasern und Füllstoffe zunächst durch „Siebanalyse" (s. oben) zu trennen und die einzelnen Fraktionen für sich zu untersuchen. Bei Asbestgarnen oder ähnlichen lockeren und füllstoffreien Erzeugnissen kann man natürlich ohne weiteres das feinzerzupfte Material mikroskopisch beurteilen. Bei faserigen Materialien bzw. bei den Faserfraktionen der Siebanalyse verschafft man sich vorteilhaft erst mit einer schwächeren Vergrößerung (30—50fach) einen Überblick über die mengenmäßige Verteilung und bestimmt dann die charakteristischen Fasern mit einer stärkeren Vergrößerung (100—250fach, evtl. 500fach). Für letztere Bestimmung ist natürlich die Kenntnis der Mikrostruktur der in Betracht kommenden Fasern unerläßlich.

zeigt unter dem Mikroskop an dem einen Faserende die charakteristischen tropfenartigen Verdickungen (vgl. Bild 3). Infolge der Sprödigkeit der Glas- bzw. Schlackenwollfaser werden diese, wenn bei der Herstellung der Asbest-Mischerzeugnisse stärkerer mechanischer Druck angewandt worden ist — wie bei der Herstellung von Preßplatten — teil-

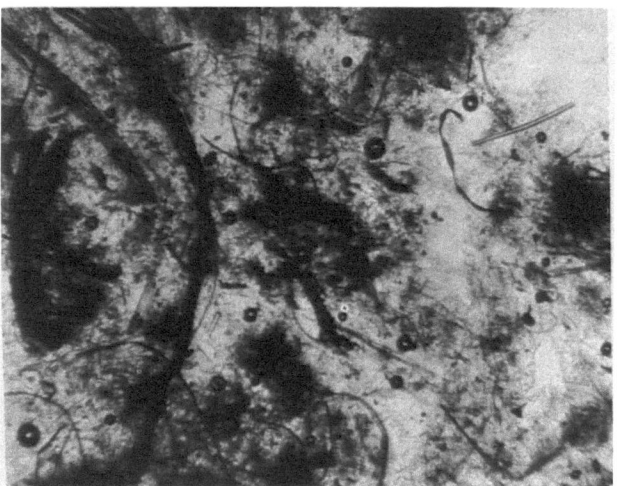

Bild 1. Asbestplatte im Anlieferungszustand (links im Bild typische Asbestfaserbündel, rechts oben eine Glas- bzw. Schlackenwollfaser, sowie eine bandartige organische Faser). Vg. 30 ×

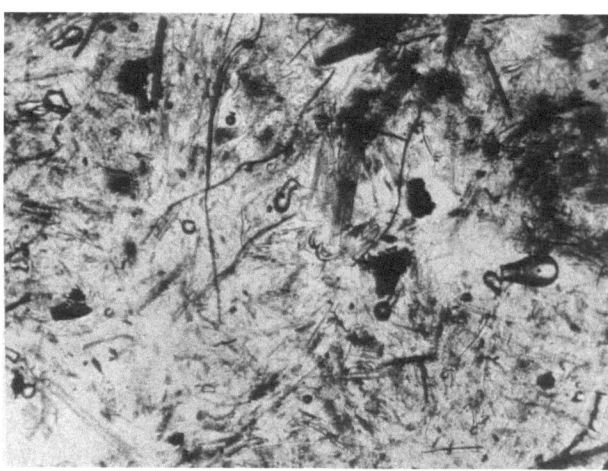

Bild 3. Kurzfaser-Siebrückstand mit kurzen Asbestfasern, typischen Schlackenwolletropfen (rechts und in der Mitte des Bildes), kurzen Glas-, sowie Cellulosefasern und groben Verunreinigungen (dunkle fleckenartige Gebilde). Vg. 30 ×

Die Asbestfasern (vgl. Bild 2a, b) sind sehr leicht kenntlich durch ihre Feinheit und ihre Zusammenlagerung zu dickeren Bündeln, die sich fast beliebig aufspalten lassen, so daß selbst die feinsten Fasern noch Längsstreifungen und abgespaltene Faserteile aufweisen, im Gegensatz zu der geschlossenen Oberfläche von Cellulosefasern. Ferner er-

weise zertrümmert und treten dann nicht ihrer ursprünglichen Faserlänge entsprechend in der Langfaserfraktion, sondern als kurze Faserbruchstücke in der Kurzfaserfraktion oder gar in Form uncharakteristischer Trümmer in der Füllstoff-Fraktion auf. Bei derartigen Erzeugnissen

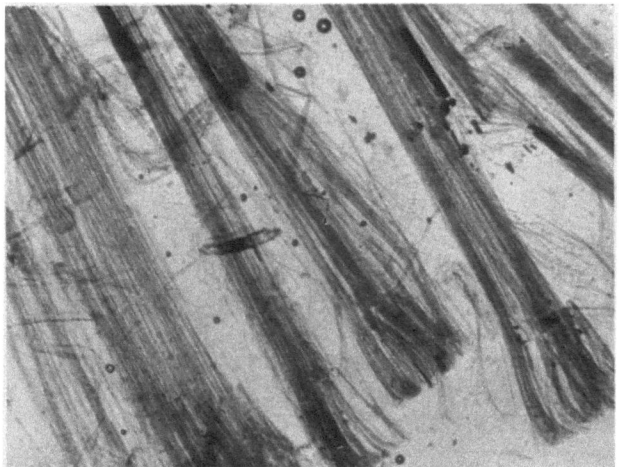

Bild 2a. Langfaser-Siebrückstand. Typisch auftretende Asbestfaserbündel mit eingeschlossenen groben Verunreinigungen (oben im Bild). Vg. 30 ×

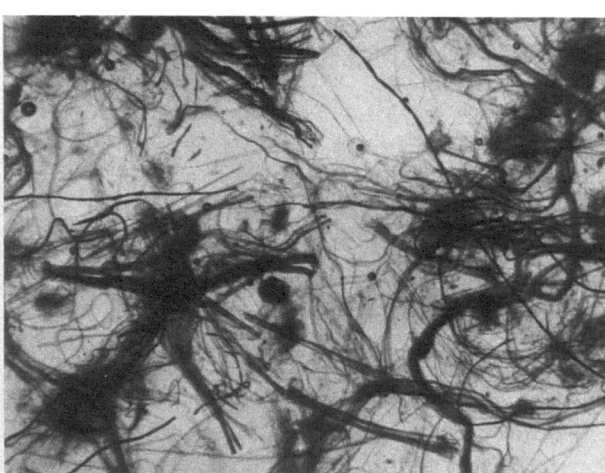

Bild 2b. Langfaser-Siebrückstand, durchschnittliches Übersichtsbild mit Asbestfasern und bandartigen Cellulosefasern, die das Bild quer durchziehen. Vg. 30 ×

scheinen die Asbestfasern selbst in dickeren Bündeln infolge ihrer Biegsamkeit vielfach geknickt und gekrümmt zum Unterschied von der starren Glasfaser.

Die Glasfaser (vgl. Bild 1) ist vollkommen zylindrisch, glatt und praktisch gleichmäßig im Durchmesser wie ein starrer, strukturloser Stab und daher weder mit Asbestfasern noch mit Cellulosefasern zu verwechseln. Außerdem ist der Durchmesser der Glaswolle sehr viel größer als derjenige der feinsten, abgespaltenen Asbestfasern. Schlackenwolle, die nach dem Blasverfahren hergestellt wird,

besteht dann eine gewisse Gefahr, aus dem mikroskopischen Befund den Gehalt an Glas- bzw. Schlackenwolle zu unterschätzen.

Die gewachsenen Cellulosefasern (Abb. 1, 2b) sind durch ihre eigentümliche Wachstumsstruktur sowohl von der vollkommen glatten Glasfaser als auch von der ganz andersartig gebauten Asbestfaser leicht zu unterscheiden. Als Beimischungen kommen in Betracht vor allem Baumwollfasern mit der charakteristischen bandartigen, oft spiralig verdrehten Struktur, Hanffasern mit den eigentümlichen knotenartigen Auftreibungen (Stauchungen), ferner Zellstoff-Fasern, die ebenfalls eine charakteristische Wachstumsstruktur aufweisen, wie die behöften Poren oder Tüpfel der Tracheiden bei Nadelholz-Zellstoffen und die röhrenartigen Gefäße bei Laubholz-Zellstoffen. Torffasern, die Asbestpappen in größeren Mengen (bis 30%) beigemengt sein können, sind meist schon mit bloßem Auge durch ihre dunkelbraune Farbe und im mikroskopischen Bild durch ihre bandartig erscheinende, längs gestreifte Struktur sowie das Vorhandensein typischer Parenchymzellen zu erkennen[1]. Kunstfasern aus regenerierter Cellulose erscheinen zum Teil, in der Längsansicht betrachtet, ebenfalls wie die Glasfaser ziemlich strukturlos, sind aber im Gegensatz zur starren Glasfaser wegen ihrer Biegsamkeit meist mehr oder minder gekrümmt und mit anderen Fasern verschlungen. Außerdem sind Cellulosefasern jeglicher Art von den mineralischen Fasern leicht auf Grund ihrer verschiedenartigen Anfärbbarkeit zu unterscheiden.

Zur Differenzierung der mineralischen Fasern und der Cellulosefasern durch Anfärbung erwies sich Chlorzinkjod-Lösung nach der von Höhnel angegebenen Vorschrift[2] am geeignetsten. Die Cellulosefasern färben sich mit diesem Reagenz in verschiedener Nuance und Intensität violett, manche Arten ausgesprochen braun. Die Asbestfasern werden hellgelb bis braun angefärbt, während die Glas- oder Schlackenwollfasern vollständig ungefärbt bleiben. Die Anfärbbarkeit der Asbestfasern ist je nach Zerteilung, Herkunft u. a. verschieden; auch bei nur schwach gefärbten Fasern ist jedoch wegen ihrer ganz andersartigen Struktur eine Verwechslung mit Glasfasern ausgeschlossen. Ebenso sind intensiver braun gefärbte Asbestfasern oder meist dickere Bündel solcher Fasern ohne weiteres von etwa vorhandenen, ebenfalls braun gefärbten Cellulosefasern zu unterscheiden.

Zur mikroskopischen Abschätzung der verschiedenen Faseranteile werden vergleichsweise Fasergemische bekannter Zusammensetzung herangezogen; eine genauere Ermittlung der mengenmäßigen Verteilung wird durch Auszählen der Einzelfasern mit Hilfe eines Netzmikrometers vorgenommen, wozu jedoch die Asbestfaserbündel möglichst vollkommen aufgeschlossen sein müssen. Es sind mindestens 10 Proben des Ausgangsmaterials oder der jeweiligen Fraktionen der mechanischen Analyse heranzuziehen und diese nach Möglichkeit vollständig durchzumikroskopieren. Bei der mikroskopischen Schätzung der Faseranteile von Asbest, Glaswolle und Cellulose besteht eine gewisse Gefahr, die stärker angefärbten und im Querschnitt dickeren Cellulosefasern zu überschätzen und die ungefärbten oder nur schwach gefärbten Asbestfasern zu niedrig einzusetzen. Ferner ist zu berücksichtigen, daß die mikroskopische Schätzung die volumenmäßigen Anteile der verschiedenen Fasern liefert. Um von diesen zu Gewichtsprozenten zu gelangen, muß das spezifische Gewicht der verschiedenen Fasern in Rechnung gesetzt werden; es beträgt im Mittel für Asbest 2,5, für Glaswolle ebenfalls 2,5 und für Cellulose 1,5. Die beträchtlichen Unterschiede im spezifischen Gewicht zwischen den anorganischen Fasern und den Cellulosefasern bedingen natürlich neben den obengenannten Ursachen eine gewisse Unsicherheit der mikroskopischen Schätzung, deren Fehlerbreite nach unseren Erfahrungen zu etwa 10% anzunehmen ist. Eine genauere Identifizie-

---

[1] Vgl. z. B. die Mikrophotophien und die Beschreibung der verschiedenen Cellulosefasern in Herzberg, Korn, Schulze: Papierprüfung, 7. Aufl., Verlag Jul. Springer, Berlin, 1932.
[2] W. Herzberg: Papierprüfung, 6. Aufl. 1927, S. 87.

rung der vorhandenen Cellulosefasern auf Grund ihrer Struktur und ihrer Anfärbung mit Chlorzinkjod oder mit den bei textilchemischen Untersuchungen üblichen Gemischen organischer Farbstoffe kann natürlich im Bedarfsfalle ebenfalls durchgeführt werden, setzt aber eine eingehende Beschäftigung mit der Mikroskopie der in Betracht kommenden Fasern voraus, und es muß hier auf die Spezial-Literatur verwiesen werden[1].

Unter Umständen kann es sich für die mengenmäßige Abschätzung als nützlich erweisen, die Anfärbung mit Chlorzinkjod nicht nur an mikroskopischen Präparaten auf dem Objektträger, sondern an einer größeren Menge des feinzerzupften Materials vorzunehmen, das mit Wasser zu einem Brei aufgeschlemmt und in dünner Schicht auf einem größeren Uhrglase ausgebreitet wurde.

Chemische Untersuchung. In Anbetracht der großen Zahl und Mannigfaltigkeit anderer Stoffe, mit deren Gegenwart in Asbesterzeugnissen zu rechnen ist, läßt sich ein allgemein anwendbares Analysen-Schema nicht angeben. Trotzdem kann man auch in schwierigen Fällen durch Kombination chemischer Verfahren mit der mechanischen Analyse und der mikroskopischen Prüfung zu recht brauchbaren Schätzungen der Zusammensetzung von Asbest-Mischerzeugnissen gelangen, wenn man alle in dem betreffenden Fall vorhandenen Möglichkeiten ausnutzt.

Bei Gegenwart organischer Fasern, auf die mikroskopisch zu prüfen ist, wird auf jeden Fall der Glührückstand bestimmt. Selbst in dem einfachsten Falle, daß es sich lediglich um ein Gemisch von Asbestfasern und organischen Fasern handelt, wie es z. B. bei manchen Asbestgarnen gegeben sein kann, ist zwar der Glühverlust nicht dem Gehalt an organischen Fasern gleichzusetzen, da auch Asbest je nach Sorte, Qualität und Erhitzungstemperatur einen Glühverlust bis zu etwa 15% erleidet. Bei Serpentinasbest, um den es sich in den meisten Fällen handelt (s. auch w. u.) schwankt jedoch nach den Angaben der Literatur der Glühverlust innerhalb ziemlich enger Grenzen (meist zwischen 13 und 15%, in Ausnahmefällen zwischen 10 und 15%), d. h. er liegt nahe dem Wert von 13,00%, der der theoretischen Zusammensetzung des Serpentinasbestes entspricht. Dies wurde in eigenen Untersuchungen bestätigt, in denen auch verschiedene kurzfaserige, sog. Pappenasbeste russischer und kanadischer Herkunft berücksichtigt wurden (Zahlentafel 1).

Zahlentafel 1. Glühverlust von Serpentin-Asbesten

Glühtemperatur 900°	Glühverlust %
Kanad. Faserasbest „Fiberized Crude" . . .	12,7
,, Pappenasbest	13,3
,, ,, ...	13,5
Rhodesischer Faserasbest	15,1
,, ,, ...	15,0
Russischer Pappenasbest	15,1
,, ,, ...	13,75

Wenn Asbesterzeugnisse vorliegen, die wie manche Asbestgarne neben Asbest nur einige wenige andere Bestandteile enthalten, deren Glühverlust praktisch Null (Glaswolle) oder 100% (organische Fasern) beträgt, kann man daher zu recht brauchbaren Schätzungen des Gehaltes an Asbest, Glaswolle und Cellulosefasern gelangen, wenn man mit einem mittleren Glühverlust des Asbestes von 13,0% rechnet und den Glaswolle-Gehalt mikroskopisch schätzt, wie weiter unten an verschiedenen Beispielen erläutert wird. Bei komplexen Gemischen, wie manchen Asbestpappen, ist dieses Verfahren natürlich nicht mehr durchführbar. Hier gehen ja in den beobachteten Glühverlust außer den organischen Fasern und dem Konstitutionswasser des Asbestes noch die organischen Bindemittel, wie Stärke, Leim u. a., ein, die Asbestpappen in Mengen von einigen Prozent zugesetzt werden, ferner der Glühverlust von Kaolin und gegebenenfalls auch anderer anorganischer Zusatzstoffe. Trotzdem ist auch bei solchen Erzeugnissen eine Bestimmung des Glühverlustes (durch Erhitzen auf 900° bis zur Gewichtskonstanz) angezeigt, da der Glühverlust der Ware in unmittelbarem Zusammenhange steht mit der praktisch wichtigen Hitzebeständigkeit. — Wegen des schwankenden Glühverlustes von Asbest haben Heermann und Sommer[3] vorgeschlagen, in Asbest-Baumwoll-Gemischen die Baumwolle durch Herauslösen mit Kupferoxydammoniaklösung und Wiederausfällen mit verdünnter Schwefelsäure zu bestimmen. In diesem Sonderfall lassen sich so zweifellos brauchbare und als Ergänzung der Glühverlust-Bestimmung wertvolle Zahlen für den Baumwollgehalt und damit auch für den Asbestgehalt der Ware erzielen. Was die erreichte Genauigkeit anbetrifft, so ist allerdings zu berücksichtigen, daß die in Kupferoxydammoniak in Lösung gegangene Cellulose aus dieser Lösung nur dann wieder vollständig ausfällt, wenn während der ganzen Dauer der Berührung mit der Kupferoxydammoniak-Lösung der Sauerstoff der Luft sorgfältig ausgeschlossen worden ist. Ein allgemein gangbarer Weg zur Bestimmung des Cellulosegehaltes in Asbest-Erzeugnissen ist aber auch mit diesem Verfahren nicht gegeben. Denn einerseits gehen nicht alle Arten organischer Fasern, mit deren Gegenwart z. B. in Asbestpappen zu rechnen ist, wie Torffasern oder Holzstoff, bei dieser Behandlung mit Kupferoxydammoniak vollständig oder annähernd vollständig in Lösung. Andererseits werden bei komplexen Gemischen anorganischer und organischer Bestandteile, wie sie in manchen Asbestpappen vorliegen, auch andere Stoffe außer Cellulose durch die ammoniakalische Kupferlösung gelöst und beim Ansäuern wieder abgeschieden bzw. von der ausfallenden Cellulose mitgerissen. Es ist schließlich auch vorgeschlagen worden, den Gehalt an organischen Bestandteilen aus der Menge der bei der trockenen oder nassen Verbrennung entwickelten Kohlensäure zu bestimmen[4]. Auch diese Methode ist jedoch einer allgemeineren Anwendung nicht fähig, da hierbei CO_2 aus natürlichen Beimengungen des Asbestes oder gewissen, bei Pappen üblichen anorganischen Zusätzen, wie Kalziumkarbonat, Lenzin u. a. als organische Substanz mitbestimmt werden würde.

Ein systematischer Analysengang, um die verschiedenen in Asbesterzeugnissen zu erwartenden anorganischen Stoffe, wie Asbest, Glaswolle oder Schlackenwolle, Kaolin und ähnliche Füllstoffe, $CaCO_3$, Lenzin u. dgl., zu trennen und einzeln quantitativ zu bestimmen, läßt sich nicht angeben, dazu ist das Verhalten des Asbestes gegenüber Säuren, Alkalien u. a. demjenigen der Zusatzstoffe zu ähnlich. Man unterscheidet bekanntlich zwei große Gruppen von Asbesten, den Hornblende-Asbest und den Serpentin-Asbest. Der Serpentinasbest ist ein wasserhaltiges basisches Magnesiumsilikat, für das man die Formel $3\,MgO \cdot 2\,SiO_2 \cdot 2\,H_2O$ annimmt; zu dieser Gruppe gehören der kanadische Asbest und der russische

[3] Heermann und Sommer: Mell. Textilber. 3 (1922), 338, 361, 382.
[4] Wilmet u. Réglade: Ann. chim. anal. (3) 17 (1935) 148.

Asbest, d. h. diejenigen Asbestsorten, mit denen man bei der Untersuchung von weißen oder grauen Asbesterzeugnissen fast ausschließlich zu rechnen hat. Diese Asbestsorten sind durch verdünnte Säuren leicht angreifbar, so daß es nicht einmal möglich ist, etwa leicht zersetzliche Füllstoffe, wie Kalziumkarbonat, durch Behandlung mit verdünnter Säure zu entfernen oder alkalische Zusätze durch Titration mit Säure quantitativ zu bestimmen. Umgekehrt läßt sich aber auch die leichte Zersetzlichkeit des Asbestes durch Säuren nicht quantitativ auswerten. Denn unter den Bedingungen, die zur vollständigen oder nahezu vollständigen Zersetzung des Asbestes erforderlich sind, werden auch die meisten anderen anorganischen Zusatzstoffe mehr oder minder angegriffen. So wurde z. B. ein Muster Schlackenwolle schon durch kurzes Kochen mit 25%iger Salzsäure unter Abscheidung gelatinöser Kieselsäure vollständig zersetzt, und Kaoline, sowie ähnliche als Füllstoff verwandte Silikate geben beim längerem Kochen mit 25%iger Salzsäure ebenfalls beträchtliche Mengen an Löslichem ab.

Die chemische Analyse von Asbestwaren, die verschiedene anorganische Zusätze, insbesondere neben Füllstoffen auch Glaswolle oder Schlackenwolle enthalten, muß sich daher auf die Bestimmung der Gesamt-Zusammensetzung nach den in der Silikatanalyse üblichen Methoden beschränken. In Betracht kommt bei den Basen die Bestimmung von Al_2O_3, Fe_2O_3, CaO, MgO und den Alkalien, von den sauren Bestandteilen in erster Linie SiO_2. Auf Sulfat ist zunächst qualitativ zu prüfen; ergibt sich hierbei die Gegenwart nur sehr geringer Mengen SO_4'', so kann auf die Abwesenheit von Sulfaten als Füllstoff, wie Gips oder Schwerspat, geschlossen werden. Ähnlich wird eine stärkere CO_2-Entwicklung bei der Einwirkung verdünnter Säuren auf karbonatartige Füllstoffe (Kalk u. a.) hinweisen; geringfügige Mengen CO_2, die als Verunreinigung in dem Asbest oder in anderen Silikaten enthalten sind, können im allgemeinen vernachlässigt werden. Auf die Gegenwart von Phosphorsäure, die u. U. durch Schlackenwolle in merklicher Menge in das zu untersuchende Asbesterzeugnis gelangen könnte, ist auch mit Rücksicht auf die sonst notwendige Abänderung des Analysenganges qualitativ zu prüfen. Ein beim Behandeln der Ware mit verdünnter Säure auftretender Geruch nach Schwefelwasserstoff rührt meist von Sulfiden aus Schlackenwolle her.

Aus der gefundenen Gesamt-Zusammensetzung kann man natürlich nicht ohne weiteres die Art und die Menge der anorganischen Bestandteile eines Asbesterzeugnisses ableiten; denn die gefundenen Basen sind ja ebenso wie SiO_2 in wechselnden Mengen in verschiedenen Bestandteilen gleichzeitig enthalten. Man kann jedoch, wie im folgenden gezeigt werden wird, aus dem gefundenen Magnesiumgehalt zu wertvollen Anhaltspunkten bzgl. des Asbestgehaltes gelangen, was aus folgenden Gründen wichtig ist. Bei der mikroskopischen Prüfung von Asbestplatten, Asbestpappe u. dgl. wird mit einiger Sicherheit nur der faserige Anteil des Asbestes erfaßt, während die sehr feinen Anteile — und dabei kann es sich um sehr wesentliche Mengen handeln (s. w. u.) — in die „Füllstoff-Fraktion" gelangen und dort von den Kaolin-Aggregaten u. dgl. nur schwer zu unterscheiden sind. Diese feinen Anteile des Asbestes sind aber sowohl vom Standpunkte des Devisenbedarfes als auch, was die Eigenschaften des Asbesterzeugnisses anbelangt, den faserigen Anteilen gleich oder ähnlich zu bewerten. Die Möglichkeit, auf chemischem Wege den Gesamtgehalt einer Ware an Asbest — unabhängig von seiner Faserlänge — zu schätzen, bildet daher eine wünschenswerte und in vielen Fällen notwendige Ergänzung der mikroskopischen Untersuchung.

Diese Möglichkeit fußt auf folgenden Überlegungen: Von den in Betracht kommenden Materialien enthält nur der Asbest wesentliche und charakteristische Mengen Magnesium, und zwar beträgt nach der oben angegebenen Formel der MgO-Gehalt von Serpentinasbest theoretisch 43,5%. Praktisch ist zwar MgO stets in gewissem Umfange durch andere Metalloxyde ersetzt (FeO, CaO, Al_2O_3 u. a.), überwiegt aber stets erheblich; für verschiedene Varietäten und Qualitäten von Serpentinasbest wurde ein MgO-Gehalt zwischen 33 und 42% gefunden. Demgegenüber enthalten die bei Asbesterzeugnissen in Betracht kommenden Zuschlagsstoffe (Ton, Glaswolle, Gips u. a.) Magnesium nur als Verunreinigung und in geringfügigen Mengen. Lediglich Schlackenwolle kann in Ausnahmefällen einen höheren MgO-Gehalt als 5% aufweisen[5]. Jedoch läßt sich leicht durch mikroskopische Prüfung der Fraktionen der Siebanalyse feststellen, ob Schlackenwolle in nennenswerten Mengen zugegen ist und mithin hier eine ernstliche Fehlerquelle entstehen könnte. Die Gegenwart von Magnesiumverbindungen (MgO, $MgCO_3$) als Füllstoff dürfte nur selten in Frage kommen, sie läßt sich außerdem leicht mit Hilfe der von Feigl[6] angegebenen Diphenylcarbazid-Reaktion feststellen: Magnesiumoxyd oder Magnesiumcarbonat (Magnesit) geben beim Erwärmen mit alkalisch-alkoholischer Diphenylcarbazid-Lösung eine intensiv rotviolett-gefärbte Adsorptionsverbindung, die gegen Auskochen mit Wasser beständig ist; Asbest bleibt bei dieser Behandlung ungefärbt. Von diesen Ausnahmefällen abgesehen kann man daher zu einer brauchbaren Schätzung der Grenzen des Asbestgehaltes einer Ware gelangen, wenn man die gesamte gefundene Menge an MgO dem Asbest zuordnet, für den MgO-Gehalt des Serpentin-Asbestes die in der Literatur angegebenen Grenzen (33—42%) einsetzt und gegebenenfalls noch dem geringfügigen MgO-Gehalt der Zuschlagsstoffe (Glas, Kaolin u. a.) dadurch Rechnung trägt, daß man die untere Grenze nach unten abrundet. Schon diese naturgemäß rohe Schätzung erwies sich in verschiedenen praktischen Fällen als nützlich und ausreichend, um — mit der mikroskopischen Untersuchung verbunden und diese ergänzend — ganz irreführende Angaben über den Asbestgehalt von Pappen aufzudecken. Die Schätzung der Zusammensetzung von Asbestpappen auf Grund des MgO-Gehaltes läßt sich indessen noch wesentlich verfeinern, wenn man nicht nur vom ursprünglichen Material, sondern auch von den einzelnen Fraktionen der Siebanalyse eine chemische Vollanalyse ausführt und die Verteilung der einzelnen Oxyde über die verschiedenen Fraktionen mit dem mikroskopischen Befunde vergleicht, wie es in dem unten angeführten Beispiele geschehen ist. Es lassen sich dann nicht nur die Grenzen des Asbestgehaltes einengen, sondern auch Anhaltspunkte für die Art und Menge der anderen anorganischen Bestandteile in den einzelnen Fraktionen und damit auch im Gesamtmaterial gewinnen.

Anwendungs-Beispiele

I. Untersuchung von Asbestplatten. Es lagen uns verschiedene Muster von „Asbestersatz"-Platten vor, die nach Angabe des Herstellers im wesentlichen künstliche anorganische Fasern enthalten sollten. Bereits das mikroskopische Bild der feinzerzupften Platten im Anlieferungs-

---

[5] Vgl. z. B. Osann: Eisenhüttenkunde, 2. Aufl., I, 1923, S. 714ff; A. Guttmann: Die Verwendung der Hochofenschlacke, 2. Aufl., 1934, S. 42.

[6] Feigl: Z. f. analyt. Chemie 72 (1927) 113.

zustand (s. Bild 1) läßt aber einen erheblichen Anteil an Asbestfasern erkennen. Wegen der vorhandenen beträchtlichen Mengen an nicht faserigen Bestandteilen (Füllstoffe, feinteiliger Asbest, Trümmer von Glas- oder Schlackenwolle u. a.), die zudem von den faserigen Anteilen hartnäckig festgehalten werden, ist es jedoch unmöglich, aus mikroskopischen Bildern der ursprünglichen Platten auch nur zu einer annähernden Schätzung des Asbestgehaltes zu gelangen. Außerdem war es im vorliegenden Falle notwendig, nicht nur den Gehalt an Asbestfasern, sondern auch den Gesamtgehalt an Fasern (Asbestfasern + künstliche anorganische Fasern + Cellulosefasern) und ferner auch den Gesamtgehalt an Asbest (Faserasbest + feinteiliger „Mikroasbest") festzustellen. Die Lösung dieser Aufgabe führte zur Entwicklung der vorstehend beschriebenen Untersuchungsmethoden.

Die Siebanalyse ergab bei zwei derartigen Platten die in Zahlentafel 2, Spalte I und II aufgeführten Zahlen; für Platte I sind Parallelversuche a und b angeführt, aus denen man die Reproduzierbarkeit der Werte erkennt. Spalte III und IV der gleichen Zahlentafel enthalten vergleichsweise die bei einem typischen Plattenasbest (Ausgangsmaterial) und bei einer Asbestplatte bekannter Zusammensetzung gefundenen Werte.

Die beiden Siebrückstände (Bild 2a, b u. 3) stellen praktisch die in den Asbestplatten enthaltenen Anteile an langen und kurzen Fasern der verschiedenen in Betracht kommenden Faserarten dar. Somit würde also das Muster I einen Gesamt-Fasergehalt von 62,4%, das Muster II einen Gesamt-Fasergehalt von 58,5% aufweisen. Was den Gesamtasbestgehalt anbetrifft, so enthält reiner Plattenasbest, wie die in Zahlentafel 2, Spalte III aufgeführten

Zahlentafel 2

	I		II	III	IV
	Platte I		Platte II	Platten-asbest	Platte III
	a)	b)			
Langfasern ..	26,2	29,3	20,6	25,0	34,1
Kurzfasern ..	36,0	33,3	38,2	31,1	34,3
Füllstoff ...	33,5	33,1	35,2	40,5	28,7
Verlust	4,3	4,2	6,0	3,4	2,9

Werte zeigen, sehr wesentliche Mengen feinster Anteile, so daß also mit der Gegenwart erheblicher Mengen „Mikroasbest" in der Füllstoff-Fraktion zu rechnen ist, wie es durch die chemische Analyse bestätigt wurde, die zur Erfassung dieses Asbestanteiles herangezogen werden muß (s. w. u.). Daß diese Art der Durchführung der Siebanalyse und der Beurteilung der Fraktionen zu brauchbaren Schätzungen des Asbest- und des Gesamt-Fasergehaltes führt, geht aus dem Vergleichsversuch mit der Pappe bekannter Zusammensetzung hervor. Diese enthielt nach den Angaben des Herstellers neben Kaolin und Bindemitteln 67,5% Gesamtasbest und 18,5% Schlackenwolle. Die Siebanalyse ergibt 68,5% Fasern (Asbestfasern + Schlackenwolle); außerdem ist aber nach den Erfahrungen bei der Siebanalyse des Plattenasbestes und bei der chemischen Analyse der Füllstoff-Fraktion noch mit Mikroasbest bis etwa zur Hälfte in der Füllstoff-Fraktion zu rechnen. Aus der Siebanalyse dieser Platte wäre somit ein Gesamtgehalt an Asbest + Schlackenwolle von etwa 83% zu schätzen, in guter Übereinstimmung mit dem tatsächlich vorhandenen Wert (86%). Ganz allgemein ist zu erwarten, daß die bei der Siebanalyse gefundenen Werte für Gesamtfasern + Mikroasbest etwas unter den vom Hersteller angegebenen bleiben werden, weil ein Teil der Schlackenwolle als Trümmer in die Füllstoff-Fraktion geht (s. oben) und außerdem natürlich sowohl Asbest als auch Schlackenwolle an dem etwa 5% betragenden Verlust beteiligt sind.

Die mikroskopische Untersuchung der einzelnen Fraktionen zeigt erwartungsgemäß in der Langfaserfraktion die Asbestfasern und die organischen Fasern stark angereichert (s. Bild 2b), in der Kurzfaserfraktion kürzere Asbestfasern, gröbere Verunreinigungen und vor allem Trümmer von Glaswolle oder Schlackenwolle, insbesondere die charakteristischen Tropfen (s. Bild 3), in der Füllstoff-Fraktion im wesentlichen die ausgesprochen körnigen Anteile. Mikroskopische Schätzung zahlreicher Präparate der beiden Faserfraktionen ergab, daß der Asbestfaser-Gehalt der beiden Muster mit Sicherheit eine untere Grenze von 50% nicht unterschreitet. Dabei ist der Gehalt der Füllstoff-Fraktion an „Mikroasbest" unberücksichtigt geblieben, da er sich mikroskopisch nur schwer abschätzen läßt. Die Menge der angewandten anorganischen Ersatzfasern läßt sich nur annähernd abschätzen, da eine gewisse Menge davon im Verlauf der Verarbeitung zu uncharakteristischen Bruchstücken zerschlagen wird, überschreitet aber in beiden Fällen 10% nicht und ist somit auf jeden Fall entgegen den Angaben des Herstellers ganz unbedeutend. Der Gehalt an organischen Fasern ist ebenfalls gering, wie auch aus dem niedrigen, den Werten für reinen Serpentinasbest nahe kommendem Glühverlust der beiden Platten (s. w. u.) hervorgeht.

Im vorliegenden Falle kann die mikroskopische Schätzung naturgemäß nicht die bei rein faserigem Material mögliche Genauigkeit erreichen, weil einmal eine vollständige Trennung des Füllstoff-Anteils vom Faseranteil nicht gelingt und andererseits die volumen- und mengenmäßige Abschätzung von Fasern und ganz anders geformten Gebilden, wie z. B. Schlackenwolle-Tropfen und groben Verunreinigungen, schwierig ist. Schließlich ermöglicht die mikroskopische Untersuchung nicht die Erfassung des Mikroasbestes in der „Füllstoff-Fraktion", da eine mengenmäßige Abschätzung nur bei schwacher Vergrößerung möglich ist, bei schwacher Vergrößerung sich aber die einzelnen körnigen Bestandteile, insbesondere Kaolin und Asbestteilchen, nicht genügend unterscheiden. Daher wurde zur Kontrolle und Ergänzung der Siebanalyse und der mikroskopischen Schätzung des Asbest-Fasergehaltes durch die mikroskopische Untersuchung der Fraktionen die Schätzung des Gesamt-Asbestgehaltes aus dem Magnesiumgehalt herangezogen, und zwar wurde bei Platte I eine Vollanalyse nicht nur für das ursprüngliche Material, sondern auch für die einzelnen Fraktionen durchgeführt. Die erhaltenen Analysenwerte sind in Zahlentafel 3 zusammengestellt.

Zahlentafel 3

	Platte I				Platte II
	ursprungl. %	Langfaser %	Kurzfaser %	Fullstoff %	%
SiO_2	38,5	37,8	36,6	40,85	42,7
MgO	25,6	33,0	29,9	18,45	21,9
Al_2O_3	12,6	6,4	6,0	20,3	14,2
FeO	1,5	1,1	3,9	2,0	1,7
CaO	3,8	3,1	5,5	2,7	7,3
Glühverlust	17,2	18,4	16,8	14,3	12,1
CO_2					
H_2S	qualitativ nachgewiesen, nicht bestimmt				
Alkalien					
	99,2	99,8	98,7	98,6	99,9

Aus der Analyse der beiden Pappen im Anlieferungszustande ergibt sich zunächst, daß im wesentlichen ein Gemisch verschiedener Silikate vorliegt und zwar — unter Hinzuziehung des mikroskopischen Befundes — ein Gemisch von Asbest, Glaswolle oder Schlackenwolle und Kaolin. Magnesiumverbindungen (MgO, $MgCO_3$ u. a.) als Füllstoffe sind, wie der negative Ausfall der Reaktion mit Diphenylcarbazid (s. oben) an den Füllstoff-Fraktionen ergibt, nicht vorhanden; der Hauptträger des gefundenen MgO ist also der Asbest. Das gefundene Al_2O_3 ist dagegen vor allem dem Kaolin zuzuordnen, während der verhältnismäßig hohe CaO-Gehalt (der CaO-Gehalt von Asbest und Kaolin ist gewöhnlich sehr gering) in erster Linie von der vorhandenen Glaswolle oder Schlackenwolle herrühren dürfte; denn nennenswerte Mengen von Calciumverbindungen als Füllstoffe sind, wie die vollständige bzw. nahezu vollständige Abwesenheit von Sulfat oder Karbonat zeigen, nicht zugegen. Nimmt man an, daß das gesamte gefundene MgO dem Asbest zugehört, so würde sich aus dem MgO-Gehalt der beiden Pappen im Anlieferungszustande unter Zugrundelegung der in der Literatur angegebenen Grenzen für den MgO-Gehalt von Serpentinasbest (33—42% MgO) für die Platte I ein Asbestgehalt von 62—79% und für die Platte II von 52—67% ergeben. Durch Berücksichtigung der unteren Grenze für den Asbestgehalt von Serpentinasbest bei dieser Schätzung des Asbestgehaltes der beiden Platten dürfte bereits die Tatsache ausgeglichen sein, daß nicht alles gefundene MgO dem Asbestanteil zugehört, sondern etwas auch in anderen Bestandteilen der Platten, insbesondere in der Schlackenwolle, enthalten ist; ihre Menge ist nämlich nach den Ergebnissen der mikroskopischen Untersuchung so gering, daß ihr an sich schon meist niedriger MgO-Gehalt kaum ins Gewicht fallen kann. Trägt man aber auch diesem Umstande noch besonders Rechnung, so ist jedenfalls auf Grund der chemischen Analyse für die Platte I ein unterer Grenzwert des Asbestgehaltes von 60%, für Platte II von 50% festzulegen.

Diese Schätzung läßt sich jedoch noch verbessern, wenn man auch die einzelnen Fraktionen der mechanischen Analyse der Platten einer Vollanalyse unterwirft. Bei kritischer Auswertung der erhaltenen Zahlen lassen sich dann nämlich sowohl die Grenzen für den MgO-Gehalt des benutzten Asbestes einengen als auch gewisse Aussagen über die Verteilung der sonst noch vorhandenen anorganischen Bestandteile machen und damit auch die für das auf letztere entfallende MgO anzubringende Korrektur besser beurteilen. Vor allem aber gelangt man nur auf diese Weise zu einer Beurteilung der relativen Mengen an Faserasbest und Mikroasbest, d. h. zu einer Beurteilung der Zusammensetzung der Füllstoff-Fraktion. Im folgenden seien die bei der Analyse der Siebfraktionen der Platte I erhaltenen Ergebnisse (vgl. Zahlentafel 3) als Beispiel einer solchen Auswertung kurz besprochen.

Die erhaltenen Ergebnisse bestätigen zunächst die auch im mikroskopischen Bild deutlich hervortretende Anreicherung des Asbestes in der Langfaserfraktion. Der MgO-Gehalt erreicht hier sogar den Wert (33%), der in der Literatur als untere Grenze für den MgO-Gehalt von Serpentinasbest angegeben wird (s. oben). Da aber nach dem mikroskopischen Befund und nach dem verhältnismäßig hohen Gehalt an Al_2O_3 und CaO der Asbestgehalt der Langfaserfraktion 90% nicht wesentlich überschreiten dürfte, muß entweder der MgO-Gehalt des hier verwendeten Asbestes entsprechend höher sein, oder ein gewisser Teil des in der Langfaserfraktion gefundenen MgO muß der Schlackenwolle angehören. Setzt man für den Schlackenwolle-Gehalt dieser Fraktion den nach dem mikroskopischen Befunde und dem CaO-Gehalt möglichen Höchstwert (etwa 7,5%) ein und macht man auch noch für den MgO-Gehalt der Schlackenwolle die ungünstigsten Annahmen[5], so ergibt sich als **untere Grenze für den MgO-Gehalt des hier benutzten Asbestes etwa 34,5%**. Aber auch für die obere Grenze des MgO-Gehaltes des benutzten Asbestes ist nach der vorliegenden Analyse der Langfaserfraktion nicht der in der Literatur angegebene Wert einzusetzen. Der Asbestgehalt der Langfaserfraktion mit 33,0% MgO beträgt nämlich mindestens 85%; denn nach der Zusammensetzung der Füllstoff-Fraktion und nach der Verteilung von Al_2O_3 und CaO[7] dürften der Kaolin- und Schlackenwollegehalt dieser Fraktion mit 5 bzw. 7,5% bereits überschätzt sein. Macht man außerdem noch die ebenfalls extreme Annahme, daß alles MgO der Langfaserfraktion dem Asbest angehört (kein Abzug für Schlackenwolle-MgO), so ergibt sich für den **MgO-Gehalt des hier verwendeten Asbestes ein oberer Grenzwert von 39%**.

Der **MgO-Gehalt der Kurzfaser-Fraktion ist nur wenig niedriger als derjenige der Langfaserfraktion**. Selbst wenn die hier verwendete Schlackenwolle relativ reich an MgO ist, kann in der gefundenen MgO-Verteilung die Zunahme an Schlackenwolle von der Langfaser- zur Kurzfaser-Fraktion nur in untergeordnetem Maße die Abnahme des Asbestgehaltes kompensieren. Auch wenn man nämlich für den Schlackenwollegehalt der Langfaser- und Kurzfaser-Fraktion obere Grenzwerte einsetzt, wie man sie aus einer kritischen Betrachtung der Verteilung des CaO-Gehaltes über die einzelnen Fraktionen verbunden mit dem mikroskopischen Befunde herleiten kann, nämlich 7,5 bzw. 15% Schlackenwolle, und mit einem extrem hohen MgO-Gehalt der Schlackenwolle von 18,5% rechnet[5], würde der Asbestgehalt von der Langfaser- zur Kurzfaserfraktion nur um etwa 17% abnehmen. Nach dem mikroskopischen Befund war ein größerer Unterschied zwischen Langfaser- und Kurzfaser-Fraktion erwartet worden. Vielleicht ist ein Teil der in den Mikrophotos der Kurzfaserfraktion beobachteten groben Stücke mangelhaft aufgeschlossener Asbest.

Auch die Füllstoff-Fraktion weist noch einen erheblichen MgO-Gehalt auf. Nimmt man die Grenzen des MgO-Gehaltes des hier verwendeten Asbestes zu 34,5 bis 39% an (s. oben), so entsprechen 18,45% MgO einem Asbestgehalt von 53,5—47,5% Asbest, das ist wesentlich mehr als zunächst angenommen wurde. In der Füllstoff-Fraktion finden sich also offenbar nicht nur einzelne durch die Siebe „hindurchgerutschte" Fasern (s. oben), wie sie auch im mikroskopischen Bilde beobachtet wurden, sondern es müssen in der Füllstoff-Fraktion erhebliche Mengen feiner Asbestteilchen enthalten sein. Daß dies sehr wohl möglich ist, zeigen die bei der Siebanalyse eines typischen Plattenasbestes gefundenen Werte (Zahlentafel 1).

Zusammenfassend ergeben sich aus der chemischen Analyse der einzelnen Fraktionen für den Asbestgehalt der Fraktionen und der ursprünglichen Platte I folgende Werte:

Ausgangspappe . . . 60—70%
Langfaserfraktion . . 80—90%
Kurzfaserfraktion . . 70—80%
Füllstoff-Fraktion . . 40—50%

Dabei wurden für den MgO-Gehalt des Asbestes die nunmehr eingeengten Grenzen in Rechnung gesetzt und für den MgO-Gehalt der Schlackenwolle bzw. für deren

---

[7] Auf Einzelheiten dieser Auswertung kann hier nicht eingegangen werden.

Menge die höchsten Werte berücksichtigt, die nach den Angaben der Literatur bzw. nach dem mikroskopischen Befunde und nach der Verteilung des CaO über die einzelnen Fraktionen in Betracht kommen. An den unteren Grenzen der vorstehend aufgeführten Zahlen sind daher keinerlei Abschläge mehr gerechtfertigt.

Über die Verteilung der übrigen Bestandteile ist aus den Analysen der drei Fraktionen folgendes zu entnehmen: Al_2O_3 (Kaolin) reichert sich erwartungsgemäß in der Füllstoff-Fraktion erheblich an. Das Maximum des CaO-Gehaltes in der Kurzfaser-Fraktion entspricht der mikroskopischen Feststellung, daß sich die Schlackenwolle-Tropfen vorzugsweise in dieser Fraktion finden. Das Maximum des FeO-Gehaltes in der gleichen Fraktion beruht — in Übereinstimmung mit dem mikroskopischen Befunde — auf der Gegenwart von Eisensplittern.

II. Untersuchung von Asbestgarnen

Als Bestandteile von Asbestgarnen kommen in Frage: Asbestfasern (Blauasbest, Weißasbest), Glasfasern und Cellulosefasern, und zwar in erster Linie Baumwolle und Hanf, in neuerer Zeit aber auch Zellwolle. Der Zusatz von Cellulosefasern dient dazu, den Asbest leichter spinnbar zu machen. Bei größerem Gehalt an organischen Fasern verliert aber natürlich das Garn den eigentlichen Charakter eines „Asbestgarnes", nämlich hitzebeständig und unverbrennbar zu sein.

Häufig wird schon die äußere Beschaffenheit, der Griff u. a. ein gewisses Urteil über die Art und die ungefähren Mengenverhältnisse der im Garn oder Gewebe vorhandenen Faserarten ermöglichen. Für eine genauere Untersuchung reicht im allgemeinen die **Bestimmung des Glühverlustes verbunden mit der mikroskopischen Schätzung der Faserzusammensetzung** aus. Handelt es sich um Garne oder Gewebe, die — textiltechnisch gesprochen — aus mehreren Elementen bestehen, also z. B. doppelt verzwirnte Garne aus zwei verschiedenen einfachen Zwirnen, Garne mit Seele und Mantel, Gewebe mit verschiedenen Kett- und Schußfäden od. dgl., so untersucht man zweckmäßig die einzelnen Elemente für sich, nachdem man vorher ihren gewichtsmäßigen Anteil an der Ware ermittelt hat. Für eine Bestimmung des Glühverlustes verwendet man dann je nach der Menge des zur Verfügung stehenden Materials 0,1—0,5 g, nötigenfalls auch weniger und glüht bei 900° bis zur Gewichtskonstanz. Die Betrachtung des Glührückstandes kann u. U. auch aufschlußreich sein (vgl. Beispiel 2). Ist P der gefundene Glühverlust in % bzw. R die Menge des Rückstandes in %, und bedeuten A, G, C den Prozentgehalt des untersuchten Garnes bzw. Garnelementes an Asbest, Glaswolle und Cellulosefasern, so bestehen folgende Beziehungen, wenn man für Asbest einen mittleren Glühverlust von 13,0% annimmt (s. oben):

$$P = C + \frac{13{,}0\,A}{100},$$

$$R = G + \frac{87{,}0\,A}{100}.$$

Daraus läßt sich der Gehalt an Asbest und Cellulosefasern berechnen, wenn man für G den mikroskopisch geschätzten Wert einsetzt. Die so berechneten Werte des Asbest- und Cellulosegehaltes stimmen mit den mikroskopisch geschätzten im allgemeinen recht gut überein, wie die in den folgenden Beispielen wiedergegebenen Untersuchungen zeigen.

1. **Untersuchung eines Mischgarnes bekannter Zusammensetzung.** Nach den Angaben des Herstellers enthielt das Garn 50% Glaswolle, 35% Asbest und 15% Cellulosefasern. Der Bestimmung des Glühverlustes zufolge enthält das Garn bei Zugrundelegung eines Glasfasergehaltes von 50% unter Benutzung obiger Gleichungen: 30,5% Asbest und 19,5% Cellulose. Dies stimmt mit der angegebenen Zusammensetzung der benutzten Mischung gut überein, da beim Spinnen Asbest (insbesondere kürzere Fasern) herausfällt, sich also die Textilfaser im Fertigprodukt gegenüber der bei der Herstellung angewandten Mengen anreichert.

2. **Untersuchung eines 2fach gezwirnten Mischgarnes unbekannter Zusammensetzung.** Das Garn wurde aufgedreht und beide Fäden einzeln untersucht. Der eine Faden, im folgenden als „Textilfaden" bezeichnet, faßte sich an wie reine Cellulose, der andere „Asbestfaden" enthielt offenbar eine größere Menge Asbest. Der Anteil des „Textilfadens" am Gesamtgarn betrug im Mittel verschiedener Proben 43%, der Anteil des „Asbestfadens" somit 57%. Die Bestimmung des Glühverlustes ergab im Mittel:

Textilfaden: 95,2%
Asbestfaden: 41,5%

Der Glührückstand des „Textilfadens" war ein Tropfen klares, farbloses Glas. Dieser Faden enthielt also keinen Asbest und bestand aus dem Glühverlust nach aus 95% Cellulosefasern und 5% Glasfaser.

Der Glührückstand des „Asbestfadens" war rötlich und zerpulverte vollständig; die auch hierin enthaltene Glaswolle war also beim Erhitzen nicht geschmolzen sondern zerpulvert. Aus dem Mittelwert des Glühverlustes für verschiedene Proben ergibt sich, wenn man den Glaswolle-Gehalt auf Grund der mikroskopischen Schätzung zu 10—15% annimmt: Asbest 50—55%; Glaswolle 10—15%; Cellulosefaser 30—40%. Nach der mikroskopischen Schätzung bestand der „Asbestfaden" aus: 45—50% Asbest; 10—15% Glaswolle und 40—45% Cellulosefasern.

Für die Zusammensetzung des Gesamtgarnes ergibt sich somit:

Faser	aus Glühverlust %	mikroskopisch geschätzt %	Mittel %
Asbest	28,5—31,5	25,5—28,5	25—32
Glasfaser	—	8 —10,5	8—10
Cellulosefaser . .	58 —64	63,5—66,5	58—67

3. **Untersuchung eines Asbestvorgarnes.** Das Garn bestand aus einer Seele, offenbar aus stark gedrehtem Baumwollgarn, und aus einem Mantel aus lockerem Faserflor, dessen Zusammensetzung ermittelt werden sollte. Zur Untersuchung wurden in verschiedenen Abständen Proben entnommen, da das Garn ungleichmäßig war; die einzelnen Faserarten haben nämlich die Neigung, sich beim Spinnen an bestimmten Stellen anzureichern. Die abgewickelten Längen wurden von Hand in Seele und Mantel zerlegt und beide gewogen; der Anteil der Seele betrug im Mittel 10,0% vom Garngewicht. Der Glührückstand der Seele wurde nicht bestimmt, da diese nach dem mikroskopischen Befund ausschließlich aus Cellulosefasern und zwar Baumwollfasern bestand. Der Glühverlust des Mantels betrug im Mittel 29,0%. Aus diesem Wert wurde der Asbestgehalt des Mantels unter der Annahme berechnet, daß der Gehalt an Glaswolle vernachlässigt werden kann. Dieser beträgt nämlich nach der mikroskopischen Schätzung sowohl am ursprünglichen Mantel als auch am Glührückstand des Mantels nur etwa 2%, und selbst wenn man berücksichtigt, daß nach früheren Erfahrungen der Gehalt an Glaswolle leicht unterschätzt wird, keinesfalls über 5%. Aus dem Glühverlust des Mantels (im Mittel 29,0%) errechnet sich dann ein Asbestgehalt von 81,5%, während die mikroskopische Schätzung 70—80% ergibt. Der Fasergehalt des Mantels beträgt demnach:

Faser	aus Glühverlust %	mikroskopisch geschätzt %	Mittel %
Asbest	81,5 (inkl. Glaswolle)	70—80	75
Glasfaser	—	2— 5	2—5
Cellulosefaser . .	18,5	20—25	20

Zusammenfassung

An Hand der vorstehenden Beispiele ist gezeigt worden, wie man in speziellen Fällen an die Analyse von Asbestplatten und textilen asbesthaltigen Erzeugnissen herangehen kann und in welcher Weise man die Ergebnisse auszuwerten hat. Das angewandte Untersuchungsverfahren wurde an Hand von Vergleichsmustern[8] bekannter Zusammensetzung nachgeprüft. Mit gegebenenfalls sinngemäßer Abänderung lassen sich auch andere heute in der Praxis vorkommende Aufgaben lösen. Ein allgemein anwendbares Schema für die mechanische oder chemische Analyse derartiger Produkte läßt sich, wie mehrfach betont, wegen der physikalischen und chemischen Ähnlichkeit einiger der nebeneinander vorkommenden Bestandteile nicht geben. Aus dem gleichen Grunde können auch an die Ergebnisse nicht die sonst üblichen Ansprüche an Genauigkeit gestellt werden. Wie jedoch die Erfahrung gelehrt hat, sind auch schon die mit den vorstehend beschriebenen Methoden ermittelten Näherungswerte in vielen Fällen ausreichend und wertvoll, zumal die Zusammensetzung derartiger Erzeugnisse wegen der Inhomogenität der Ausgangsmaterialien und wegen der bei der Verarbeitung eintretenden Materialverluste und ungleichmäßigen Verteilung nicht genau gewährleistet werden kann.

Mit Hilfe des angegebenen Verfahrens konnte insbesondere bei den zur Untersuchung gelangten „Asbestersatz"-Platten festgestellt werden, daß diese entgegen den Angaben des Herstellers nur geringe Mengen künstlicher anorganischer Fasern, jedoch mindestens 50% Asbest enthielten.

---

[8] Für die Überlassung von Asbesterzeugnissen als Vergleichsmuster, sowie von verschiedenen Ausgangsstoffen sind wir den Deutschen Asbest-Werken Georgi, Reinhold & Co, Berlin-Zehlendorf, zu großem Danke verpflichtet.

DIE BEDEUTUNG DES RÜTTELVERFAHRENS FÜR DIE BETON-TECHNOLOGIE

Von **Alfred Hummel**, Berlin-Dahlem

Die Verdichtung, die der Beton in vergangener Zeit erfuhr, ist als mehr oder weniger unbestimmt zu bezeichnen. Der erdfeuchte Beton z. B. wurde bei den Würfeln von 20 cm Kantenlänge bis zum Jahre 1932 mit 48 Stampfstößen des Normalstampfers je Lage, seit 1932 nur noch mit 24 Stampfstößen je Lage verdichtet. Der weiche Beton wird in der Praxis wie im Laboratorium gestochert oder leicht überstampft, soweit der Beton nicht ausweicht. Der flüssige Beton wird lediglich eingefüllt und zur Entfernung von Luft leicht durchstochert.

Die Herabsetzung der Zahl der Stampfstöße beim erdfeuchten Beton seit 1932 brachte es mit sich, daß das Zahlenmaterial vor 1932 sich nicht ohne weiteres in die später gefundenen Gesetzmäßigkeiten einfügt. In der Praxis aber ist das Stampfen von erdfeuchtem Beton eine höchst „freibleibende" Größe. Aber auch das Stochern oder leichte Überstampfen weicherer Betone ist und bleibt nichts weniger als eine wohldefinierte Verdichtungsarbeit und trägt in erheblichem Maße zu Festigkeitsstreuungen bei. Allgemein darf man sagen, daß bisher in der Praxis wie im Versuchswesen eine eindeutige, quantitativ festliegende Verdichtungsarbeit über alle möglichen Frischbetonsteifen hinweg fehlte.

Die Folgen dieser unbestimmten, ja teilweise willkürlichen Verdichtungsarbeit sind erst in jüngster Zeit durch H. Lenhard[1] aufgedeckt worden. Sie haben vor allem zu einer etwas einseitigen Einschätzung des Wertes der Kornzusammensetzung der Zuschlagstoffe geführt.

Versucht man nämlich, die für verschieden zusammengesetzte Betone notwendige Verdichtungsarbeit in irgendeiner Form zu messen, z. B. mit Hilfe der Powers-Grade, so ergibt sich das in Bild 4 der Arbeit von Lenhard (vgl. S. 40 dieses Heftes) wiedergegebene Bild. Dieses Bild besagt, daß ein Beton mit gutem Kornaufbau (also etwa Feinheitsziffer 179 bis 167) sich relativ schnell oder mit relativ geringer Anstrengung verdichten läßt. Demgegenüber erfordert ein schlecht gekörnter Beton (z. B. ein sehr sandreicher Beton der Feinheitsziffer 105) einen sehr großen Aufwand an Verdichtungsarbeit. Beispielsweise ist der Beton mit einem Kiessand von der Feinheitsziffer 174 bereits mit 50 Powers-Graden vollkommen verdichtet, während der sandreiche Beton aus einem Sand der Feinheitsziffer 105 noch mit 120 Powers-Graden weit entfernt von der vollkommenen Verdichtung ist. Gut gekörnte Betone nehmen also sehr willig ihre dichteste Packung an, schlecht gekörnter Beton dagegen sehr unwillig.

Wenn also bei sehr sandreichen Betonen nach den bisherigen Regeln der Betontechnologie schlechte Betonfestigkeiten erzielt worden sind, so ist hieran nicht allein der höhere Wasseranspruch oder das höhere Wasserzementverhältnis beteiligt, sondern — bisher unbemerkt — auch der Umstand, daß eine vergleichsweise sehr unvollkommene Verdichtung vorliegt. Über diesen Zusammenhang ist man bisher mehr oder weniger stillschweigend hinweggegangen.

Packt man — in anderer Weise als bisher — das Problem so an, daß man den einzelnen Kornabstufungen die ihnen zukommende Verdichtung angedeihen läßt, so ergeben sich grundlegend andere Beziehungen. Frage ist natürlich zunächst, wie beurteilt man die den einzelnen Kornabstufungen tatsächlich zukommende Verdichtungsarbeit?

Eine erste praktische Möglichkeit wäre die Bedingung, daß die Verdichtung als beendet anzusehen ist, wenn die frische Betonmasse nicht mehr „nachsackt". Dieser Bedingung kann der Vorwurf mangelnder Genauigkeit gemacht werden. Mindestens für wissenschaftliche Arbeiten ist sie unzulänglich. Ein wissenschaftlich einwandfreies, ebenso scharfes wie einfaches Kriterium liefert die Zuhilfenahme der Festraum-Rechnung.

In der Betontechnologie versteht man unter „Festraum" den hohlraumfreien Anteil eines Körnerstoffes, der auch durch den Dichtigkeitsgrad zum Ausdruck kommt. Werden zur Herstellung von 1 m³ Beton Z kg Zement, K kg Kiessand und W kg Wasser gebraucht und sind die spezifischen Gewichte (Feingewichte) für Zement s_z, für Kiessand s_k und für Wasser s_w (letzteres ist gleich 1), so beträgt

der hohlraumfreie Anteil an Kiessand $= \dfrac{Z}{s_z}$ dm³

,, ,, ,, ,, Zement $= \dfrac{K}{s_k}$ dm³

,, ,, ,, ,, Wasser $= W$ dm³.

Der Frischbeton kann nun dann als vollkommen verdichtet angesehen werden, wenn die Summe der hohlraumfreien Einzelstoffe an Zement, Kiessand und Wasser die Raumeinheit ergibt, also wenn $\dfrac{Z}{s_z} + \dfrac{K}{s_k} + \dfrac{W}{1} = 1000$ dm³ wird.

Wo im Rahmen dieser Abhandlung von „vollkommener Frischbetonverdichtung" die Rede ist, ist eine Verdichtung vorausgesetzt, bei der die vorstehende Formel erfüllt ist.

Will man die so definierte „vollkommene Frischbetonverdichtung" zur Vergleichsgrundlage erheben, so fragt sich zunächst des weiteren, ob und in welchem Umfange sie überhaupt zu verwirklichen ist. Dies ist nur durch Versuche zu beantworten. Wir verfolgen die Zusammenhänge an Hand eines Beispiels aus der erwähnten Arbeit von Lenhard. Die Daten sind in Zahlentafel 1 zusammengetragen.

Wir entnehmen diesem Beispiel: Bei gleichem Zementgehalt (300 kg Zement m³ Beton) und gleichbleibendem Wasserzementverhältnis $\dfrac{W}{Z} = 0{,}60$ erlangen die Betone aus verschieden gekörnten Kiessanden (Feinheitsziffer 105 bis 185) verschiedene Frischbetonsteifen; die sandreiche Mischung nach Sieblinie F wird erdfeucht, die kiesreichste Mischung nach Sieblinie E wird flüssig. Zur vollkommenen Frischbetonverdichtung mußten ganz verschiedene Verdichtungsarbeiten geleistet werden (vgl. Zahlentafel 1, Querspalte 6). Bringt man aber diese jeweils erforderliche Verdichtungsarbeit auf, so erlangen diese ganz verschieden gekörnten Betone praktisch gleiche Frischraumgewichte (Zahlentafel 1, Querspalte 8) und vor allem praktisch gleiche Druckfestigkeiten. Der Zahlentafel 1 ist ferner zu entnehmen, daß gut gekörnte weiche Betone bereits durch Stochern vollkommen verdichtet werden, während bei schlecht gekörnten Sandbetonen, die beim gleichen Wasser-

---

[1] H. Lenhard: Zur Frage der praktischen Bedeutung der vollkommenen Frischbetonverdichtung. Zement 1942. Heft 11 und 12.

Zahlentafel 1. Eigenschaften von Betonen aus verschieden gekörnten Zuschlagstoffen bei vollkommener Frischbetonverdichtung

1.	Zementgehalt je m³ Beton	300 kg				
2.	Verhältnis von Wasser : Zement.	0,60				
3.	Kiessand nach Sieblinie	F	E	zwischen D u. E	zwischen D u. E	D
4.	Feinheitsziffer.	105	149	161	174	185
5.	Frischbeton-Steife	erdfeucht	plast.	plast.	plast.	flüssig
6.	Erforderliche Verdichtungsarbeit	52 Sek. rütteln	11 Sek. rütteln	stochern	stochern	stochern
7.	Soll-Raumgewicht als Kriterium vollkommener Verdichtung .	2,390	2,385	2,385	2,380	2,375
8.	Tatsächliches Frischbeton-Raumgewicht kg/dm³	2,380	2,390	2,375	2,380	2,375
9.	Betonraumgewicht kg/dm³ nach 39 Tagen	2,320	2,306	2,320	2,315	2,335
10.	Beton-Druckfestigkeit kg/cm² nach 39 Tagen	212	216	212	229	212

zementverhältnis ja nur erdfeuchte Beschaffenheit erlangen, schwere Rüttler entsprechend lange eingesetzt werden müssen.

Die Arbeit von Lenhard weist weiterhin nach, daß unter der Bedingung vollkommener Frischbetonverdichtung auch die Wasserdichtigkeit und die Wasseraufnahme unabhängig von der Kornabstufung des Zuschlagstoffes bleibt.

Bei entsprechend überwachtem Einsatz gestattet also der schwere Innenrüttler zunächst im Laboratorium sehr trockene Betone und auch Betone aus „verdichtungsunwilligen" Zuschlagstoffen der vollkommenen Verdichtung entgegenzuführen. Und wenn es in Zukunft gelingen wird, auch in der Baupraxis mit einfachen Mitteln die Erfüllung der Grundforderung $\frac{Z}{s_z} + \frac{K}{s_k} + \frac{W}{1} = 1000$ laufend zu überwachen, so rückt natürlich die Frage der so kostspieligen Kornaufbereitung der Betonzuschlagstoffe in ein neues Licht. Als Grundlage für eine solche Überwachung kann die Überlegung dienen, daß nach der einmal getroffenen Wahl des Betonmischungsverhältnisses von Zement : Zuschlagstoff : Wasser nach Gewicht bei der hier gemeinten vollkommenen Frischbetonverdichtung das Soll-Raumgewicht des frisch verdichteten Betons von vornherein genau festliegt, sofern die spezifischen Gewichte von Zement und Zuschlagstoffen bekannt bzw. bestimmt sind. An einem Beispiel soll zunächst die Errechnung des Sollraumgewichtes erläutert werden.

Liegt z. B. ein Beton folgender Zusammensetzung vor: Zement : Zuschlagstoff : Wasser = 1 : 6 : 0,52 nach Gewicht und sind die spezif. Gewichte vom Zement gleich 3,00, vom Zuschlagstoff gleich 2,55, so beträgt die Summe der hohlraumfreien Anteile an Zement, Zuschlagstoffe und Wasser

$$\frac{1}{3,00} + \frac{6}{2,55} + \frac{0,52}{1,00} = 0,33 + 2,36 + 0,52 = 3,21 \text{ Teile.}$$

Auf 1000 dm³ vollkommen verdichteten Betons entfallen alsdann

$$\frac{1000}{3,21} \cdot 0,33 = 104 \text{ dm}^3 \text{ hohlraumfreien Zement}$$

$$\frac{1000}{3,21} \cdot 2,36 = 734 \text{ dm}^3 \text{ hohlraumfreien Zuschlagstoffes}$$

$$\frac{1000}{3,21} \cdot 0,52 = 162 \text{ dm}^3 \text{ Wasser.}$$

Oder in kg je m³ Beton ausgedrückt:

$$\frac{1000}{3,21} \cdot 0,33 \cdot 3,00 = \frac{1000}{3,21} \cdot 1 = 311 \text{ kg Zement}$$

$$\frac{1000}{3,21} \cdot 2,36 \cdot 2,55 = \frac{1000}{3,21} \cdot 6 = 1866 \text{ kg Zuschlag}$$

$$\frac{1000}{3,21} \cdot 0,52 \cdot 1,00 = \frac{1000}{3,21} \cdot 0,52 = 162 \text{ kg Wasser.}$$

1 m³ Beton der vorliegenden Zusammensetzung wiegt also

$$311 + 1866 + 162 = 2339 \text{ kg.}$$

Beiläufig bemerkt ergibt die Rechnung also nicht nur das Frischraumgewicht, sondern gleichzeitig auch den genauen Baustoffbedarf an Zement, Zuschlagstoffen und Wasser zur Herstellung von 1 m³ fertig verdichtetem Beton.

Drückt man den Rechnungsgang allgemein aus, so gelten die folgenden Gleichungen, wenn das Betonmischungsverhältnis nach Gewicht = 1 : k : w ist:

$$\frac{1}{s_z} + \frac{k}{s_k} + \frac{w}{1} = a.$$

Dann ist das Frischraumgewicht je m³ Beton

$$\frac{1000}{a} (1 + k + w);$$

ferner der Baustoffbedarf

an Zement in kg: $Z = \frac{1000}{a}$

„ Zuschlagstoff in kg: $K = \frac{1000}{a} \cdot k$

„ Wasser in kg: $W = \frac{1000}{s} \cdot w$.

Die Überwachung der vollkommenen Frischbetonverdichtung würde also im Grundsatz darin zu bestehen haben, daß laufend geprüft wird, ob das tatsächlich erreichte Frischraumgewicht des Betons mit dem Soll-Raumgewicht übereinstimmt.

Zur Vermeidung von möglichen Irrtümern muß ergänzend darauf hingewiesen werden, daß die vollkommene Frischbetonverdichtung sich nicht etwa vollständig mit dem Begriff des theoretisch vollkommen dichten **erhärteten** Betons deckt. Bei der vollkommenen Frischbetonverdichtung ist ja das Anmachwasser eingerechnet. Ein Teil dieses Anmachwassers trocknet während der Erhärtung des Betons unter Hinterlassung von Poren aus. Der vollkommen verdichtete Frischbeton wird erst dann zu einem theoretisch vollkommen verdichteten erhärteten Beton werden, wenn in der Formel $\frac{Z}{s_z} + \frac{K}{s_k} + \frac{W}{1} = 1000$ der Wasseranteil W auf jenes Maß beschränkt bleiben könnte, welches der Zement zur chemischen Verfestigung unbedingt braucht. Unter den üblichen Nachbehandlungsarten bindet der Zement chemisch etwa 12 bis 15 Gew.-% Wasser. Der erhärtete Beton würde also dann die größtmögliche Dichte erhalten, wenn für den Frischbeton die Formel $\frac{Z}{s_z} + \frac{K}{s_k} + 15 \cdot \frac{Z}{100} = 1000$ verwirklicht werden könnte. Bisher ist es bei den gewöhnlichen Betonen nicht gelungen, sie mit solch geringen Anmachwasserzusätzen zu verarbeiten und zu verdichten. Vielleicht werden uns später noch schwerere Rüttler diesem Ziele entgegenführen.

Wenn es nach den soeben geschilderten neuen Erkenntnissen in Zukunft möglich sein wird, unter Zuhilfenahme guter Innenrüttler auch „Sandbetone", hinreichend zu verdichten und zu guten Festigkeiten zu verhelfen, so sind damit die Vorteile des Rüttelverfahrens keineswegs erschöpft. Der „Sandbeton" wird nur in solchen Gegenden eine besondere Rolle spielen können, in denen die Natur uns nur Sande liefert. Eine Verallgemeinerung des „Sandbetons" wäre nur vom Übel, wie überhaupt dringend davor gewarnt werden muß, von nun an etwa die grundlegenden Körnungsfragen auf die leichte Schulter zu nehmen. Selbst wenn alle die aufgedeckten Perspektiven Praxis werden würden, wird auch in Zukunft nur derjenige ein guter Betonfachmann sein, der die Körnungsfrage bis in ihre letzten Geheimnisse hinein meistert. Gerade z. B. die Verwirklichung der Formel $\frac{Z}{s_z} + \frac{K}{s_k} + 15 \cdot \frac{Z}{100} = 1000$, d. h. die Senkung des Anmachewasserzusatzes auf das chemisch erforderliche Mindestmaß wird sich voraussichtlich überhaupt nur bei gut gekörnten Zuschlagstoffen ermöglichen lassen, da nur diese von Haus aus einen niederen Wasseranspruch haben.

Überall dort wäre der „Sandbeton" unbedingt vom Übel, wo gebrochene Zuschlagstoffe verwendet werden müssen, wie z. B. in Gebirgsgegenden. Es ist bereits bisher schon eine Merkwürdigkeit gewesen, daß man Naturgestein weitgehend zerkleinert, um das Feingekörnte nachher wieder mit Zement zusammenzukitten. Einleuchtenderweise sollte man doch die Zerkleinerungsarbeit nicht weiter treiben als es vom Gesichtspunkt der Verarbeitung und Verdichtung des Betons unbedingt notwendig ist.

Die Vergrößerung des Grobkorns über 80 bis 100 mm begegnete bisher in der Hauptsache der Schwierigkeit hinreichender Verdichtung. Die Verdichtung solcher Grobbetone versuchte man teilweise bisher dadurch zu erleichtern, daß man den Anmachewasserzusatz erhöhte. Diese Maßnahme wurde dem Grobbeton zum Verhängnis. Bekanntlich haben sich bei solchen Betonen vielfach an der Unterseite gerade der gröbsten Zuschlagkörner Wassersäcke gebildet und feinteilreiche Schlammpolster angesammelt, die recht schwache Stellen des Grobbetons darstellten und mit Recht zu seiner Ablehnung führten. Auch hier ist der schwere Innenrüttler berufen, wirksame Abhilfe zu schaffen. Er gestattet nicht nur die Senkung des Anmachewasserzusatzes in einem bisher nicht gekannten Ausmaße; er bewältigt auch Grobzuschläge von Kornabmessungen, die bisher mit keiner anderen Arbeitsweise zu verdichten gewesen waren. Es ist bei Massenbetonbauwerken gelungen, Zuschlagstoffe bis zu 300 mm Korn erfolgreich zu verarbeiten. Auf die hierbei mögliche Senkung des Zementanteils, deren Vorteil vor allem in der Dämpfung der Wärmetönung des Betons zu erblicken ist, ist bereits an anderer Stelle hingewiesen worden[2]. Zu diesem doppelten Vorteil hin ist nun noch auf die Aussicht hinzuweisen, die oben entwickelte Formel für den dichtesten Frischbeton und zugleich dichtesten erhärteten Beton, nämlich die Formel $\frac{Z}{s_z} + \frac{K}{s_k} + 15 \cdot \frac{Z}{100} = 1000$ zu verwirklichen. Wenn dies geschehen kann, so in erster Linie auf dem Wege über den sehr groben Beton. Schon bei der bisherigen Verwendung des Grobbetons von 300 mm Größtkorn sind Betonraumgewichte von 2,72 kg/dm³ erreicht worden, ein Wert, der bei Feinbeton aus den üblichen Naturgesteinen unbekannt ist. Dieser Wert liegt bereits sehr dicht beim Sollraumgewicht, das sich bei einem Mischungsverhältnis von Zement : Zuschlagstoff : Wasser = 1 : 14 : 0,15 nach Gewicht und den spezifischen Gewichten von 3,10 für Zement und 2,75 für das Hartgestein zu 2727 kg/m³ errechnet. Der folgerichtig beschrittene Weg des Grobbetons kann also zu einer Umwälzung auf dem Gebiete der Massenbetonerzeugung führen, die zu den besten Hoffnungen berechtigt.

Schließlich und in der Bedeutung nicht zuletzt ergibt sich durch den Einsatz des Rüttlers eine bedeutende Erweiterung des Wasserzementfaktor-Festigkeitsgesetzes. Die Möglichkeit der Verarbeitung ziemlich trockener Mischungen mit Hilfe schwerer Rüttler führt dazu, daß die Wendebögen der Kurven, die die Beziehung zwischen $\frac{w}{z}$ und Druckfestigkeit angeben, höher hinaufrücken oder anders ausgedrückt, daß die Geraden, die das Verhältnis zwischen $\frac{z}{w}$ und Festigkeit ausdrücken, noch bis Zement-Wasserverhältnissen von 3,00 weiter reichen und erst dann in Kurven übergehen, die sich zur x-Achse neigen. Man kann also durch das Rüttelverfahren die jeweilige Anmachwassermenge so weitgehend senken, daß das äußerste an Druckfestigkeit aus den Betonmischungen herausgeholt werden kann. Gleichzeitig erweitert sich das Gesetz für die Beziehung zwischen Wasserzementverhältnis oder Zementwasserverhältnis und Festigkeiten über ganz verschiedene Körnungen hinweg. Bei gewöhnlicher Verdichtung verschiebt sich die Wasserzementfaktor-Festigkeitskurve mit der Güte der Kornzusammensetzung[3], d. h. die Festigkeitskurve liegt bei guter Kornzusammensetzung etwas höher, bei ungünstiger Kornzusammensetzung etwas tiefer[4]. Diese Verschiebung ist im Schrifttum bald hartnäckig umstritten, bald wegen ihrer schwierigen Erfaßbarkeit stillschweigend übergangen worden. Auch in die Schwierigkeit ihrer Erfassung ist nun Licht gekommen; sie hing nämlich mit der bisher im Versuchswesen undefinierten Verdichtungsarbeit zusammen. Bei vollkommener Frischbetonverdichtung im Sinne unserer Begriffsfestlegung fällt diese Verschiebung fort; hier behält dann das Wasserzementfaktor-Festigkeitsgesetz über ganz verschiedene Kornabstufungen hinweg seine nahezu uneingeschränkte Gültigkeit. Die Möglichkeiten der Vorausbestimmung der Betonfestigkeit erweitern sich hierdurch und vereinfachen sich gleichzeitig in bedeutendem Maße. Verbindet man diese neue Erkenntnis mit dem

---

[2] A. Hummel: Das Beton-ABC. 5. Auflage 1942. Kap. III, Abschn. 1.

[3] A. Hummel: Das Beton-ABC. 5. Auflage. Kap. III, Abschn. 6 und Kap. X.

[4] Über einige Versuchswerte vgl. A. Hummel: Das Kiessandvorkommen in der Berliner Gegend im Lichte der Bestrebungen um eine Betonkontrolle. Zement 1929. Heft 18/19.

Verfahren einer neuen Betondurchmischung auf der Grundlage der Zugabe von Zementleim, so liegt eine weitere Umwälzung der zielsicheren Betonbereitung in greifbarer Nähe. Gibt man nämlich zu den Zuschlagstoffen ein vorgemischtes Wasserzementgemisch (Zementleim genannt) wohlbestimmten Gewichtsverhältnisses hinzu, so wird, wo immer bis zur vollkommenen Frischbetonverdichtung verdichtet wird, ohne Rücksicht auf die Kornabstufung des Zuschlagstoffes die gleiche Festigkeit des Betons erzielt. Ja innerhalb gewisser Grenzen gilt dies selbst bei Zugabe verschiedener Mengen an Zementleim, wobei dann selbstverständlich bei Zugabe größerer Zementleimmengen vom selben $\frac{w}{z}$ weichere Frischbetone von entsprechend einfacherer Verdichtbarkeit, bei Zugabe geringerer Zementleimmengen trockenere Betone entstehen, denen dann bis zur völligen Frischbetonverdichtung eine entsprechend größere Verdichtungsarbeit zuteil werden muß. Es liegt auf der Hand, daß dieses Verfahren eine grundlegende Änderung unserer Betonaufbereitung bedeuten wird.

Zusammenfassend ist die Bedeutung des Rüttelverfahrens für die Betontechnologie und für die praktische Betonbereitung in den folgenden Punkten zu erblicken:

1. Der Rüttler gestattet, die den Betonen verschiedener Kornzusammensetzung zukommende individuelle Verdichtungsarbeit angedeihen zu lassen.
2. Mit Hilfe des Rüttlers ist es möglich, auch „verdichtungsunwillige" Betone der vollkommenen Frischbetonverdichtung zuzuführen, worunter jener Zustand des frischen Betons verstanden wird, bei dem die Summe der hohlraumfreien Mengenanteile an Zement, Zuschlagstoffen und Anmachwasser gleich der Raumeinheit des frisch verdichteten Betons wird. Bei dieser vollkommenen Frischbetonverdichtung liegt für alle Betone von festliegendem Gewichtsmischungsverhältnis das Sollraumgewicht wie auch der Baustoffbedarf an Zement, Zuschlagstoffen und Wasser genau fest.
3. Bei vollkommener Frischbetonverdichtung durch den Einsatz des Rüttlers tritt der Einfluß ungünstiger Kornzusammensetzung der Zuschlagstoffe auf die Betonfestigkeit zurück. Es lassen sich auch „Sandbetone" gut verdichten und zu guten Festigkeiten führen.
4. Der Rüttler ermöglicht andererseits die Steigerung der Grobkorngröße der Zuschlagstoffe in bisher nicht gekanntem Maße; er bewältigt Grobzuschläge von solchen Abmessungen, die bisher in keiner der üblichen Arbeitsweisen vollkommen zu verdichten waren (Verarbeitung des sog. Rüttel-Grobbetons).
5. Der Einsatz des Rüttlers bedeutet eine wesentliche Erweiterung des Wasserzementfaktor-Festigkeitsgesetzes. Dieses Gesetz behält seine Gültigkeit auch über die trockeneren Betone hinweg wie auch über die Betone ganz verschiedener Kornzusammensetzungen.
6. Der Rüttler bringt nicht nur die vollkommene Frischbetonverdichtung ungeachtet der Kornzusammensetzung; er führt uns auch einen Schritt näher zu der Herstellung des optimal dichten erhärteten Betons, der nur dann zu erzielen ist, wenn das Anmachwasser auf jenes Maß gesenkt werden kann, das der Zement chemisch zur Verfestigung benötigt (Vermeidung des Überschußwassers).

ZUR FRAGE DER PRAKTISCHEN BEDEUTUNG DER VOLLKOMMENEN FRISCHBETONVERDICHTUNG*

Von **Hans Lenhard**, Berlin-Dahlem.

Übersicht

Es wird gezeigt, daß Betonmischungen unter sonst gleichbleibenden Verhältnissen aber mit Zuschlagstoffen von ganz verschiedener Kornzusammensetzung bei vollkommener Verdichtung gleichbleibende Druckfestigkeiten des erhärteten Betons ergeben. Die bei ungünstiger Kornzusammensetzung notwendig gewordene hohe Verdichtungsarbeiten zur Erzielung vollkommener Verdichtung ist erst durch das Rüttelverfahren möglich geworden.

Bei Druckvorlage wurde der Verfasser darauf aufmerksam gemacht, daß eine englische Arbeit zum gleichen Ergebnis gekommen sei, veröffentlicht in der 1938 erschienenen Arbeit von Glanville, Callins und Matthews über „Die Kornabstufung der Zuschläge und die Verarbeitungsfähigkeit des Betons"[1],[2]. Diese Arbeit zeigt aber, daß ihr das Ergebnis der klassischen Betonforschungsarbeit von Duff A. Abrams aus dem Jahre 1918 über die „Bestimmung von Betonmischungen"[3] als Ausgangspunkt und Grundlage dient. Es wird dabei durch Glanville usw. das Ergebnis von Abrams nochmals bekräftigt, wonach bei Beibehaltung des Wasser-Zement-Faktors kein Einfluß der Kornzusammensetzung auf die Betondruckfestigkeit besteht. Zum tieferen Verständnis dafür, mit welcher Einschränkung damals das von Abrams gefundene Gesetz Gültigkeit besaß und welche Wirkung diese Forschungsarbeit auf dem Gebiete der Betontechnologie ausgeübt hat, sei folgendes ausgeführt:

Abrams weist ausdrücklich darauf hin, daß das von ihm entdeckte $\frac{W}{Z}$-Faktor-Festigkeitsgesetz nur unter einer ganz bestimmten Voraussetzung Gültigkeit besitzt.' Die Betonmischung muß nämlich mindestens eine solche Plastizität besitzen, daß eine Verarbeitung noch möglich ist. Dabei wird von Abrams unter plastischer Betonkonsistenz verstanden, daß dem Trockengemisch soviel Anmachwasser zugesetzt wird, bis ein slump, d. h. ein Zusammensacken des Frischbetons von mindestens 1 bis 2,5 cm bei frisch eingefülltem 30 cm hohem abgestumpftem Kegel nach Hochziehen des Trichters entsteht. Dies wird als Maß für die sog. Normalkonsistenz (oder relative Kon-

---
* Bereits abgedruckt in „Zement" 1942. H. 11, 12, 13, 14.
[1] „The Grading of Aggregates and Workability of Concrete." Department of Scientific and Industrial Research and Ministry of Transport. Road Research. Technical paper No. 5. London, His Majestys Office 1938.
[2] Siehe auch „Neue englische Geräte zum Messen der Verarbeitbarkeit von Beton" von Dipl.-Ing. G. Brusch. Zement 1938, S. 476.

[3] „Design of Concrete Mixtures" Structural Materials Research Laboratory, Lenis Institute, Chicago 1918, Bull No. 1.

sistenz = R = 1,0) bezeichnet, dem ein Ausbreitmaß von g > 45 cm entspricht. Die von Abrams weiterhin noch in die Untersuchung einbezogenen Mischungen zeigen relative Konsistenzen von 1,1 bis 1,25, d. h. es wurde entsprechend einem slump von 12—15 cm und mehr Wasser benötigt. Verarbeitbare Mischungen nach Abrams stellen nach deutschen Begriffen einen sehr weichen bis gießfähigen Beton dar, dessen Verarbeitung hinsichtlich der Verdichtung keine Schwierigkeiten bot.

Wenn Abrams immer wieder in seiner Arbeit auf die Plastizität der Mischung und ihre Verarbeitbarkeit hinweist, damit die Voraussetzung zum $\frac{W}{Z}$-Faktor-Druckfestigkeitsgesetz erfüllt ist, so hängt diese Forderung mit dem Begriff der Dichte zusammen, der von Abrams allerdings nicht ausgesprochen wird, aber nach der Seite des hohlraumverbleibenden Frischbetons hin scharf beachtet wird. Er warnt ausdrücklich vor den „trockenen" Betonen, also dort, wo eine Verdichtung schwerlich erzielt wird, ganz im Gegensatz zu den sehr weichen und gießfähigen Betonen, deren dichte Verarbeitung ohne großen Energie- und Kontrollaufwand zustande kommt.

Abrams sagt nämlich: „Werte für **trockenen Beton** wurden in die $\frac{W}{Z}$-**Faktor-Festigkeitskurve nicht einbezogen**. Werden sie eingeführt, dann erhält man aus der Kurve abfallende Äste ... Die $\frac{W}{Z}$-Faktor-Festigkeitsbeziehung gilt solange, als der Beton nicht trockener ist, wie es der Maximalfestigkeit entspricht ... **Die Grenzen des Gesetzes werden stets durch so hohe Wasseransprüche festgelegt, um eine verarbeitbare Mischung zu erhalten**".

Wie die vorliegende Arbeit des Verfassers aber nachweist, hätte Abrams unter einer „verarbeitbaren Mischung" einen Frischbeton verstehen müssen, der sich **vollkommen verdichten ließ**. Das Unterlassen Abrams aber, den Begriff „Verarbeitbarkeit" eindeutig zu kennzeichnen, ließ den hoffnungsvollen Ansatz, das so schwierig erscheinende Körnungsproblem einer vollkommenen und restlosen Lösung entgegenzuführen nicht zur Auswirkung kommen. So hat sich z. B. in Deutschland das Fehlen einer eindeutigen Kennzeichnung der völligen Verarbeitbarkeit einer Betonmischung dahin ausgewirkt, daß der Körnungseinfluß bestehen blieb, wovon die Bestimmungen über die Kornzusammensetzung eine deutliche Sprache reden. Schuld daran sind nach Ansicht des Verfassers zwei Gründe: Der eine Grund ist in dem unglücklichen Umstand zu suchen, daß fast durchweg Betonmischungen nur in Mischungsverhältnissen des Trockengemischs (Zement : Zuschlagstoff in Gewichtsteilen) angegeben wurden. Derartige Angaben sind nicht eindeutig, um die so unerläßliche Dichte eines verarbeiteten Frischbetons nachweisen zu können. Alle Betondruckfestigkeitsuntersuchungen, insbesondere diejenigen wissenschaftlicher Art, müssen — wie die vorliegende Arbeit des Verfassers zeigt — stets in dem Nachweis der vollkommenen Frischbetonverdichtung einmünden, andernfalls das Abrams-Gesetz seine Gültigkeit verliert. Eindeutig ist eine Mischungsangabe erst, wenn zwei Größen bekannt sind, z. B. Mischungsverhältnis des Trockengemischs und $\frac{W}{Z}$-Faktor oder Zementgehalt (in kg/m³) und $\frac{W}{Z}$-Faktor.

Abrams rechnet mit der ersten Angabe. Allerdings ist seine Mischungsangabe auch nicht völlig eindeutig, da grundsätzlich außer den zwei Angaben noch die Kenntnis und Anwendung der spezifischen Gewichte der drei Betonkomponenten nötig ist. Für Wasser ist sie = 1,0 kg/l, für Zement liegt sie je nach der Sorte zwischen 2,90 und 3,20 kg/l und für die Zuschlagstoffe je nach der Mineralart zwischen 2,5 und 3,20 kg/l. Weshalb damit erst die Mischung eindeutig gekennzeichnet ist, wird in einer nächsten Arbeit gezeigt werden. Abrams arbeitet aber mit **Raumgewichten**, die im Gegensatz zu den spezifischen Gewichten veränderlich sind. Es sei dahingestellt, inwieweit die von Abrams festgestellten Streuungen der Druckfestigkeitswerte damit in Zusammenhang stehen.

Der andere Grund liegt darin, daß das Abrams-Gesetz auf alle Betonsteifen übertragen wurde, ohne aus der Warnung Abrams hinsichtlich der trockenen Betone die für den Verarbeitungsgrad geforderte Folgerung zu ziehen. Die Verdichtung erfolgte ohne die unerläßliche Kontrolle, anderenfalls man die mehr oder weniger große Verdichtung festgestellt hätte. Hierzu kam noch ein weiterer Unsicherheitsfaktor, der auf das Abrams-Gesetz übertragen wurde. Es ist dies die durchaus mögliche **ungleichmäßige** Verdichtungsart, die Streuungen in den Druckfestigkeitsergebnissen nach sich zieht und dadurch das Körnungsproblem immer schwieriger erscheinen ließ.

Es soll an dieser Stelle die sehr wahrscheinliche Vermutung aufgestellt werden, daß bei einer **gleichmäßigen Undichte** des Frischbetons und des Festbetons die Festigkeit wieder stetig mit fallendem $\frac{W}{Z}$-Faktor zunimmt und sich lediglich gegenüber der Festigkeit eines vollkommen verdichteten Betons im Sinne der Parallelität entsprechend verschiebt.

Die so wichtige Kennzeichnung des Begriffes „Verarbeitbarkeit" einer Frischbetonmischung wird zum erstenmal auf Grund der Literaturangabe in der Arbeit von Glanville (s. Fußnote 1) in einer allerdings noch allgemeinen Fassung formuliert. Es heißt dort: „Eine neue Auffassung der Verarbeitungsfähigkeit, die in erster Linie auf die Betondichte zurückgeht, ist in dieser Schrift angegeben ..." Es wird gezeigt, daß die Festigkeit eines vollständig verdichteten Betons (of fully compacted concrete) ganz unabhängig von der Abstufung ist.

Die Angabe der Betonmischungen erfolgt im Mischungsverhältnis des Trockengewichtes (in Gewichtsteilen) und dem $\frac{W}{Z}$-Faktor. Die spezifischen Gewichte werden dabei nicht angegeben; hierauf wird nur gelegentlich (ohne Zahlenangabe) hingewiesen, um die höchstmögliche Dichte des Betons zu schätzen (to estimate the maximum possible density of concrete). Die Erkenntnis der vollständigen Verdichtung zwingt bei den Versuchsreihen von Glanville dazu, intensive Verdichtungsarten zu verwenden, wie sie durch Stampfen und durch Rütteln erreicht werden (the first set was fully compacted by ramming and shaking), Versuche, die aber nicht befriedigten.

Es muß zu der Arbeit von Glanville bei Beschränkung auf die Frage der Betondichte zusammenfassend festgestellt werden, daß wohl auf die Wichtigkeit eines vollständig verdichteten Betons hingewiesen, aber kein Kriterium dafür geschaffen wird, wie experimentell die völlige Dichte bei ganz verschiedenen Betonkonsistenzen zu erreichen ist und nachgewiesen wird. So fehlen z. B. durchweg die Angaben über Frischbetongewichte, aus denen, wie die vorliegende Arbeit des Verfassers nachweist,

Zahlentafel 1.

Betonzusammensetzung mit sechs verschiedenen Kornzusammensetzungen,
$\dfrac{w}{z} = 0{,}5$ und $Z = 300$ kg/m³

Lfd. Nr.	Zementgehalt kg/m³	Wassergehalt kg/m³	$\dfrac{w}{z}$	Zementleimmenge Liter	V_0 = absolute Kiessandmenge Liter	Frischbetonmenge Liter	γ_0 = spez. Gewichte der verschiedenen Kornzusammensetzungen kg/l	Kiessandmenge $G = \gamma_0 \cdot V_0$ kg/m³	Soll-Frischbetongewichte kg/m³	Kornzusammensetzung Sieblinie bzw. Sand : Kies	F-Modul[3] nach Hummel	Korngröße mm
1							2,635	1987	2437	F	105	
2				$\dfrac{300}{3{,}12}_1$			2,630	1985	2435	E	149	
3	300	150	0,5	$+ \dfrac{150}{1{,}0}$	754	246+754 =1000	2,620	1976	2426	50 : 50	167	0—30
4				$= 96 +$			2,620	1976	2426	Fuller	174	
5				$150 = 246$			2,615	1972	2422	S : K = 42,5 : 57,5	179	
6							2,615	1972	2422	D	185	
1—6				Mittelwerte			2,624	1980	2430		F—D	

[1] Spez. Gewicht (Reinwichte) des Zementes im angelieferten Zustand = 3,12 kg/l.

[2] Trockener Kiessand

Körnung in mm	0,2	0,2—1	1—3	3—7	7—15	15—30
Spez. Gewicht[4] (Rohwichte)	2,66		2,64		2,61	2,59

[3] Hummel, A.: „Das Beton-ABC" (s. auch Bild 1).

[4] Siehe Fußnote 4 und 5 auf S. 40.

grundlegend neue Erkenntnisse über die Wertigkeit der Kornzusammensetzung hinsichtlich ihrer Dichte und die Folgerung für ihre Verarbeitbarkeit gezogen werden können (diese Problemstellung bildet gerade den Schwerpunkt der Glanvilleschen Arbeit).

Nach diesem kurzen chronologischen Rückblick, angefangen von der Entdeckung Abrams, daß kein Kornabstufungseinfluß auf die Betondruckfestigkeit besteht, unter bewußter Einschränkung für sehr weiche und gießfähige Betone, deren wahrer Grund nicht erkannt wurde und deshalb über zwei Jahrzehnte hindurch in die Betone steifer und trockener Konsistenz einen Kornabstufungseinfluß wieder hineinbrachte, bis zum ersten Erkennen Glanvilles und seiner Mitarbeiter, daß Beton vollständig verdichtet werden muß, damit der Kornabstufungseinfluß verschwindet und schließlich der nunmehr mögliche Nachweis, weshalb und warum dieser Einfluß nicht mehr bestehen kann, nach diesem Rückblick kann gesagt werden, daß diese späte Erkenntnis z. T. auch zeitbedingt war.

Denn der eingangs in der Übersicht wiedergegebene Schlußsatz besagt, daß der experimentelle Nachweis der völligen Verdichtung von trockenen und sehr steifen bzw. fetten Frischbetonen — die theoretischen und praktischen Grundlagen für eine planmäßige vorzunehmende völlige Verdichtung von Frischbetonen lagen 1936 vor — dieser Nachweis ist erst durch das Rüttelverfahren möglich geworden. Damit sind die Grenzen des Abrams-Gesetzes, die für die damaligen Betonkonsistenzen Gültigkeit besaßen, bis zur entgegengesetzten Seite hin ausgedehnt worden, wodurch praktisch erst der Kornabstufungseinfluß auf die Betondruckfestigkeit völlig verschwunden ist.

Mit diesen Feststellungen und Klärungen kann die vorliegende Arbeit des Verfassers unverändert dem Druck übergeben werden.

Bisherige Verdichtungsweise

Wenn erdfeuchte Betonmischungen bei labormäßiger Verarbeitung (s. DIN 1048 § 6) mit 24 bzw. 54 Schlägen je Schicht zu einem Würfel von 20 bzw. von 30 cm Kantenlänge verarbeitet werden oder wenn weiche und flüssige Betonmischungen durch Stochern und u. U. durch leichtes Stampfen oder durch Klopfen — analog baumäßiger Verarbeitung — zu Würfeln verdichtet werden, dann hat man sich bisher von der willkürlichen Verdichtungsarbeit keine Vorstellung gemacht.

Die vollkommene Frischbetonverdichtung

Wenn aber Betonmischungen unter sonst völlig gleichen Verhältnissen mit Zuschlagstoffen von ganz verschiedener Kornzusammensetzung vollkommen verdichtet werden, dann kommt man zu dem Ergebnis, daß die Frischbetongewichte all dieser restlos verdichteten Mischungen ein gleich großes Raumgewicht besitzen.

In der Raumeinheit befinden sich nur die drei Betonkomponenten Zement, Wasser und Zuschlagstoff oder anders ausgedrückt und dem wirklichen Zustand entsprechend befindet sich die Zementleimmenge mit dem Zuschlagstoff gemischt im völlig verdichteten Zustand. Diese beiden Größen — Zementleimmenge und Zuschlagstoffmenge — lassen sich mit Hilfe der spezifischen Gewichte[4] (Rein- und Rohwichte[5]) der einzelnen Stoffe berechnen. Im folgenden soll vorstehende Behauptung bewiesen werden.

An einer beliebigen Betonmischung sollen die Frischbetoneigenschaften genau definiert, ihre Konsistenz gemessen und ihre Verdichtungsmöglichkeit festgestellt werden, wobei in der Mischung nur die Kornzusammensetzung des Zuschlagstoffes die veränderliche Größe ist. Alle Angaben, die zur eindeutigen Kennzeichnung einer solchen Betonmischung nötig sind, enthält Zahlentafel 1 und Abb. 1.

Die konstanten Größen der sechs projektierten Betonmischungen sind: Zement- und Wassergehalt, hiermit der

---

[4] Der kürzeren und einprägsameren Ausdrucksweise wegen sollen die Stoffkonstanten für Zement, Wasser und alle Zuschlagstoffe die einheitliche Bezeichnung „spezifisches Gewicht" erhalten, also auch die Kiessande. Es wird hierbei das Kiessandgewicht des absoluten Volumens im unzerkleinerten Zustand verstanden. Die nach DIN 1306 hierfür vorgeschlagene Bezeichnungsweise heißt „Rohwichte".

[5] Nach DIN 1306.

$\dfrac{W}{Z}$-Faktor und die Zementleimmenge und folglich auch die absolute Zuschlagstoffmenge $= V_0 = 1000$ l Frischbeton abzüglich der Zementleimmenge. Die geringe Gewichtsänderung der Kiessandmenge ist lediglich durch die verschiedenen spezifischen Gewichte (Rohwichte) der einzelnen Korngruppen bzw. durch die verschiedenen Kornzusammensetzungen bedingt. Vernachlässigt man diesen gewichtsmäßigen Unterschied und rechnet man mit dem mittleren Zuschlagstoff- und Frischbetongewicht (die Abweichungen vom Mittelwert liegen unter 0,5 %), so bleibt als einzige veränderliche Größe die Kornzusammensetzung übrig (Grenzwerte sollen hier die Sieblinien D und F von Bild 1, DIN 1045, sein). Bei der Betonaufbereitung wirkt sich dies äußerlich durch die verschiedene Konsistenz aus.

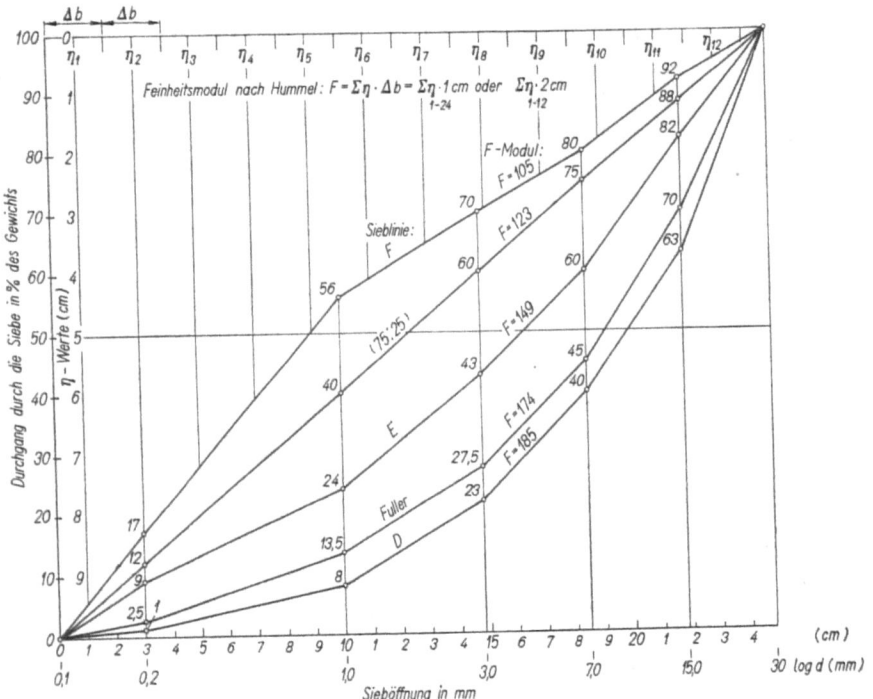

Bild 1. Sieblinien D bis F und ihre Feinheitsmodule

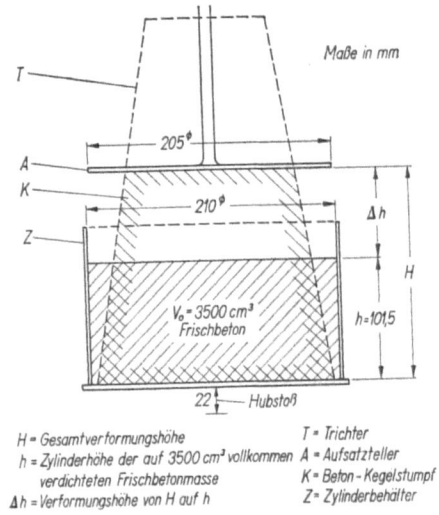

Bild 3. Verformungsgrößen

Es soll beim Aufwand vorerst gleicher Verdichtungsarbeit die Verdichtungsmöglichkeit erfaßt werden.

Die Verdichtung wird mit dem Powers-Gerät[6],[7] vorgenommen (Bild 2). Die Arbeit, die nötig ist, um den Betonkegel zu einer zylindrischen Betonmasse umzuformen,

Bild 2. Powers-Konsistenzmeßgerät mit der Zusatzeinrichtung zur direkten Messung der Betonverdichtung

---

[6] Engineering News-Record, 10. März 1932, s. 372.
[7] Walz: Dtsch. Ausschuß f. Eisenbeton, Heft 91 (1938).

Zahlentafel 2.
Die Verdichtung (Δ h-Werte) in Abhängigkeit zur Verdichtungsarbeit (P⁰)

P⁰	Feinheitsmodule 149		105		167		174		179		185	
	Δh - Werte											
	Ab-weichungen	Mittel-werte	Ab-weichungen	Mittel-werte	Ab-weichungen	Mittel-werte	Ab-weichungen	Mittel-werte	Ab-weichungen	Mittel-werte	Ab-weichungen	Mittel-werte
0	1,2	79,8	—	>80	3,1	67,0	2,6	62,2	1,4	66,1	0,2	65,3
1	0,3	54,4	—	>80	4,7	48,8	7,4	43,0	1,2	50,4	1,8	42,4
2	0,4	40,0	—	>80	4,8	35,2	4,3	31,0	2,8	36,3	0,2	31,4
3	0,8	32,8	3,2	56,4	2,7	27,8	2,0	24,4	2,9	27,8	0,8	24,0
5	0,3	26,2	3,1	45,2	1,4	20,9	1,4	18,8	1,6	21,4	0,3	18,4
8	0,4	21,8	2,9	36,0	0,5	15,6	0,3	13,0	0,2	16,6	0,1	12,7
10	0,3	19,8	1,0	32,9	0,5	14,0	0,2	11,2	0,1	14,2	0,4	11,2
13	0,1	17,6	0,9	30,8	0,1	11,5	0,1	9,2	0,1	11,4	0,3	9,4
15	0,1	16,5	0,3	29,6	0,2	10,0	0,1	8,0	0,6	9,6	0,2	8,4
20	0,0	14,2	0,6	28,4	0,0	7,7	0,0	6,0	0,1	7,6	0,3	6,6
25	0,1	12,2	0,0	27,1	0,1	6,3	0,2	4,4	0,4	5,6	0,2	5,3
30	0,0	10,9	0,0	25,6	0,1	5,3	0,2	3,2	0,4	4,4	0,2	4,5
35	0,0	9,6	0,0	24,6	0,3	4,1	0,3	2,2	0,5	3,5	0,1	3,6
40	0,2	8,5	0,2	23,9	0,2	3,0	0,4	1,4	0,5	2,4	0,1	2,8
45	0,0	7,8	0,1	23,6	0,3	2,5	0,5	0,8	0,4	1,8	0,1	2,4
50	0,1	7,4	0,0	23,0	0,2	1,5	0,45	0,25	0,1	1,2	0,2	1,8
55	0,1	6,6	0,2	22,6	0,1	1,3	—	0,3	0,3	0,8	0,1	1,2
60	0,2	5,8	0,1	22,0	0,2	0,9	bei		0,3	0,3!	0,2	0,7
65	0,2	5 2	0 3	21,6	0,0	0,5	51P⁰		0,1	0,1	0,2	0,4
70	0,2	4,7	0,2	21,3	0,0	0,2					0,1	0,0
75	0,3	4,2	0,3	21,0	0,0	0,0!						
80	0,4	3,7	0,2	20,6								
85	0,5	3,3	0,2	20,3								
90	0,3	3,0	0,1	20,1								
95	0,3	2,8	0,2	19,8								
100	0,5	2,3	0,2	19,6								
105	0,7	2,0	0,2	19,4								
110	0,7	1,8	0,2	19,1								
115	0,5	1,4	0,2	18,8								
120	0,4	1,2	0,1	18,6								
130			0,1	18,4								
140			0,1	18,0								
150			0,1	17,8								
160			0,0	17,4								
180			0,1	17,1								

Bemerkungen: Die Mittelwerte sind aus den Ergebnissen von zwei Versuchswerten errechnet. In den Spalten ,,Abweichungen" sind die nach oben und unten gleich großen Abweichungen vom Mittelwert eingetragen.
! bedeutet, daß Entmischungsbeginn durch Austritt von Zementleim an der Betonoberfläche festzustellen ist.

wird in Powersgraden (P⁰) ausgedrückt. Da im vorliegenden Falle reproduzierbare Werte mit großer Genauigkeit erzielt werden sollten, wurde das Powers-Gerät etwas abgeändert. Der Einsatzzylinder erhielt einen Boden. In dem hierdurch erhaltenen Behälter werden 3,5 Liter Frischbeton von einem Betonkegel zu einem Betonzylinder umgeformt. Während der Verformung gestattet eine Ablesevorrichtung die Verdichtung festzustellen. Bei der sog. Nulleinstellung schließt die untere Fläche des Aufsatzstellers den Zylinderinhalt von 3500 cm³ genau nach oben hin ab. Die erste Ablesung für die Höhe des verformten Betonkegels beginnt 80 mm über der Nulleinstellung. Alle weiteren Verformungshöhen werden als Δ h-Werte = H — h in Beziehung zum Powersgrad gebracht (s. Bild 3). Der Deutlichkeit halber werden diese Werte in einem halblogarithmischen Koordinatensystem aufgetragen, wobei Δ h = 0 = log 0,1 mm aus Darstellungsgründen gesetzt wird. Bei einer Verformung von Δ h = 1 mm ist die Verdichtung um 1% vorgeschritten[8].

Die sechs projektierten Betonmischungen der Zahlentafel 1 sind genau dosiert, gemischt und mittels Schüttrinne in einem kegeligen Trichter unter langsamem Drehen des Zylinderbehälters eingeschüttet worden. Zur Vorverdichtung des Betonkegels werden zehn Rüttelstöße ausgeübt, der Trichter abgehoben, der Aufsatzteller auf den vorverdichteten Betonkegel aufgesetzt, der Zusammenhalt beobachtet und die Verformung bis zur größtmöglichen Verdichtung festgestellt. Diese Betonkonsistenzmessungen

[8] Da die Zylindermasse bei 1 mm Höhe = $\frac{345}{10}$ = 34,5 cm³ groß ist, und 1% von 3500 = 35 cm³ sind, bedeutet die Verringerung von H um Δ h = 1 mm eine Verdichtung der Zylindermasse um 1%. Die Angabe Δh = H% gilt nur für Δ h < 20 mm; lediglich aus Gründen der einfacheren Berechnungsweise wurde sie eingeführt.

sind in Zahlentafel 2 enthalten und in Bild 4 dargestellt. Hieraus ist folgendes zu ersehen:

1. Nach der Vorverdichtung im Trichter besitzen alle sechs Betonmischungen nahezu denselben Verdichtungsgrad, ganz gleich also, welche Kornzusammensetzung für die Mischungen verwendet wurde.

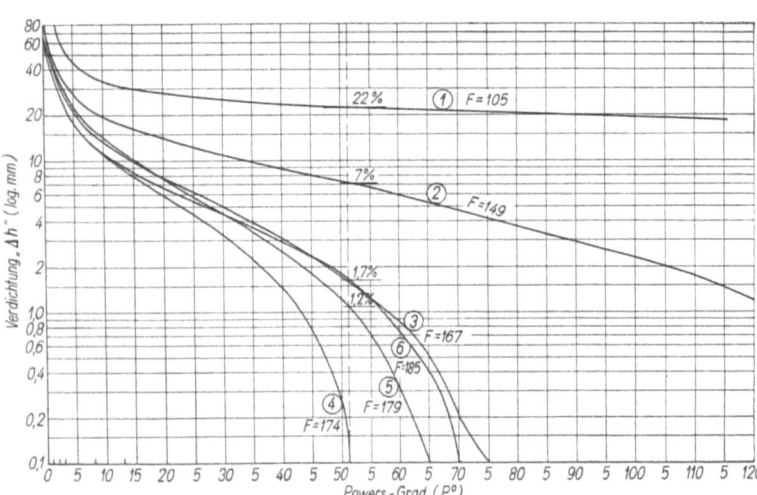

Bild 4. Verdichtungskurven der Frischbetone Nr. 1 bis 6

2. Mit steigender Verdichtungsenergie macht sich der Einfluß der Kornzusammensetzung auf die Konsistenz und damit auf die Verdichtungsfähigkeit bei gleicher Verdichtungsarbeit immer mehr bemerkbar. Am auffallendsten bei den Mischungen Nr. 1 und 2, besonders mit der Sieblinie F (F-Modul = 105), und zwar so sehr, daß die zur Verfügung stehende Verdichtungsenergie zur völligen Verdichtung nicht ausreicht. Die

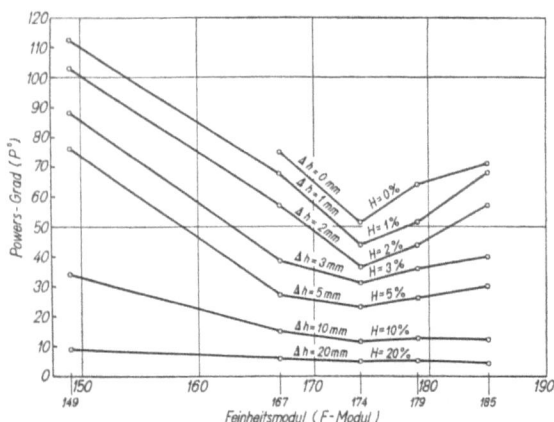

Bild 5. Linien gleicher Dichtigkeit

Mischung Nr. 2 mit der Sieblinie E (F-Modul = 149) wird zwar bis zur Bildung eines Hohlraumes von nur 1% verdichtet. Es zeigte sich aber dann durch Austritt von Zementleim an der Oberfläche eine Entmischung.

3. Die geringste Arbeit zur vollkommenen Verdichtung wurde bei 51 P° für die Mischung Nr. 4 benötigt, deren Zuschlagstoff nach der Fuller-Sieblinie zusammengesetzt war. Bei den Betonmischungen Nr. 5, 6, 3, 2 und 1 waren bei dieser Verdichtungsarbeit (51 P°) noch 1,2 — 1,7 — 7 und 22% Hohlräume vorhanden.

4. Aus den Verdichtungskurven von Bild 4 lassen sich Linien gleicher Dichtigkeit konstruieren; sie sind in Bild 5 dargestellt. Hieraus ist ersichtlich, daß mit zunehmendem Verdichtungsgrad ein Minimum an Verdichtung bei einer Betonmischung von ganz bestimmter Kornzusammensetzung des Zuschlagstoffes benötigt wurde.

Mit der vorliegenden Zementleimmenge (245 Liter je 1000 Liter Frischbeton) und ihrer Zusammensetzung $Z + W$ erhält man bei einer Kornzusammensetzung des Zuschlagstoffes nach der Fuller-Sieblinie (Mischung Nr. 4) die größte Schmierfähigkeit oder mit anderen Worten die größte Beweglichkeit der Frischbetonmasse.

Die mit dem Powers-Gerät durchgeführten Konsistenzuntersuchungen zeigen die bekannte Tatsache, daß Betonmischungen unter sonst gleichen Verhältnissen aber mit ganz verschiedener Kornzusammensetzung bei gleicher Verarbeitung ungleich verdichtet werden. Hierbei behalten das Mischungsverhältnis und der $\frac{W}{Z}$-Faktor zwar ihre Größe bei, aber die drei Betonkomponenten Zement, Wasser und Zuschlagstoff sind dem jeweiligen Verdichtungsgrad entsprechend in der Raumeinheit um ebensoviel geringer enthalten als der Hohlraum (H) groß ist. Dies ist dann die Ursache der Änderung der Festbetoneigenschaften [9].

Die vollkommene Frischbetonverdichtung der vorstehenden sechs Betonmischungen gelang bei den Mischungen Nr. 3 bis 6. Warum? Weil das Soll-Frischbetongewicht erreicht wurde. Dieses Soll-Frischbetongewicht ist ja nichts anderes als das spezifische Frischbetongewicht, das vorher beispielsweise genau zu 2,430 kg/l errechnet wurde (s. Zahlentafel 1, Mittelwert; Abweichung der Einzelwerte vom Mittelwert max ± 3 ⁰/₀₀!).

Der Begriff der vollkommenen Frischbetonverdichtung ist also eindeutig definierbar und findet zahlenmäßig im spezifischen Frischbetongewicht seinen Niederschlag. Durch die Einführung dieses Begriffes in die Betontechnologie erhält man für die Projektierung von Betonmischungen eine feste Grundlage. Es soll noch an einigen Beispielen die mögliche Veränderung des Soll-Frischbetongewichtes oder was dasselbe ist, des spezifischen Frischbetongewichtes gezeigt werden, wenn bei gleichem Zementgehalt der $\frac{W}{Z}$-Faktor sich ändert oder wenn die Mineralart des Zuschlagstoffes verschieden ist.

1. Wenn $Z = 300$, $\frac{W}{Z} = 0{,}5$ und Zuschlagstoff = Kiessand, dann Soll-Frischbetongewicht = spez. Frischbetongewicht = $\gamma_{0,B}$.

$\gamma_{0,B} = 300 + 0{,}5 \cdot 300 + [(1000-\text{Zementleimmenge})] \cdot 2{,}624 = \mathbf{2430\ kg/m^3}$

(s. Zahlentafel 1).

2. $Z = 300$; $\frac{W}{Z} = 0{,}8$ und Zuschlagstoff = Kiessand.

$\gamma_{0,B} = 300 + 0{,}8 \cdot 300 + \left[1000 - \left(\frac{300}{3{,}12} + 240\right)\right] \cdot 2{,}624$

$\gamma_{0,B} = 300 + 240 + 664 \cdot 2{,}624 = 540 + 1740$
$= \mathbf{2280\ kg/m^3}$

---

[9] Glanville (s. Fußnote [1]) weist beim Verbleib bis zu 10% Hohlräumen im Frischbeton einen linearen Druckfestigkeitsabfall bis zu 60% nach.

Zahlentafel 3.

Betonmischungen mit fünf verschiedenen Kornzusammensetzungen
und $\frac{W}{Z} = 0{,}7$ bei $Z = 300$ kg/m³

Lfd. Nr.	Zement- gehalt[1] kg/m³	Wasser- gehalt kg/m³	$\frac{w}{z}$	Zement- leimmenge Liter	$V_0 =$ absolute Kiessand- menge Liter	Frisch- beton- menge Liter	$\gamma_0 = \frac{G}{V_0}$ spez. Ge- wichte der Korn- zusammen- setzungen kg/l	Kiessand- menge $G = \gamma_0 \cdot V_0$ kg/m³	Soll- Frisch- beton- gewicht kg/m³	Kornabstufung			Korn- größe mm
										Sieblinie bzw. Anteil von Sand : Kies	F-Modul nach Hummel		
1							2,635	1830	2340	F	105	
2				300			2,635	1830	2340	75 : 25	123	
3	300	210	0,70	3,12	694	1000	2,630	1825	2335	E	149	0—30
4				+ 210 = 306			2,620	1820	2330	45 : 55	174	
5							2,615	1815	2325	D	185	
Mittelwerte aus 1 bis 5							2,627[2]	1824[2]	2334	F—D	105—185	

[1] gewöhnlicher Portlandzement [2] Abweichung $\begin{smallmatrix}+3^0/_{00}\\-5^0/_{00}\end{smallmatrix}$

3. $Z = 300$; $\frac{W}{Z} = 0{,}5$ und Zuschlagstoff = 40% Sand + 60% Basalt.

$\gamma_{0,B} = 300 + 0{,}5 \cdot 300 + \left[1000 - \left(\frac{300}{3{,}12} + 150\right)\right] \cdot \frac{0{,}4 \cdot 2{,}64 + 0{,}6 \cdot 3{,}10}{0{,}4 + 0{,}6}$

$\gamma_{0,B} = 450 + 754 \cdot 2{,}916 = 450 + 2200 = \mathbf{2650\ kg/m^3}$.

Werden diese Soll-Frischbetongewichte nach der Verarbeitung festgestellt, dann liegt der Fall der vollkommenen Frischbetonverdichtung vor.

Das Körnungsproblem nur noch ein Problem der Verdichtungsarbeit

Es soll nun im Hinblick auf die vorliegende Problemstellung ein weiterer Schritt zu einigen grundlegend neuen Erkenntnissen in der Betontechnologie durch die Beantwortung der eingangs gestellten Frage getan werden:

Die in Zahlentafel 3 angegebenen Betonzusammensetzungen sind mit synthetisch aufbereiteten Kornzusammensetzungen gemischt und zur Feststellung ihrer Verdichtbarkeit in Würfelformen von 20 cm Kantenlänge verarbeitet worden.

Da das Soll-Frischbetongewicht bekannt ist, kann stets diejenige Frischbetonmenge durch Abwiegen aus der Gesamtmischung entnommen werden, die nötig ist, um z. B. die Form eines Würfels von 20 cm Kantenlänge restlos auszufüllen. Im vorliegenden Falle ist also das Gewicht von 8 Liter vollkommen verdichteten Frischbetons = 8 · 2,334 = 18,67 kg abzuwiegen. Es gilt nun, diese Menge völlig in die Würfelform hinein zu verarbeiten.

Die Frischbetonsteife der fünf Betonzusammensetzungen kann je nach der Kornzusammensetzung als flüssig, plastisch und erdfeucht bezeichnet werden.

Die Verarbeitung der flüssigen Betonmischungen geschah durch Stochern, womit die gewünschte Verdichtung erhalten wurde.

Die plastische Mischung Nr. 2 mit der sandreichen Körnung 75 : 25 konnte aber durch Stochern und Stampfen nicht auf das Soll-Frischbetongewicht gebracht werden.

Es blieb stets ein Restgewicht von $\Delta G = $ rd. 700 g je Würfel übrig, so daß der Hohlraum des Frischbetons $H = \left(\frac{\Delta G}{\gamma_0}\right) \cdot 100\% = \frac{700}{2{,}334} \cdot 100 = 3\%$ betrug. Bei Verdichtung der erdfeuchten Mischung Nr. 1 durch normengemäßes Stochern und Stampfen (nach DIN 1048, § 6) verblieb ein Restgewicht von rd. 1280 g, also ein Hohlraum $H = \frac{1280}{2{,}334} \cdot 100\% \sim 5{,}5\%$.

An fünf projektierten Betonmischungen werden die Frischbetoneigenschaften eindeutig gekennzeichnet, die Mischungen vollkommen verdichtet und einige Festbetoneigenschaften ermittelt.

Eine Steigerung der Verdichtungsmöglichkeit ist bekanntlich durch das Rüttelverfahren möglich[10]. Im vorliegenden Falle diente hierzu der Innenrüttler der Firma Losenhausenwerk „Vibromax I 500" mit 8000 Schwingungen pro Minute. Hierdurch konnte die endgültige Verdichtung der beiden Mischungen bis auf das Soll-Frischbetongewicht erreicht werden.

Die Verdichtung der beiden Mischungen wurde folgendermaßen vorgenommen: Das abgewogene Soll-Würfelgewicht wurde in dem Würfel (mit Aufsatzkasten) eingefüllt, der Innenrüttler bis ungefähr zum Würfelboden an zwei gegenüberliegenden Ecken oder an allen Ecken bei erdfeuchten Mischungen eingeführt. An den unteren Formenfugen war dabei ein geringer Zementleimaustritt festzustellen. Nach dem Herausziehen des Rüttlers schloß sich in allen Fällen die Betonmasse und die Oberfläche hatte z. T. ein glänzend feuchtes Aussehen. Die Rüttelzeit betrug bei Mischung Nr. 1 (Sieblinie F) 40 Sek., bei Nr. 2 (Sand : Kies = 78 : 25) 15 Sek. (s. Bild 7 und 8).

Sämtliche wissenswerten Daten über Betonkonsistenz und Gewichte sind aus Zahlentafel 4 zu ersehen.

Die tatsächlich erhaltenen Frischbetongewichte (G_{ist}) stimmen bei keiner Mischung genau mit dem Sollgewicht überein. Bei der erdfeuchten Betonmischung verblieb nach dem Einrütteln noch ein Hohlraum von 0,3%. Bei der plastischen Mischung mußte fast ebensoviel Beton hin-

---

[10] Graf-Kauffmann: Deutscher Ausschuß f. Eisenbeton, Heft 96 (1941).

zugegeben werden, damit der Würfelinhalt restlos gefüllt wurde. Und zwar steigert sich bei den flüssigen Betonen die Betonzugabe bis zu 1,1% des Würfelgewichtes. Bei den Mischungen Nr. 1 und 2 liegen die Gewichtsabweichungen innerhalb der Fehlergrenze der Würfelformmasse. Bei den flüssigen Betonmischungen sind außerdem geringe

Folge ($G = \gamma_0 \cdot V_0$), da sie gleiches spezifisches Gewicht (Roh- bzw. Reinwichte) besitzen, abgesehen von der geringfügigen Abweichung vom Mittelwert ($+3^0/_{00}$, $-5^0/_{00}$). Damit ist bei gleichem Raumgewicht auch der Hohlraum der Kiessande ganz verschiedener Kornzusammensetzungen gleich groß, und zwar von der Größe der Zementleimmenge.

Bild 7. Einrüttlung einer erdfeuchten Betonmischung

Bild 8. Eingerüttelte Betonmischung

und unvermeidliche Entmischungen bei der Entnahme usw. der Grund des zusätzlich erhaltenen Betongewichtes. Der mittlere Fehler liegt bei einem zusätzlichen Würfelgewicht von 0,5% (s. Zahlentafel 4).

An einem einfachen Experiment können vorstehende Ergebnisse ebenfalls nachgewiesen werden. Die abgewogene trockene Kiessandmenge verschiedener Kornzusammensetzungen (D bis F) für 10 Liter Frischbeton (Zahlentafel 1)

Zahlentafel 4.
Betonkonsistenz und Frischbetongewichte der fünf verschiedenen Betonmischungen bei gleichbleibendem $\frac{W}{Z} = 0{,}7$ und $Z = 300$ kg/m³

Lfd. Nr.	Sieblinie bzw. Anteil von Sand : Kies	Beton-konsistenz	Ver-arbeitungsart	Soll-Frischbetongewicht für		Ist-Frischbetongewicht im Würfel von 20 cm Kantenlänge G_{ist} kg	$\pm \Delta G$ = Unter- bzw. Übergewicht gegenüber G_{Soll} g	Hohlraum $\left(\frac{\Delta G}{G_{Soll}}\right) \cdot 100\%$ bzw. zusätzliches Betongewicht in %
				1000 Liter γ_0 Soll kg/m³	8 Liter G_{Soll} kg			
1	F	erdfeucht	40 Sek. eingerüttelt	2340	18,72	18,65	—70	—0,3
2	75 : 25	plastisch $g = 37$ cm	15 Sek. eingerüttelt	2340	18,72	18,75	+80	+0,4
3	E	flüssig $g = 60$ cm	gestochert	2335	18,68	18,80	+120	+0,7
4	45 : 55	flüssig $g = 68$ cm		2330	18,64	18,85	+210	+1,1
5	D	flüssig $g = 63$ cm		2325	18,60	18,80	+200	+1,1
1—5	F—D			2334	18,67	18,77	+100	rd. +0,5

All diese an und für sich geringfügigen Änderungen des Soll-Frischbetongewichtes konnten auf einfachste Art und Weise lediglich durch Beachtung des Restgewichtes (+ oder —) leicht festgestellt werden.

Die hiermit durchgeführte vollkommene Frischbetonverdichtung führt aber bereits zu einem wichtigen Ergebnis.

Bei gleichbleibender Zementleimmenge verbleibt nach der vollkommenen Frischbetonverdichtung notwendigerweise eine gleichgroßbleibende Zuschlagstoffmenge (V_0) in der Raumeinheit, wie dies die projektierten Betonmischungen fordern (Zahlentafel 1 und 2), und zwar bei ganz verschiedener Kornzusammensetzung der Zuschlagstoffe. Die gleichbleibende Zuschlagstoffmenge (V_0) der verschiedenen Betonmischungen — verschieden durch die Kornzusammensetzung — hat auch ein gleichgroßes Raumgewicht aller Zuschlagstoffkörnungen zur

wurde einmal lose in das 10-Liter-Normengefäß eingefüllt und dann fest bis zur Gewichtskonstanz eingerüttelt. Bei loser Einfüllung wird das Soll-Gewicht bei keiner Körnung erreicht im Gegensatz zur Körnung, die bis zur Gewichtskonstanz fest eingerüttelt wird mit Ausnahme der Körnung mit Sieblinie D, die bekanntlich eine sperrige Kornzusammensetzung ergibt. Entsprechend fallen auch die Hohlräume aus, so daß die des fest eingerüttelten Kiessandes gleich sind der Zementleimmenge, die sich aus der projektierten Betonmischung errechnet (s. hierzu Zahlentafel 5 und Bild 6).

Die Verdichtung der Zuschlagstoffmenge mit und ohne Zementleimmenge bis zum gleichen Raumgewicht und damit bis zu gleichen Hohlräumen bei ganz verschiedenen Kornzusammensetzungen führt zu der Erkenntnis, daß es unter den vielen möglichen Kornpackungen keine gibt, die

Zahlentafel 5.

Raumgewichte von trockenen Kiessanden mit verschiedener Körnung (D bis F)
und ihre Hohlraumbestimmung

Lfd. Nr.	Sieblinie bzw. Sand : Kies	F-Modul	γ_0 Kiessand = spez. Gewicht (Rohwichte) kg/m³	γ Kiessand Soll-Gewicht kg/m³	Am 10 Liter-Normengefäß ermitteltes Raumgewicht (γ)[1]		Fehlgewicht $\Delta G =$		Hohlraum im Kiessand $H = \left(\frac{\Delta G}{\gamma_0}\right) \cdot 100\%$		Absolutes[2] Kiessandvolumen + Zementleimvolumen in Liter und %
					lose eingefüllt γ_L kg/m³	fest eingerüttelt γ_g kg/m³	$\gamma_0 - \gamma_L$ g	$\gamma_0 - \gamma_g$ g	lose eingefüllt %	fest eingerüttelt %	
1	E	105	2635	1987	1825	1987	8100	6480	30,8	**24,6**	754 + 246
2	E	149	2630	1985	1928	1985	7020	6450	26,7	**24,6**	= 1000 Liter Frischbeton oder
3	50 : 50	167	2620	1976	1889	1976	7310	6440	28,0	**24,6**	
4	Fuller 45:55	174	2620	1976	1840	1974	7710	6460	29,5	**24,7**	75,4% + 24,6%
5	D	185	2615	1972	1776	1928	8390	6870	32,1	**26,3**	= 100% Frischbeton

[1] Die angegebenen Raumgewichte sind das Mittel aus drei Versuchen mit ganz geringen Abweichungen.
[2] Siehe Zahlentafel 1.

hinsichtlich ihrer Dichtigkeit gegenüber allen anderen zu bevorzugen wäre.

Alle vorangegangenen Frischbetonverdichtungen zeigen, daß in jedem Falle eine vollkommene Verdichtung möglich ist, wenn nur die hierzu nötige Verdichtungsenergie aufgebracht werden kann, wie dies im vorliegenden Falle naturgemäß vor allem für die erdfeuchten Mischungen nötig war. Hierbei haben alle Zuschlagstoffmengen gleiche Dichte

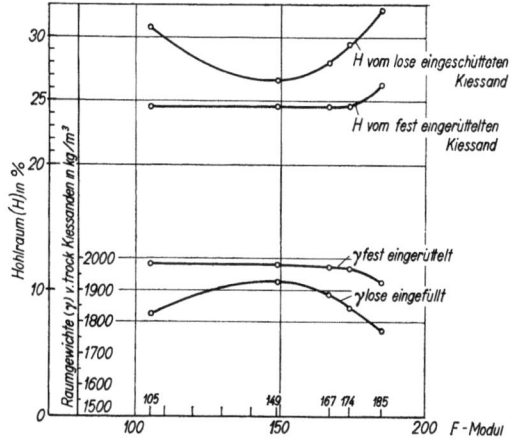

Bild 6. Raumgewichte von Haufwerken trockener Kiessande und ihre Hohlräume in Abhängigkeit vom F-Modul

erreicht — unabhängig von ihrer Kornzusammensetzung. Der Körnungseinfluß wirkt sich demnach nur in der ganz verschiedenen Konsistenz — flüssig — plastisch — erdfeucht — aus. Denn diejenige Kornzusammensetzung ist „besonders gut", die eine besonders gute Verarbeitbarkeit zuläßt, d. h. bei der mit einem Minimum an Verdichtungsenergie eine vollkommene Frischbetonverdichtung erzielt werden kann (s. hierzu Bild 4 und 5). Im Gegensatz hierzu läßt sich eine Betonmischung mit einer soeben „brauchbaren" Kornzusammensetzung gerade noch mit einem Maximum an Verdichtungsenergie vollkommen verdichten.

Es läßt sich also zusammenfassend sagen:

Die Einschachtelungstheorie, die angibt, daß eine günstigste Kornzusammensetzung zur dichtesten Packung führt, ist durch Vorstehendes widerlegt. Es gibt nur eine „besonders gute" Kornzusammensetzung hinsichtlich ihrer Willigkeit sich verdichten zu lassen[11].

In den vorliegenden Feststellungen wird also

[11] Hummel, A.: „Das Beton-ABC", 4. Auflage, S. 64 ff.

in dem Körnungsproblem nur ein Problem der Verdichtungsarbeit gesehen.

Unter welchen Gesichtspunkten wurde aber bisher das Körnungsproblem betrachtet? Das Prädikat „besonders gut" kommt in der bisherigen Auffassung in erster Linie der Betonfestigkeitseigenschaft zu. Denn „die Kornzusammensetzung der Zuschläge beeinflußt in hohem Grade die Güte des Betons" (s. § 7, 2b und § 29, 2 von DIN 1045). Nach den vorliegenden Erkenntnissen gilt dies weiterhin, wenn folgender Zusatz gemacht wird: „aber nur solange, als nicht vollkommen verdichtet wird". Hinsichtlich der Betonkonsistenz wurde bisher stillschweigend die Voraussetzung gemacht, daß für Betonmischungen mit den verschiedensten Körnungen der Wasseranspruch so gewählt werden soll, daß eine Verdichtung bei möglichst gleicher Verdichtungsenergie erfolgen kann. Dies hat zwangsläufig zur Folge, daß die Festbetone mit „brauchbaren" Körnungen auch nur „brauchbare" Festigkeiten besitzen. Inwiefern aber in dem Körnungsproblem nur ein Problem der Verdichtungsarbeit gesehen werden kann, soll dadurch bewiesen werden, daß eine der Haupteigenschaften des Festbetons — nämlich seine Druckfestigkeit — durch die Verarbeitung ganz verschiedener Körnungen in sonst gleichbleibenden Betonmischungen im Gegensatz zur bisherigen Feststellung in keiner Weise beeinflußt wird.

Konstante Druckfestigkeit bei stets vollkommener Frischbetonverdichtung

Der Nachweis der praktisch gleichbleibenden Druckfestigkeiten ganz verschiedener Mischungen wird durch die Druckfestigkeitsangaben erbracht, die in den Zahlentafeln 6, 7 und 8 enthalten sind. Hierbei interessiert weniger die Größenordnung der Druckfestigkeiten, sondern die Größe ihrer Streuungen, die bisher beim Beton mehr oder weniger unvermeidlich sind. Die Streuungen der Einzelwerte einer Versuchsreihe von ihrem jeweiligen Mittelwert liegen bei maximal $^{+7\%}_{-6\%}$. Die Streuungen dieser Mittelwerte vom Gesamtmittelwert — der hier von besonderem Interesse ist — da der Gesamtmittelwert das Kriterium für den zu erbringenden Nachweis bedeutet — liegen bei maximal $^{+10\%}_{-13\%}$. Derartige Streuungen können im vorliegenden Falle als gering angesehen werden, da fast alle Versuchsreihen Grenzmischungen hinsichtlich Zementgehalts und Konsistenz sind. So sind z. B. Frischbetonmischungen entstanden, die gerade soeben noch verdichtungsfähig waren und wiederum solche, die gerade noch bei aller Vorsichtnahme infolge ihrer flüssigen Konsistenz ohne Entmischung verarbeitet werden konnten. Inwieweit die Schwankungen der Druckfestigkeitswerte ganz verschiedener Mischungen — verschieden lediglich durch die Kornzusammensetzung — weiterhin gesenkt werden können, bedarf noch einer weiteren Untersuchung.

Versuchs-Nr.	Sieblinie bzw. Sand : Kies	F-Modul
5	D 40 : 60	185
4	Fuller 45 : 55	174
3	E 60 : 40	149
2	75 : 25	123
1	F 80 : 20	105

Bild 9. Betongefüge der Mischungen Nr. 1 bis 5 (s. auch Zahlentafel 3 und 4)

Zementgehalt = 100 kg/m³: $\frac{w}{z}$ = 0,7 und Wb_7 = 116 kg/cm²,

Abweichung: $\frac{+12\%}{-10\%}$

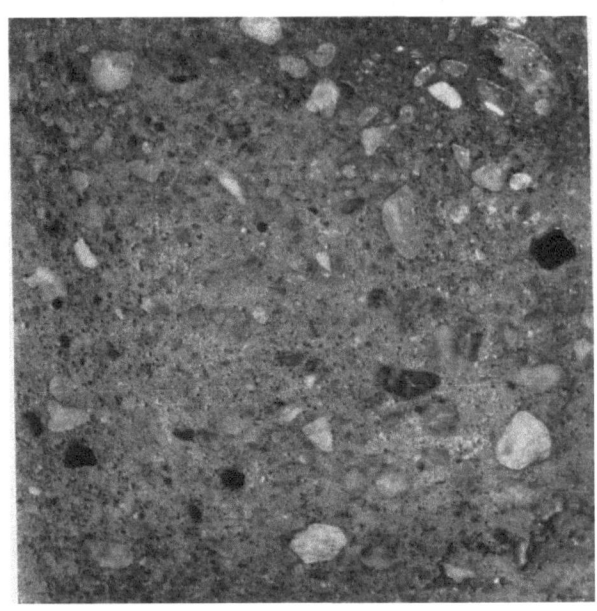

Nr. 1 F-Linie (80 : 20); F = 105

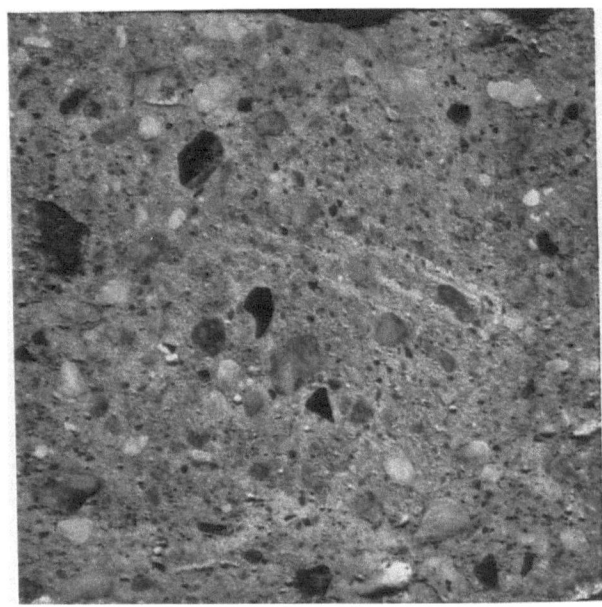

Nr. 2 75 : 25; F = 123

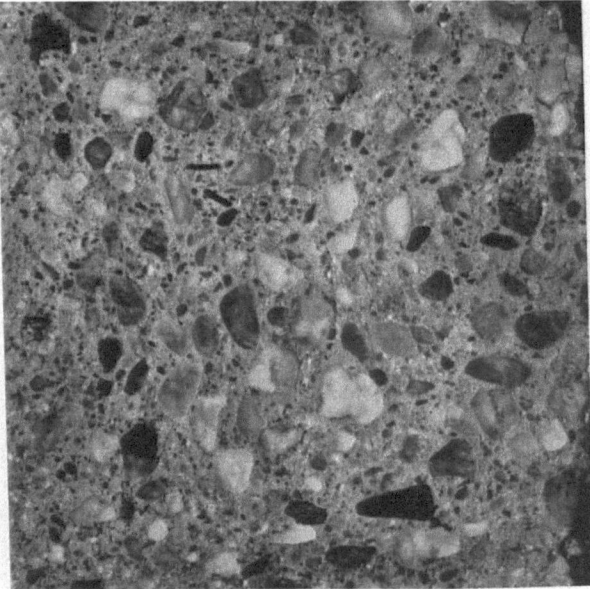

Nr. 3 E-Linie (60 : 40); F = 149

Bild 10a. Betongefüge der Mischungen Nr. 1, 2 und 3 (eingerüttelt und eingestochert von oben nach unten)

Es kann aber gesagt werden, daß Betonmischungen unter sonst gleichbleibenden Mischungsgrößen aber mit Zuschlagstoffen von ganz verschiedener Kornzusammensetzung, vollkommen verdichtet, praktisch gleichbleibende Druckfestigkeiten ergaben! Diese Feststellungen sind durch weitere Versuche zu erhärten.

Um ein anschauliches Bild von dem ganz verschiedenen Gefüge der Betonmischungen zu erhalten, sind Würfel der Betone Nr. 1—5 durchschnitten worden. Diese Schnittflächen sind in Bild 9 und 10 wiedergegeben. Zahlentafel 6 gibt weiteren Aufschluß über die Frisch- und Festbetoneigenschaften.

Die Erkenntnis, daß der Einfluß der verschiedenen Kornzusammensetzungen in Betonmischungen sich nur bei der aufzuwendenden Verdichtungsarbeit bemerkbar macht, die Festbetone dieser Mischungen aber gleichgroße Druckfestigkeiten aufweisen, diese Erkenntnis gilt es nunmehr praktisch auszuwerten und ihren Wirkungskreis voll und ganz auszudeuten.

Geht man auf die Gründe ein, die hier zu ganz bestimmten Mischungen geführt haben, so leiten diese zu den Ausdeutungen und Auswertungen zwangsläufig über.

Die Forderung, die an alle hier vorliegenden Betonmischungen gestellt wurde, war die, daß nur eine einzige Veränderliche — nämlich die Kornzusammensetzung — die Mischung beeinflussen sollte. Werden Mischungen mit einem Zementgehalt von 300 kg/m³ als Normalmischung angesehen und soll zugleich der Einfluß der Körnungen an extremen Fällen (Sieblinien D bis F) gezeigt werden, wobei die Forderung des vollkommen zu verdichtenden Betons einzuhalten war, so mußte bei Verwendung des vorliegenden Portlandzementes die Wahl auf den $\frac{W}{Z}$-Faktor $= 0,7$ fallen.

Mit diesen nunmehr eindeutig vorliegenden Mischungen wurden die verschiedensten Konsistenzen erzielt, aber damit auch die verschiedensten Anforderungen an die Verarbeitung bzw. an die Verdichtungsarbeit gestellt. Eine Erhöhung des $\frac{W}{Z}$-Faktors hätte für die Mischungen mit den sandarmen Kiessanden zu Entmischungen geführt; eine Erniedrigung des $\frac{W}{Z}$-Faktors hätte aber andererseits bei den sandreichen Mischungen eine so trockene Mischung ergeben, daß die zur Verfügung stehende Verdichtungsenergie zur völligen Verdichtung nicht ausgereicht hätte. Dieselben Betrachtungen gelten für die Mischungen mit 200 und 400 kg Zement je 1 m³ fertig verdichteten Betons.

Dabei ergibt sich durchweg, daß die sog. „besonders guten" Kornzusammensetzungen in einem fast durchweg flüssigen Konsistenzbereich liegen. Derartige Gußbetonmischungen haben aber praktisch kaum noch eine Bedeutung.

Wie läßt sich aber trotzdem die Erkenntnis, die aus den vorliegenden Untersuchungen gewonnen wurde, für die praktische Anwendung deuten?

Bei der Baustellenaufbereitung eines Schwerbetons sind die Forderungen meist auf ein Idealziel hin ausgerichtet, nämlich mit einer Mindestmenge an Zement und Wasser und mit einer „besonders guten" Kornzusammensetzung einen dichten und festen Beton herzustellen. Zur weiteren Fixierung soll von der Idealmischung weiterhin gefordert werden, daß die z. Z. auf der Baustelle vorliegende „besonders gute" Kornzusammensetzung mit einer Mindestmenge an Zement und mit soviel Wasser aufbereitet werden soll, daß ein Weichbeton entsteht. Bei vollkommener Verdichtung wird nach dem Erhärten ein Beton von bestimmter Festigkeit erhalten (s. Mischung Nr. 25 und 26 bzw. 30 und 31 der Zahlentafel 8). Diese Festigkeit soll beim weiteren Betonieren stets erzielt werden. Eine neue Zuschlagstofflieferung mit gleicher Mineralart, Größtkorn usw. habe sich aber dahin geändert, daß der Sandanteil größer geworden ist. Eine Verbesserung des Körnung sei aus irgendwelchen Gründen nicht möglich. Bei Beibehaltung aller Mischungsfaktoren (Zement, Wasser und Zuschlag-

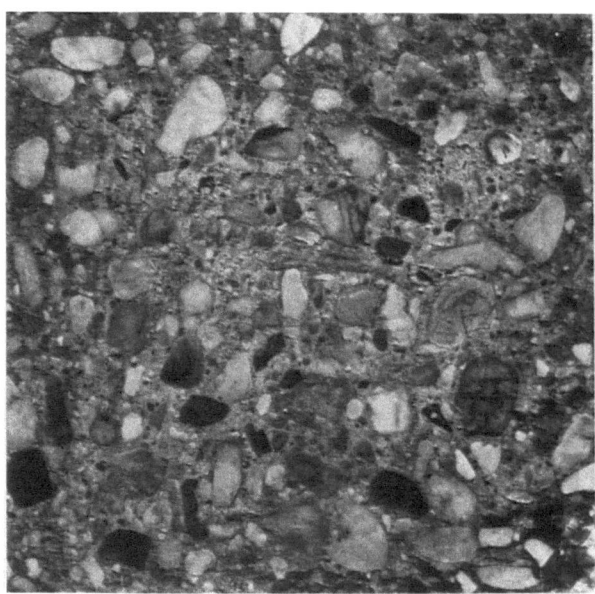

Nr. 4 Fuller-Linie (45 : 55); F = 174

Nr. 5 D-Linie (40 : 60); F = 185

Bild 10b. Betongefüge der Mischungen Nr. 4 und 5 (eingestochert von oben nach unten)

stoffmenge) verändert sich bei der Aufbereitung die Konsistenz. Die Mischung wird steifer. Zur vollkommenen Verdichtung oder m. a. W. zur Erreichung des Soll-Frischbetongewichtes reicht die anfängliche Verdichtungsenergie mit einer bestimmten Rüttelzeit nicht mehr aus. Die Einführung größerer Verdichtungsenergie in die Frischbetonmasse wird dadurch belohnt, daß die Festigkeit konstant bleibt. Denn bei stets restloser Frischbetonverdichtung besteht kein Körnungseinfluß derart, daß dieser eine Festigkeitsänderung zur Folge hat. Die Verdichtungsenergie sei wirtschaftlich gerade noch tragbar gewesen (s. Mischung Nr. 29 bzw. 32 der Zahlentafel 8).

Eine weitere Zuschlagstofflieferung stelle sich aber als noch sandreicher heraus. Die Konsistenz ist bereits so, daß sich die Frischbetonmasse nach dem Rütteln nicht mehr schließt. Welche Maßnahmen sind nunmehr zu ergreifen, daß eine Mischung entsteht, die sich vollkommen und gut verdichten läßt und der Festbeton wieder dieselbe Festigkeit besitzt?

Es muß die Schmierfähigkeit des Betongemisches durch erhöhte Zugabe von Zementleim mit dem

Zahlentafel
Frischbeton- und Festbetoneigenschaften der Mischungen mit

Lfde. Nr. des Versuches	Zementgehalt kg/m³	$\frac{W}{Z}$	Zementleimmenge Liter	Zuschlagstoffmenge in Liter bzw. kg/m³	Soll-Frischbetongewicht	Ist-Frischbetongewicht Einzel kg/m³	Mittel kg/m³	Alter der Proben in Tagen
1	300	0,70	$\frac{300}{3,12} + \frac{210}{1,0}$ $= 96 + 210 = 306$	694 bzw. 1830	2340	2328 2334 2275	2330	7
2	300	0,70	306	694 bzw. 1830	2340	2338 2344 2348	2345	7
3	300	0,70	306	694 bzw. 1825	2335	2339 2331 2328	2335	7
4	300	0,70	306	694 bzw. 1820	2330	2342 2330 2336	2335	7
5	300	0,70	306	694 bzw. 1815	2325	2329 2331 2334	2330	7
1—5	300	0,70	306	694 bzw. 1824	2334	—	2335	7

gleichen Wasserzementfaktor erfolgen. Das Mehr an Zementleim kann so viel betragen, daß die anfängliche Konsistenz wieder erreicht wird. Aber auch hier wird die obere Grenze durch die Wirtschaftlichkeit geboten werden (s. Mischungen Nr. 27 und 28 bzw. 33 und 34 der Zahlentafel 8).

Weshalb müssen nun diese Betonmischungen, die einen erhöhten Zementgehalt und eine andere Körnung als die vorhergehenden Mischungen aufweisen, dieselbe Festigkeit besitzen?

1. Weil bei Beibehaltung des $\frac{W}{Z}$-Faktors das $\frac{W}{Z}$-Faktor-Festigkeitsgesetz von Abrams Gültigkeit besitzt.

2. Weil die Mischungen mit dem sandreichen Zuschlagstoff vollkommen verdichtet worden sind, wodurch der Körnungseinfluß hinsichtlich der Festigkeit ausgeschaltet ist.

Drei Versuchsreihen der vorstehend beschriebenen Art wurden durchgeführt. Die Frisch- und Festbetoneigenschaften all dieser Mischungen sind in Zahlentafel 8 angegeben. Die Streuungen der Mittelwerte der jeweiligen Versuchsreihe um den Gesamtmittelwert betragen höchstens $^{+13\%}_{-11\%}$. Hiermit ist das Kriterium „konstante Druckfestigkeit" erfüllt.

Aus all den vorstehenden Untersuchungen und den hieraus gezogenen Folgerungen kann nunmehr folgende wichtige Schlußfolgerung gezogen werden:

Das $\frac{W}{Z}$-Faktor-Festigkeitsgesetz von Abrams, das bisher nur für eine bestimmte Konsistenz Gültigkeit hatte, erweitert sich auch für Mischungen mit ganz verschiedenen Konsistenzen; hierbei muß allerdings die Voraussetzung des vollkommen verdichteten Frischbetons stets erfüllt sein. Damit wird aber der Rahmen gesprengt, in dem sich die Körnungsvorschriften mehr oder weniger festgelegt haben (s. z. B. DIN 1045, § 7, 26 und § 29, 2 u. a.:

„Die Zuschlagstoffe müssen getrennt nach den Körnungen 0 bis 7 mm und über 7 mm angeliefert und in geeignetem Verhältnis beim Mischen zugegeben werden.

Die vom Betonierbetrieb als Zwangsjacke empfundene „Einhaltung eines bestimmten Sieblinienbereiches" kann fallen, sobald eine Körnungsverbesserung aus irgendwelchen Gründen nicht möglich ist. Denn die stets vollkommene Verdichtung unter gleichzeitiger strikter Einhaltung des einmal gewählten $\frac{W}{Z}$-Faktors gestattet ein Ausweichen und Abweichen von dem geforderten Sieblinienbereich, ohne daß dabei die Forderung „konstante Druckfestigkeit" gefährdet wird, wobei es nunmehr völlig belanglos ist, welche Betonkonsistenz durch die gerade vorliegende Kornabstufung entsteht.

Die Beseitigung des Körnungseinflusses bei ganz verschiedenen Konsistenzen wirkt sich praktisch meist in einem Mehraufwand an Zement aus, da nur eine Erhöhung des Zementleimes eine Erhöhung der Schmierfähigkeit des Gesamtgemisches zur Folge hat oder die Beseitigung erfolgt durch erhöhte Verdichtungsenergie je Raumeinheit oder durch beide Maßnahmen zusammen. Die strikte Festhaltung an eine bestimmte Festigkeit des Betons wird also u. U. die Wirtschaftlichkeit der Mischung mehr oder weniger in den Hintergrund treten lassen müssen — und zwar dann, wenn keine Möglichkeit der Konsistenzverbesserung durch Änderung des Körnungsaufbaues besteht oder keine Körnungsverbesserung beabsichtigt ist, da diese sonst notwendig gewordene Maßnahme durch erhöhte Verdichtungsenergie wieder wettgemacht werden kann.

Mit den in Bild 9 und 10 wiedergegebenen Schnittstücken wurde ein Versuch auf Wasserundurchlässigkeit und den Reststücken auf Wasseraufnahmefähigkeit durchgeführt. Bis zu 3 atü Wasserdruck verhielten sich alle Betone dicht, bis auf die Mischung mit Körnung D, die mattfeuchte Stellen zeigte. Bei 7 atü Wasserdruck war lediglich die Mischung mit der E-Körnung bei einer Eindringtiefe von rd. 10 cm dicht, die mit dem F-Modul = 123

tafel 6

$Z = 300$ kg/m³ und $\dfrac{W}{Z} = 0{,}7$ bei verschiedener Körnung (D bis F)

Raumgewicht am Prüfungstag		Festbetoneigenschaften Würfelfestigkeit in kg/cm²			Kornabstufung		Konsistenz	Verdichtungsart bzw. Verdichtungsgröße
Einzel kg/m³	Mittel kg/m³	Einzel Wert	Mittel	Abweichung in %	Sieblinie bzw. Anteil von S:K	F-Modul		
2265 2295 2275	2280	125 114 121	120	±5	F	105	erdfeucht	eingerüttelt 40 Sek.
2327 2315 2350	2330	135 128 128	130	+4 −2	75 : 25	123	plastisch g = 37 cm	eingerüttelt 15 Sek.
2310 2314 2395	2305	118 114 111	114	±3	E	149	flüssig g = 60 cm	gestochert
2306 2285 2305	2300	111 108 114	111	±3	45 : 55 (Fuller)	174	flüssig g = 68 cm	gestochert
2285 2303 2298	2295	101 104 108	104	+4 −3	D	185	flüssig g = 63 cm	gestochert
—	2302	—	116	+12 −10	F—D	105—185	erdfeucht bis flüssig	eingerüttelt und eingestochert

(S : K = 75 : 25) wies z. T. Tropfenbildung auf. Alle anderen Mischungen mit D-, F- und Fuller-Körnung ließen 4, 6 und 10 cm³ Wasser durch. Es gilt, diese so wichtigen Untersuchungen fortzusetzen.

Eine vorläufige Untersuchung auf Wasseraufnahmefähigkeit ergab, daß die Abweichung der Einzelwerte vom Gesamtmittelwert $^{+8\%}_{-5\%}$ betrug. Die absolute Höhe lag bei 6,60 %. Aus Zahlentafel 9 sind die Einzelwerte zu ersehen.

Zahlentafel 9.

Wasseraufnahme der Festbetone mit verschiedener Körnung, $\dfrac{W}{Z} = 0{,}7$ und $Z = 300$ kg/m³

Körnung mit Sieblinie bzw. S : K =					Mittelwert	Abweichung vom Mittelwert
F	75 : 25	E	Fuller	D		
Wasseraufnahme in Gew.-%						
7,1 %	6,9 %	7,0 %	6,4 %	6,3 %	6,6 %	+8 % −5 %

Weitere Prüfungen sind auf so wichtige Untersuchungen auszudehnen, wie Biegezugfestigkeit, Dichtigkeit im Festbeton, Frostbeständigkeit, Schwinden und Quellen, Elastizität und Kriechen. Die Ansätze und derzeitigen Ergebnisse hierüber eröffnen hoffnungsvolle Perspektiven.

Zusammenfassung

Die grundlegenden Erkenntnisse, die bei vollkommener Frischbetonverdichtung bei den Festbetoneigenschaften gefunden wurden, wenn allein die Kornzusammensetzung der Zuschlagstoffe die veränderliche Größe ist, sind folgende:

1. Zuschlagstoffe, deren absolute Raummengen mit Zementleim zusammen 1 m³ dichten Frischbeton ergeben, aber von ganz verschiedener Kornzusammensetzung sind, lassen sich unter sonst gleichen Verhältnissen völlig gleich verdichten, sofern nur die hierfür nötige Verdichtungsarbeit aufgebracht wird. Sie besitzen also gleiche Hohlräume und zwar von solcher Größe als die Zementleimmenge je Raumeinheit groß ist.

2. Betonmischungen, die unter sonst gleichbleibenden Verhältnissen mit einer bestimmten Zementleim- und Zuschlagstoffmenge je Raumeinheit, aber mit ganz verschiedener Kornzusammensetzung vollkommen verdichtet werden, haben als Festbeton praktisch gleiche Druckfestigkeiten. Damit besteht — im Gegensatz zu den bisherigen Feststellungen — kein direkter Körnungseinfluß mehr auf die Betondruckfestigkeit. Ein Körnungseinfluß besteht nur bei nicht restloser und ungleichmäßiger Verdichtung.

3. Die zwangsläufige Folgerung aus der soeben gemachten Feststellung ist die, daß das Körnungsproblem nur noch ein Verdichtungsproblem ist. Eine günstigste Kornzusammensetzung, die zur dichtesten Packung führt, gibt es nicht; wohl aber eine „besonders gute„ Kornzusammensetzung hinsichtlich der Verarbeitbarkeit. Eine Betonmischung mit guter Körnung wird zugleich auch die wirtschaftlichste sein, da sie mit einem Minimum an Verdichtungsarbeit vollkommen verdichtet werden kann.

4. Wird von der Betonkonsistenz gefordert, daß sie eine möglichst gleichbleibende Größe im Hinblick auf die zur Verfügung stehende Verdichtungsenergie sein soll, dann muß die Zementleimmenge bei Verwendung ganz verschiedener Kornzusammensetzung zur Einhaltung der gewünschten Konsistenz entsprechend geändert werden, wobei stets derselbe $\dfrac{W}{Z}$-Faktor einzuhalten ist und die Zuschlagstoffmenge der Zementleimänderung entsprechend zu erhöhen oder zu erniedrigen ist[12]. Die nunmehr mögliche vollkommene Frischbetonverdichtung ergibt als Festbetoneigenschaft eine praktisch gleichgroß bleibende Druckfestigkeit. Damit erweitert sich das $\dfrac{W}{Z}$-Faktor-Festigkeitsgesetz von Abrams — das bisher nur für eine bestimmte Konsistenz Gültigkeit besaß — auf den Bereich ganz beliebiger Konsistenzen.

Stehen aber ganz verschiedene Verdichtungsenergien zur Verfügung, dann bedarf es bei veränderlicher Kornzusammensetzung und bei Einhaltung der

---

[12] Siehe hierzu Soll-Frischbetongewichtsbestimmung, S. 40.

Zahlen-
Frischbeton- und Festbetoneigen-

Lfd. Nr. des Ver- suches	Frischbetoneigenschaften							Festbeton-		
	Zement- gehalt kg/m³	$\frac{W}{Z}$	Zementleim- menge Liter	Zuschlag- stoffmenge Liter	Soll- Frischbeton- gewicht kg/m³	Ist-Frischbeton- gewicht		Alter der Proben in Tagen	Raumgewicht am Prüfungstag	
						Einzel kg/m³	Mittel kg/m³		Einzel kg/m³	Mittel kg/m³
6	300	0,60	$\frac{300}{3,12}+180$ $=275$	725	1910	2390	2380	39	2320	—
7					1905	2385	2390		2306	—
8					1905	2385	2375		2320	—
9					1900	2380	2380		2315	—
10					1895	2375	2375		2335	—
6—10	**300**	**0,60**	275	725	—	**2385**	—	**2380**	39	—	2320
11	300	0,68	299	701	1845	2350	2315	7	2300	—
12					1845	2350	2345		2320	—
11—12	**300**	**0,68**	299	701	1845	**2350**	—	**2330**	7	—	2310
13	200	0,97	257	743	1960	2355	2310 2310	2310	7	2295 2290	2295
14					1955	2350	2350 2350	2350		2306 2313	2310
15					1945	2340	2350 2350	2350		2330 2340	2335
16					1960	2355	2315 2310 2320	2315	28	2240 2225 2240	2235
17					1955	2350	2350 2345 2350 2350 2355	2350		2255 2325 2350 2320	2280
18					1945	2340	2350 2350 2350	2350		2280 2320	2305
13—15	**200**	**0,97**	257	743	1950	**2345**	—	**2340**	7	—	2313
16—18									28	—	2273
19	400	0,54	341	659		2350	2350		7	2325	—
20						2350	2360			2350	—
21						2350	2350			2350	—
22						2350	2350 2325 2345 2350	2340	28	2312 2281 2281 2310	2290
23					1735	2350	2350 2350 2350 2360	2350		2310 2310 2310 2310	2310
24						2350	2355 2360	2360		2330 2320	2320
19—21	**400**	**0,54**	341	659	1735	**2350**	—	**2355**	7	—	2340
22—24							—	**2350**	28	—	2305

Forderung einer gleichbleibenden Druckfestigkeit u. U. keiner oder nur einer geringen Änderung der Zementleimmenge.

In beiden Fällen — konstante oder veränderliche Verdichtungsenergie — findet die Anwendung beliebiger Körnungen ihre Grenzen lediglich in ihrer Wirtschaftlichkeit. Es gilt, diese Grenzen zu erfassen.

Die gewonnenen Erkenntnisse führen dazu, sie auf die im Heißeinbau vollkommen verdichteten oder auf die unter dem Verkehr komprimierten kalteingebauten Schwarzdecken anzuwenden. Demnach wäre der Körnungseinfluß auch hier nur ein Verdichtungsproblem.

Die vorliegenden Ergebnisse drängen schließlich dazu, die für die Betonaufbereitung und Verarbeitung so wichtigen Zusammenhänge in einer übersichtlichen Form zur Darstellung zu bringen; Zusammenhänge, wie sie zwischen den drei Betonkomponenten Zement, Wasser und Zuschlagstoff bestehen, zwischen Zementleimmenge und Zuschlagstoffmenge sowie die Beziehung des so wichtigen $\frac{W}{Z}$-Faktors

tafel 7
schaften der Versuche Nr. 6 bis 24

eigenschaften					Körnungseinfluß	
Würfelfestigkeit in kg/cm²		Abwei- chung %	Kornabstufung		Konsistenz	Verdichtungsart und Größe
Einzel Wert kg/cm²	Mittel		Sieblinie bzw. Anteil von S:K in Gew.-%	F-Modul		
212	—		F	105	erdfeucht	52 Sek. eingerüttelt
216	—		E	149	plastisch	11 ,, ,,
212	—		50 : 50	161	,,	gestochert
229	—		45 : 50	174	,,	,,
212	—		D	185	flüssig	,,
—	215	+7 −1	F—D	105—185	erdfeucht bis flüssig	eingerüttelt bis gestochert
192	—		F	105	erdfeucht	32 Sek.
182	—		E	149	flüssig; g = 55 cm	eingerüttelt bis gestochert
—	187	±3	F—E	105—149	erdfeucht bis flüssig	eingerüttelt bis gestochert
45 39 45	42	±7	105	F	erdfeucht	65 Sek. eingerüttelt
52 55 51	49 53	±7 ±4	E D	149 185	plastisch; g = 50 cm flüssig; g = 58 cm	gestochert ,,
104 101 98	101	±3	F	105		
121 111 125	119	±7	E	149	wie Nr. 13—15	wie Nr. 13—15
121 118 132	124	±6	D	185		
—	48	±10	F—D	105—185	erdfeucht bis flüssig	eingerüttelt bis gestochert
—	115	+8 −12				
232	—		F	105	erdfeucht	45 Sek. eingerüttelt
236	—		E	149	flüssig; g = 61 cm	gestochert
192	—		D	185	flüssig; g = 65 cm	,,
382 349 356	362	+7 −4	F	105		
369 362 369	367	+1 −2	E	149	wie Nr. 19—21	wie Nr. 19—21
300 293 300	298	+1 −2	D	185		
—	218	+9 −8	F—D	105—185	erdfeucht bis flüssig	eingerüttelt bis gestochert
—	343	+7 −13				

zu allen diesen Größen. Hierüber wird demnächst eingehend berichtet werden.

Der Grundgedanke der vorliegenden Arbeit basiert nicht auf irgendeiner Hypothese, sondern auf der konsequenten Anwendung einer physikalischen Größe, der des spezifischen Gewichtes, und zwar der drei Betonkomponenten, wodurch es möglich ist, diese Größen eindeutig zu kennzeichnen. Außerdem führt die Materialaufbereitung mit diesen Größen und ihre völlige Verarbeitung stets zu einem gewünschten Idealzustand, nämlich zu einem in der Raumeinheit vollkommen verdichteten Frischbeton. Die Deutung der Festbetoneigenschaften solcher Betone führte zu einer einfachen und zugleich weitgehenden Klärung des Körnungs- und Festigkeitsproblems.

Zahlentafel 8. Frischbeton- und Festbeton-

Lfd. Nr. des Versuches	Zementgehalt kg/m³	$\frac{W}{Z}$	Frischbetoneigenschaften			Soll-Frischbetongewicht kg/m³	Ist-Frischbetongewicht		Alter der Proben in Tagen	Festbeton-Raumgewicht am Prüfungstag	
			Zementleimmenge Liter	Zuschlagstoffmenge			Einzel kg/m³	Mittel kg/m³		Einzel kg/m³	Mittel kg/m³
				Liter	kg/m³						
25	300		246	754	1976	2426	2480 2475 2475	2475	7	2465 2455 2450	2460
26	300		246	754	1985	2435	2485 2470 2480	2480	7	2465 2455 2460	2460
27	400	0,50	338	662	1770	2370	2370 2410 2410	2400	7	2370 2380 2390	2380
28	375		308	692	1823	2385	2400 2400 2400	2400	7	2375 2390 2390	2385
29	300		246	754	1985	2435	2435 2435 2435	2435	7	2430 2430 2430	2430
25—29	300—400	0,50	—	—	—	2410	—	2450	7	—	2425
30	300		246	754	1976	2426	2460 2475 2480	2470		2430 2430 2430	2430
31	300		246	754	1985	2435	2485 2485 2485	2485		2440 2440 2440	2440
32	300	0,50	246	754	1985	2435	2435 2435 2435	2435	28	2410 2410 2410	2410
33	400		338	662	1770	2370	2410 2410 2410	2410		2360 2360 2360	2360
34	375		308	692	1823	2385	2400 2400 2400	2400		2355 2370 2350	2360
30—34	300—400	0,50	—	—	—	2410	—	2440	28	—	2400
35	300[1]		247	753	1980	2430	2445 2460 2460	2455	3	2430 2445 2445	2440
36	400[1]	0,50	329	671	1755	2355	2355 2360 2360	2360		2350 2345 2355	2350
35—36	300—400	0,50	—	—	—	2390	—	2410	3	—	2345
37	300[1]		247	753	1980	2430	2460 2460 2460	2460	7	2440 2440 2450	2440
38	400[1]	0,50	329	671	1755	2355	2360 2360 2360	2360		2350 2340 2340	2340
37—38	300—400	0,50	—	—	—	2390	—	2410	7	—	2390
39	300	0,55	261	739	1950	2415	2425 2435 2415	2425	21	2350 2360 2320	2340
40	300	0,55	261	739	1950	2415	2360 2360 2380	2370		2330 2320 2320	2320
39—40	300	0,55	—	—	—	2415	—	2400	21	—	2330

[1] Höherwertiger Portlandzement

eigenschaften der Versuche Nr. 25 bis 40

eigenschaften Würfelfestigkeit kg/cm² Einzel Wert kg/cm²	Mittel	Abweichung %	Kornabstufung Sieblinie bzw. Anteil von S:K in Gew.-%	F-Modul	Konsistenz	Verdichtungsart und Größe	
245 250 239	245	± 2	Fuller 45:55	174	plastisch g = 33 cm	27 Sek. 31 „ 30 „	29 Sek. eingerüttelt
289 281 284	285	± 2	D	185	plastisch g = 33 cm	39 Sek. 42 „ 50 „	44 Sek. eingerüttelt
244 256 254	251	+3 −1	75:25	123	erdfeucht	27 Sek. 37 „	32 Sek. eingerüttelt
242 245 238	242	± 2	75:25	123	erdfeucht	35 Sek. 33 „ 34 „	34 Sek. eingerüttelt
268 272 272	271	± 1	E	149	erdfeucht	56 Sek. 80 „ 77 „	70 Sek. eingerüttelt
—	259	+10 −7	D−75:25	185−123	plastisch bis erdfeucht	29 bis 70 Sek. eingerüttelt	
354 351 380	362	+5 −2	Fuller 45:55	174		34 Sek. 30 „ 30 „	31 Sek. eingerüttelt
422 421 408	417	± 2	D	185		34 Sek. 40 „ 39 „	37 Sek. eingerüttelt
468 458 450	459	± 2	E	149	wie lfd. Nr. 25—29	101 Sek. 93 „ 92 „	95 Sek. eingerüttelt
384 361 383	376	+2 −4	75:25	123		37 Sek. 40 „ 35 „	37 Sek. eingerüttelt
405 420 440	422	± 4	75:25	123		34 Sek. 39 „ 44 „	39 Sek. eingerüttelt
—	407	+13 −11	D−75:25	185−123	plastisch bis erdfeucht	31 bis 95 Sek. eingerüttelt	
400 385 412	399	± 4	E	149	erdfeucht plastisch	40 Sek. 51 „ 52 „	48 Sek. eingerüttelt
323 338 338	336	± 1	F	105	schwach plastisch	28 Sek. 24 „ 27 „	26 Sek. eingerüttelt
—	368	± 9	E−F	105−149	erdfeucht bis schwach plast.	26 bis 48 Sek. eingerüttelt	
485 493 488	489	± 2	E	149	erdfeucht plastisch	50 Sek. 52 „ 43 „	48 Sek. eingerüttelt
433 438 473	436	± 1	F	105	schwach plastisch	29 Sek. 28 „ 27 „	28 Sek. eingerüttelt
—	463	± 6	E−F	105−149	erdfeucht bis plastisch	28 bis 48 Sek. eingerüttelt	
280 263 253	265	+6 −5	D	185	erdfeucht	gestochert und gerüttelt 12 Sek. 13 „	12 Sek. eingerüttelt
257 260 268	262	± 2	75:25	123	erdfeucht	29 Sek. 31 „ 32 „	30 Sek. eingerüttelt
—	263	± 1	D−75:25	185−123	erdfeucht	12 bis 30 Sek. eingerüttelt	

VON DER BEZIEHUNG ZWISCHEN ZEMENTFESTIGKEIT UND BETONFESTIGKEIT [1]

Von Alfred Hummel und Hans Lenhard

A. Einleitung und Ziel der Versuche

Nach dem derzeitigen Stande der Forschung ist die Festigkeit des Betons bekanntlich von den folgenden Größen abhängig:

1. der Zementfestigkeit (Normenfestigkeit),
2. der Art und Kornzusammensetzung der Zuschlagstoffe,
3. den Kornformen und der Oberflächenbeschaffenheit der Zuschlagstoffe,
4. innerhalb gewisser Grenzen von der Eigenfestigkeit der Zuschlagstoffe,
5. dem Verhältnis von Zement zu Zuschlagstoffen (Trockenbeton-Mischungsverhältnis),
6. dem Verhältnis von Wasser zu Zement $\left(\frac{w}{z}\right)$,
7. der Art des Mischens,
8. der Betonsteife, soweit sie nicht bereits durch $\frac{w}{z}$ erfaßt ist,
9. der Verarbeitung und Verdichtung,
10. der Temperatur der Mischstoffe bzw. des Mischgutes,
11. der Nachbehandlung,
12. dem Erhärtungsalter,
13. der Versuchskörpergröße und Versuchskörpergestalt,
14. der Versuchsanordnung.

Die Beziehung zwischen der Betonfestigkeit und den aufgezählten Einflußgrößen ist quantitativ nur teilweise erfaßt. Eine vorläufige Zusammenfassung dieser Beziehungen findet sich in dem Buch „Das Beton-ABC" von A. Hummel, 5. Auflage, Kap. III und Kap. IV.

Die vorliegende Abhandlung befaßt sich vor allem mit dem Zusammenhang zwischen Zementfestigkeit und Betonfestigkeit, also mit dem ersten der vorgenannten Einflüsse.

Als Zementfestigkeit wurde bisher die Normenfestigkeit des erdfeucht verarbeiteten Zementmörtels aus 1 Gewtl. Zement und 3 Gewtl. einkörnigem Normensand mit 8 Gew.-% Anmachewasser (Wasser-Zement-Verhältnis = 0,32) angesprochen. Wenn sich im Schrifttum auch Nachweise für eine weitgehende Parallele zwischen der Druckfestigkeit dieses erdfeuchten Normenmörtels und der Druckfestigkeit des aus dem betreffenden Zement hergestellten Betons vorfinden [2,3], so liegt andererseits auch eine erhebliche Anzahl von Versuchswerten und Stimmen vor, nach denen diese Parallelität in gewissen Fällen ausbleibt. Die Ursache zu der mitunter fehlenden Parallelität oder Spiegelbildlichkeit zwischen der Festigkeit des erdfeuchten Normenmörtels und der Druckfestigkeit des Betons aus dem gleichen Zement ist hauptsächlich darin zu sehen, daß die Betonpraxis im allgemeinen mit wesentlich höheren Anmachewasserzusätzen bzw. Wasser-Zement-Verhältnissen arbeitet, als sie der erdfeuchte Normenmörtel anwendet und daß die verschiedenen Zemente mit zunehmendem Wasser-Zement-Verhältnis gleichzeitig verschieden stark an Festigkeit abnehmen [4], d. h. einen ganz verschiedenen Verdünnungsabfall [5] zeigen können.

Diese Erkenntnis führte vor einem Jahrzehnt zur Inangriffnahme eines neuen Zement-Prüf-Verfahrens, bei welchem der erdfeuchte Normenmörtel durch einen weichen Normenmörtel ersetzt wurde. Der neue weiche Normenmörtel konnte aber nicht einfach dadurch gewonnen werden, daß man den früheren erdfeuchten Mörtel lediglich mehr Wasser zusetzte. Dies war besonders deshalb unmöglich, weil die frühere Mischung aus Zement und einkörnigem Normensand eine ungenügende Wasserhaltung aufweist. Zur Erzielung einer hinreichenden Wasserhaltung des weichen Mörtels mußte der einkörnige Normensand durch Zusatz eines Feinsandes verbessert werden. Die Zusammensetzung des soeben genormten neuen Weichmörtels ist:

1	Gewtl.	Zement
1	,,	Normenfeinsand I
2	,,	Normengrobsand II
0,6	,,	Anmachewasser.

Dieser Mörtel berücksichtigt also ein Wasser-Zement-Verhältnis von 0,6, d. h. einen Durchschnittswert der Betonpraxis.

Die Entwicklung der Betontechnologie hat in den letzten Jahren allerdings eine Richtung genommen, die einen Teil der Einwände gegenüber dem alten Normenmörtel als überholt gelten läßt. Während in den früheren Jahren die weichen bis flüssigen Betone bevorzugt worden sind, bei welchen in der Tat relativ hohe Wasser-Zement-Verhältnisse die Regel waren, ist die neuere Zeit von den Übertreibungen hinsichtlich des Wasserzusatzes und damit der Wasser-Zement-Verhältnisse entschieden wieder abgerückt. Der zunehmende Einsatz von Rüttelgeräten in Verbindung mit höheren Zementgehalten führte rückläufig wieder zu Wasser-Zement-Verhältnissen beim Beton, die nicht viel höher liegen, als der frühere Wert für das Wasser-Zement-Verhältnis beim erdfeuchten Normenmörtel. In der Praxis des Rüttelbetons kommen bei fetteren Mischungen Wasser-Zement-Verhältnisse von 0,35 bis 0,38 durchaus vor.

Gleichwohl hat das neue Zement-Prüf-Verfahren Vorzüge gegenüber dem alten Verfahren, Vorzüge, die vor allem in der vereinfachten Geräteausrüstung und dem Austausch der unglücklichen Zugfestigkeitsprüfung gegen eine Biegezugfestigkeitsprüfung bestehen.

Die Praxis der zielsicheren Betonbildung hat naturgemäß ein lebhaftes Interesse an der Erfassung der Beziehung zwischen Betonfestigkeit und Zement-Normenfestigkeit nicht nur bezüglich des bisherigen erdfeuchten Normenmörtels, sondern auch des neuen Weichmörtels. Auch die Abweichungen von diesen Beziehungen sind zu wissen wichtig. Zu diesen Fragen wird im Nachstehenden ein Beitrag geliefert werden.

Zum gleichen Gegenstand sind während der Zeit der Durchführung der vorliegenden Untersuchungen eine Reihe von Abhandlungen erschienen, von denen wenigstens einige

---

[1] Bereits abgedruckt in Zement 1942, Heft 31/32 und 33/34. Die Arbeit wurde mit Mitteln der Deutschen Forschungsgemeinschaft begonnen; für die Unterstützung wird der Forschungsgemeinschaft bestens gedankt.

[2] Guttmann, A.: Guß-Beton und Normenfestigkeit Tonindustriezeitung 1928, S. 413—15.

[3] Grün, R. und G. Kunze: Die Festigkeiten von Beton mit verschiedenem Wasserzusatz. Zentralblatt der Bauverwaltung 1928, S. 41.

[4] Hummel, A.: Zur Kritik des Feinheitsmoduls. Zement 1931, S. 133.

[5] Hummel, A.: Das Beton-ABC. Verlag Tonindustrie 1942, 5. Aufl., Kap. III, Abschn. 6.

Zahlentafel 1. Daten über Zement, Frischmörtel und Frischbeton

Lfd. Nr.	Zement-Art	Spezifisches Gewicht s_z des Zementes	Mahlfeinheit des Zementes Rückstand auf dem Maschensieb		Erstarrungsbeginn | Ende in Stunden und Minuten		Frischgewicht des erdfeuchten Normenmörtels G_e kg/m³	$V_{\sigma_e}=\dfrac{Z}{s_z}+\dfrac{K}{s_k}+\dfrac{W}{1}$	Hohlraum im frischen erdfeuchten Mörtel $\left(\dfrac{1000-V_{\sigma_e}}{1000}\right)\cdot 100$ %	Frischgewicht des plastischen Normenmörtels G_p kg/m³	$V_{\sigma_p}=\dfrac{Z}{s_z}+\dfrac{K}{s_k}+\dfrac{W}{1}$	Frischgewicht kg/m³ des Betons vom Zementgehalt		$V_{\sigma_b}=\dfrac{Z}{s_z}+\dfrac{K}{s_k}+\dfrac{W}{1}$ bei Beton vom Zementgehalt		Hohlraum in % im Frischbeton mit Zementgehalt		28 Tage-Raumgewicht kg/m³ des Betons vom Zementgehalt	
			900	4900								300 kg	200 kg	300 kg	200 kg	300 kg	200 kg	300 kg	200 kg
1	2	3	4	5	6	7	8	9	10	11	12	13	14	15	16	17	18	19	20
1	HPZ	—	—	—	2.—	2.45	—	—	—	—	—	2360	2350	—	—	—	—	2340	2315
2	HPZ	3,117	1,2	12,5	4.30	5.30	2228	913	8,7	2280	1016	2360	2350	1000	990	0	1,0	2340	2320
3	HPZ	3,117	0,1	1,7	5.15	6.15	2225	911	8,9	2280	1016	2350	2360	996	994	0,4	0,6	2330	2310
4	HPZ	3,125	0,2	2,7	1.30	3.—	2231	913	8,7	2282	1016	2360	2350	1000	989	0	1,1	2350	2320
Viederh. HPZ		3,093	0,3	2,8	1.45	2.45	2234	915	8,5	2280	1017	2360	2360	1001	994	0	0,6	2330	2330
5	HPZ	3,141	0,1	0,8	3.15	4.30	2254	921	7,9	2295	1021	2380	2360	1008	993	—	0,7	2350	2310
6	HPZ	3,085	0,2	3,0	4.—	5.—	2237	918	8,2	2292	1022	2340	2330	993	982	0,7	1,8	2310	2300
7	HPZ	3,101	0,8	8,4	4.15	5.15	2231	914	8,6	2300	1025	2370	2340	1005	985	0	1,5	2350	2290
8	HPZ	3,085	0,2	7,6	3.—	4.—	2248	921	7,9	2355	1050	2360	2350	1002	990	0	1,0	2340	2320
Niederh. HPZ		3,093	0,2	7,6	3.—	4.—	2248	921	7,9	2315	1033	2360	2350	1001	990	0	1,0	2340	2320
9	HPZ	3,085	—	—	4.—	5.—	—	—	—	2275	1015	2360	2370	1002	998	0	0,2	2330	2330
10	HPZ	3,101	—	—	6.—	7.—	—	—	—	2290	1020	2390	2380	1014	1002	—	0	2350	2350
11	HPZ	3,093	—	—	2.30	3.15	—	—	—	2280	1017	2370	2350	1009	990	—	1,0	2340	2320
12	PZ	—	0,3	5,9[1]	3.15	4.—	2231[1]	—	—	—	—	—	—	—	—	—	—	2345	2320
13	PZ	3,175	2,3	17,5	7.30	8.45	2203	899	10,1	2280	1013	2360	2340	999	984	0,1	1,6	2330	2310
14	PZ	3,133	0,7	11,0	5.—	6.—	2222	908	9,2	2280	1015	2370	2360	1004	994	0	0,6	2340	2320
15	PZ	3,109	0,8	14,9	6.—	7.—	2186	896	10,4	2280	1016	2370	2350	1005	990	0	1,0	2340	2290
16	PZ	3,167	—	—	5.—	6.—	—	—	—	2280	1014	2340	2350	991	988	0,9	1,2	2330	2320
17	PZ	3,175	0,4	8,2	1.30	2.30	2242	914	8,6	2280	1013	2350	2350	994	988	0,6	1,2	2310	2290
18	PZ	3,158	0,3	9,1	4.30	5.30	2237	914	8,6	2292	1019	2360	2350	999	989	0,1	1,1	2330	2290
19	PZ	2,927	0,6	6,0	4.45	6.—	2220	920	8,0	2278	1025	2350	2370	1011	1002	—	0	2330	2330
Niederh. PZ		3,038	0,3	4,7	4.30	5.30	2222	913	8,7	2278	1020	2360	2350	1003	991	0	0,9	2350	2310
20	PZ	3,008	1,4	14,4	4.—	5.15	2211	911	8,9	2250	1007	2340	2330	996	983	0,4	1,7	2320	2280
21	PZ	3,085	0,2	7,6	3.—	4.—	2245	920	8,0	2312	1031	2380	2350	1010	990	—	1,0	2340	2290
22	PZ	3,038	0,6	7,0	3.—	4.15	2245	923	7,7	2292	1025	2370	2350	1007	991	—	0,9	2320	2300
23	PZ	3,085	—	—	4.15	5.15	—	—	—	2352	1050	2360	2350	1002	990	0	1,0	2330	2310
24	PZ	3,038	0,1	5,8	3.30	4.45	2231	918	8,2	2312	1034	2350	2330	998	982	0,2	1,8	2320	2290
25	PZ	3,200	—	—	5.30	6.30	—	—	—	2310	1029	2350	2350	993	988	0,7	1,2	2340	2300
26	PZ	3,077	0,1	6,8	3.30	4.30	2251	924	7,6	2362	1054	2360	2350	1002	990	0	1,0	2340	2310
27	PZ	3,069	0,2	7,8	4.30	5.30	2237	919	8,1	2330	1040	2370	2380	1006	1003	—	0	2380	2350
28	PZ	2,993	0,1	5,9	5.—	6.15	2248	927	7,3	2295	1029	2360	2340	1004	988	0	1,2	2350	2300
29	PZ	3,109	0,5	9,2	6.—	7.—	2222	916	8,4	2275	1014	2370	2350	1005	990	0	1,0	2350	2330
30	PZ	3,101	0,6	11,1	4.—	5.—	2231	914	8,6	2345	1045	2350	2350	996	990	0,4	1,0	2350	2300
31	PZ	3,133	1,2	11,9	5.45	6.45	2214	905	9,5	2275	1013	2360	2340	1000	985	0	1,5	2330	2290
32	PZ	3,117	0,2	7,9	3.30	4.30	2231	914	8,6	2290	1020	2350	2340	996	985	0,4	1,5	2320	2280
33	PZ	3,117	0,4	12,4	3.45	4.45	2231	914	8,6	2295	1022	2360	2340	1000	985	0	1,5	2340	2290
34	PZ	3,093	0,5	8,8	3.45	4.45	2217	909	9,1	2295	1023	2350	2340	997	986	0,3	1,4	2330	2290
35	PZ	3,093	0,3	7,9	4.30	5.30	2228	914	8,6	2345	1046	2360	2360	1001	994	0	0,6	2330	2310
36	PZ	3,117	0,7	9,7	4.30	5.15	2228	913	8,7	2275	1013	2360	2340	1000	985	0	1,5	2350	2320
37	PZ	3,101	0,5	10,1	4.—	4.45	2225	912	8,8	2278	1016	2350	2350	996	990	0,4	1,0	2340	2310
38	PZ	3,117	0,4	10,0	3.45	4.30	2200	900	10,0	2305	1027	2350	2350	996	990	0,4	1,0	2330	2320
39	PZ	3,117	0,4	7,3	4.—	5.15	2231	914	8,6	2310	1028	2360	2350	1000	990	0	1,0	2350	2310
40	EPZ	3,077	0,3	4,5	3.30	4.45	2231	916	8,4	2340	1044	2360	2360	1002	995	0	0,5	2360	2330
41	PZ	3,150	0,4	11,0	3.30	4.30	2225	909	9,1	2345	1043	2350	2350	995	989	0,5	1,1	2290	2320
42	EPZ	3,046	0,1	2,9	4.—	6.—	2254	926	7,4	2345	1048	2370	2360	1007	995	—	0,5	2340	2330
43	EPZ	3,069	0,1	2,2	4.—	5.30	2217	910	9,0	2330	1040	2370	2350	1006	990	—	1,0	2350	2310
44	PZ	3,141	0,3	8,2	3.30	4.30	2237	915	8,5	2325	1034	2370	2360	1004	993	0	0,7	2340	2320
45	HOZ	3,000	0,3	2,9	5.30	7.15	2220	915	8,5	2282	1022	2350	2330	1000	983	0	1,7	2350	2310
46	HOZ	2,970	0,1	2,1	4.15	5.30	2231	922	7,8	2275	1021	2360	2360	1005	997	0	0,3	2350	2340
47	PZ	3,069	0,2	8,6	3.15	4.45	2214	909	9,1	2315	1033	2360	2350	1002	990	0	1,0	2340	2320
48	HOZ	2,993	0,3	3,8	3.15	5.—	2228	919	8,1	2290	1026	2350	2340	1000	988	0	1,2	2350	2330
49	PZ	3,085	0,5	5,7	2.15	3.—	2231	915	8,5	2315	1032	2350	2340	997	986	0,3	1,4	2330	2310
50	PZ	3,054	0,5	7,9	2.45	3.45	2203	905	9,5	2292	1024	2350	2340	998	986	0,2	1,4	2310	2310
Mittel	—	3,090	—	7,5	—	—	2228	914	8,6	2300	1026	2360	2350	1001	990	0	1,0	2340	2310

[1] Von der Mittelbildung ausgehalten. Spez. Gewicht der Normensande 2,66. Spez. Gewicht des Kiessandes 2,63.

Zahlentafel 2. Zement- und Betonfestigkeiten

Lfd. Nr.	Zementart	Erdfeuchter Normenmörtel (gemischte Lagerung)						Plastischer Normenmörtel (gemischte und Wasserlagerung)				Beton mit 300 kg Zementgehalt		Beton mit 200 kg Zementgehalt	
		3 Tage		7 Tage		28 Tage		28 Tage-Festigkeit in kg/cm²				28 Tage-Festigkeit in kg/cm²			
		Druck $D_{e,g}$	Zug $Z_{e,g}$	Druck $D_{e,g}$	Zug $Z_{e,g}$	Druck $D_{e,g}$	Zug $Z_{e,g}$	Druck $D_{p,g}$	Druck $D_{p,w}$	Biegezug $B_{p,g}$	Biegezug $B_{p,w}$	Druck D_{300}	Biegezug B_{300}	Druck D_{200}	Biegezug B_{200}
1	HPZ	375	29,4	—	—	648	44,8	441	—	83,9	—	312	36,2	196	33,0
2	HPZ	399	30,8	445	30,2	617	42,7	480	369	84,6	66,6	364	37,1	220	32,5
3	HPZ	314	29,5	381	31,0	587	47,4	458	350	75,3	68,7	316	35,2	189	30,5
4	HPZ	573	35,5	649	35,0	745	51,2	585	551	84,9	76,3	321	46,0	210	36,3
Wiederh.	HPZ	(574)	(36,3)	(642)	(36,3)	(754)	(45,6)	(582)	(589)	(72,0)	(68,1)	(382)	(35,3)	(244)	(35,3)
5	HPZ	531	36,5	555	36,5	706	46,4	719	566	78,2	79,1	400	33,3	248	23,8
6	HPZ	339	29,3	418	30,8	569	48,3	437	397	88,9	64,3	302	38,6	219	35,2
7	HPZ	387	31,5	522	35,6	718	50,2	556	514	84,3	74,5	360	35,8	220	34,0
8	HPZ	368	34,9	422	34,3	655	53,6	460	438	77,8	78,6	262	39,3	183	31,1
Wiederh.	HPZ	(346)	(33,1)	(477)	(34,5)	(645)	(50,7)	(520)	(511)	(85,6)	(69,4)	(304)	(44,7)	(214)	(36,9)
9	HPZ	332	30,5	457	30,1	658	43,5	546	565	76,0	66,8	384	39,4	256	38,5
10	HPZ	346	22,4	230	30,4	555	38,1	472	461	82,8	66,4	327	37,2	230	31,2
11	HPZ	384	31,4	505	35,2	696	43,2	510	548	69,4	72,2	390	34,7	259	33,1
12	PZ	—	—	345	28,6	510	44,3	417	—	76,5	—	290	40,8	188	32,8
13	PZ	—	—	312	27,1	462	43,8	265	374	52,9	62,1	279	38,5	188	30,9
14	PZ	—	—	414	32,2	594	48,4	364	440	71,4	67,5	319	39,0	209	33,2
15	PZ	—	—	261	25,5	430	43,4	251	—	56,0	—	246	41,9	149	29,4
16	PZ	—	—	398	31,1	557	44,7	403	427	62,9	66,9	346	41,9	237	34,3
17	PZ	—	—	285	27,2	433	43,2	306	274	74,2	59,8	217	35,4	144	28,5
18	PZ	—	—	375	30,2	565	48,8	427	350	91,1	62,6	252	35,0	170	30,4
19	PZ	—	—	333	29,4	484	49,2	381	327	79,8	61,1	289	40,7	185	28,4
Wiederh.	PZ	—	—	(291)	(26,4)	(434)	(43,0)	(371)	(331)	(75,9)	(60,1)	(290)	(31,7)	(171)	(26,6)
20	PZ	—	—	343	30,4	493	46,2	338	371	67,6	64,5	248	39,2	146	27,5
21	PZ	—	—	353	30,6	554	48,1	404	351	76,5	59,4	259	35,3	145	30,5
22	PZ	—	—	346	29,3	530	49,2	446	384	85,0	57,6	267	33,5	141	25,3
23	PZ	—	—	460	35,2	648	49,2	613	584	79,4	71,5	329	33,8	179	31,4
24	PZ	—	—	305	27,2	505	48,1	414	330	68,7	59,2	235	30,5	135	25,1
25	PZ	—	—	277	27,8	432	44,4	355	338	71,9	62,5	241	33,9	137	23,2
26	PZ	—	—	347	26,2	532	49,0	365	390	73,4	60,5	316	33,3	163	25,4
27	PZ	—	—	316	28,2	575	45,8	425	433	73,9	61,2	304	30,4	180	25,0
28	PZ	—	—	294	25,8	452	47,7	324	313	71,7	53,8	270	34,6	112	22,4
29	PZ	—	—	408	29,9	564	47,0	419	448	78,5	61,2	338	34,6	212	30,1
30	PZ	—	—	414	31,3	577	49,0	462	450	73,8	64,6	335	40,4	185	36,5
31	PZ	—	—	327	29,2	524	45,5	398	427	71,3	67,9	277	37,2	149	28,3
32	PZ	—	—	341	27,0	538	48,2	406	353	79,3	58,5	244	39,6	149	26,4
33	PZ	—	—	414	32,0	589	52,8	481	476	90,1	66,4	338	43,5	179	31,8
34	PZ	—	—	376	28,9	547	43,8	377	420	70,5	64,2	335	34,6	168	27,8
35	PZ	—	—	334	28,1	532	44,7	356	458	60,2	66,8	295	34,6	166	26,9
36	PZ	—	—	406	36,3	588	46,6	446	393	77,6	73,7	345	42,1	216	32,7
37	PZ	—	—	408	33,9	594	46,3	408	400	65,7	63,8	299	40,8	175	27,9
38	PZ	—	—	440	32,3	646	45,8	504	542	74,9	73,9	331	40,4	217	30,8
39	PZ	—	—	377	31,8	592	44,1	425	459	72,0	69,4	292	41,4	194	29,5
40	EPZ	—	—	406	31,1	607	45,6	456	453	61,6	65,3	332	35,8	187	30,1
41	PZ	—	—	352	26,2	575	39,5	501	520	80,2	66,0	257	35,2	185	29,8
42	EPZ	—	—	504	34,8	696	50,4	480	450	66,2	60,5	312	43,7	230	38,3
43	EPZ	—	—	369	29,3	596	43,6	334	404	60,9	62,1	355	45,3	175	27,9
44	PZ	—	—	364	25,6	559	43,2	331	391	71,6	62,3	318	38,9	194	29,1
45	HOZ	—	—	371	36,2	546	43,3	403	331	71,8	69,6	299	29,8	163	16,8
46	HOZ	—	—	377	36,8	631	46,5	361	329	79,7	70,0	340	38,2	211	33,2
47	PZ	—	—	318	30,2	423	51,5	405	355	70,0	58,1	258	38,6	166	26,3
48	HOZ	—	—	375	37,3	636	45,4	429	465	62,4	67,0	339	35,9	193	27,0
49	PZ	—	—	303	26,3	470	44,3	366	348	67,0	60,0	268	32,9	184	30,0
50	PZ	—	—	375	32,4	514	45,8	351	323	57,0	64,8	260	42,3	173	31,8
Mittelwerte		395	31,1	382	30,8	569	46,3	425	416	73,6	65,5	308	37,5	186	29,8

Zahlentafel 3. Beobachtete Festigkeiten (Mittelwerte und Grenzwerte)

Normenmörtel bzw. Betonzusammensetzung	Lagerung	Alter in Tagen	Mittel- und Grenzwerte aus allen Zementen in kg/cm²			Mittel- und Grenzwerte aus					
						hochwertigen Zementen in kg/cm²			normalen Portlandzementen (einschl. EPZ u. HOZ) in kg/cm²		
			Zug	Druck	Biegezug	Zug	Druck	Biegezug	Zug	Druck	Biegezug
Erdfeuchter Normenmörtel	gemischt	7	25,5 **30,8** 37,3	230 **382** 649	—	30,1 **32,9** 36,5	230 **458** 649	—	25,5 **30,2** 37,3	261 **362** 504	—
	gemischt	28	38,1 **46,3** 53,6	423 **569** 745	—	38,1 **46,3** 53,6	555 **650** 745	—	39,5 **46,3** 52,8	423 **546** 696	—
Plastischer Normenmörtel	gemischt	28	—	251 **425** 719	52,9 **73,6** 91,1	—	437 **515** 719	69,4 **80,6** 88,9	—	251 **400** 613	52,9 **71,6** 91,1
	Wasser	28	—	274 **416** 584	53,8 **65,5** 79,1	—	350 **476** 566	64,3 **71,4** 79,1	—	274 **402** 584	53,8 **64,0** 73,7
Beton mit 300 kg Zement je m³ Beton	gemischt	28	—	217 **308** 400	29,8 **37,5** 46,0	—	262 **340** 400	33,3 **37,5** 46,0	—	217 **294** 355	29,8 **37,5** 45,3
Beton mit 200 kg Zement je m³ Beton	gemischt	28	—	112 **186** 259	16,8 **29,8** 38,5	—	183 **221** 259	23,8 **32,6** 38,5	—	112 **176** 237	16,8 **29,0** 38,3

Die fetten Zahlen sind die Mittelwerte, die übrigen Zahlen die oberen und unteren Grenzwerte.

genannt werden sollen[6],[7],[8],[9]. Diese Arbeiten sprechen sich im wesentlichen entschieden dafür aus, daß die neuen Zementnormen die Betonfestigkeit besser widerspiegeln als die alten Normen. Ein zahlenmäßiger Nachweis über die Verbesserung der Beziehungen ist bisher allerdings an keiner Stelle erbracht worden, weshalb in der vorliegenden Abhandlung besonders dieser Punkt berücksichtigt worden ist.

B. Umfang der Hauptversuche und Überblick über die Versuchsergebnisse

Mit 50 deutschen Normenzementen wurden systematische Zementuntersuchungen und Betonuntersuchungen angestellt in der Absicht, für die Beziehungen zwischen Zementfestigkeit und Betonfestigkeit genaue Unterlagen zu schaffen. Zur Vereinfachung der Verständigung wird zunächst ein Überblick über den Umfang der Versuche unter Einführung entsprechender Kurzbezeichnungen gegeben. Es wurden ermittelt:

a) am „erdfeuchten" (e) Normenmörtel bei gemischter Lagerung (g) nach 3 bzw. 7 und 28 Tagen
 1. die Druckfestigkeit, bezeichnet $D_{e,g}$.
 2. die Zugfestigkeit, bezeichnet $Z_{e,g}$.

b) am plastischen (p) Normenmörtel bei gemischter Lagerung (g) und bei Wasserlagerung (w) nach 28 Tagen

 3. die Druckfestigkeit, bezeichnet $D_{p,g}$ bzw. $D_{p,w}$.
 4. die Biegezugfestigkeit, bezeichnet $B_{p,g}$ bzw. $B_{p,w}$.

c) an Beton mit 300 und 200 kg Zement je m³ fertig verdichteten Betons
 5. die Druckfestigkeit, bezeichnet D_{300} bzw. D_{200}.
 6. die Biegezugfestigkeit, bezeichnet B_{300} bzw. B_{200}.

Die Zusammensetzung der erdfeuchten und plastischen Normenmörtel erfolgte nach den Zementnormen. Die Zusammensetzung des Betons geschah nach § 19 der früheren Zementnormen DIN 1164. Als Beton-Mischungsverhältnisse wurden gewählt:

 I. Zement : Kiessand : Wasser = 1 : 6,2 : 0,65 nach Gewicht entsprechend rd. 300 kg Zement/m³ fertig verdichteten Betons (Ausbreitmaß rd. 60 cm).

 II. Zement : Kiessand : Wasser = 1 : 10 : 0,88 nach Gewicht entsprechend rd. 200 kg Zement/m³ fertig verdichteten Betons (Ausbreitmaß rd. 45 cm).

Die Kornzusammensetzung des Kiessandes, der sorgfältig aus 6 Körnungen synthetisch zusammengesetzt worden ist, war:

 5 Gew-% Korn 0 — 0,2 mm
 15 ,, ,, 0,2— 1 ,,
 20 ,, ,, 1 — 3 ,,
 20 ,, ,, 3 — 7 ,,
 15 ,, ,, 7 —15 ,,
 25 ,, ,, 15 —30 ,,

Als Probekörper für den Beton wurden gewählt: Für den Druckversuch Würfel von 20 cm Kantenlänge, für den Biegezugversuch Balken von 70×15×10 cm. Die in DIN 1164 vorgesehenen Würfel von 10 cm Kantenlänge sind als viel zu lagerungsempfindlich bewußt übergangen worden.

---

[6] Haegermann, G.: Die Prüfung von Zement mit weich angemachtem Mörtel. Zement 1935, S. 259.
[7] Dyckerhoff, W.: Nachteile unserer heutigen Zementnormen. Zement, 1936, S. 374.
[8] Graf, O.: Die Auswahl der Straßenbauzemente und die Entwicklung der Zementprüfung von 1934 bis 1939. Verlag: Volk und Reich, Berlin 1930.
[9] Kronsbein, W.: Ein Beitrag zur Normenfestigkeitsprüfung der Zemente. Der Bauingenieur 1942, Heft 1/2, S. 6.

Zahlentafel 1 gibt zunächst Aufschluß über einige Daten für den Zement-Mörtel und den Frischbeton. Die Zahlentafel 2 gibt einen Überblick über die erzielten Festigkeitswerte der Zement- und Betonprüfungen.

Die Zahlentafel 3 gibt die Mittelwerte aus den gesamten Untersuchungen zunächst über alle Zemente hinweg, dann auch getrennt für die hochwertigen Zemente und die gewöhnlichen Normenzemente, unter denen die Port-

Das erlangte Zahlenmaterial soll nun in der Weise ausgedeutet werden, daß die Beziehungen zwischen den einzelnen Festigkeitsarten der Reihe nach verfolgt werden. Gleichzeitig sollen diese Beziehungen in Formeln eingefangen werden unter Ermittlung, mit welchen Abweichungen von den Formelwerten in der Praxis des Weichbetons zu rechnen ist. Dabei sollen nach Möglichkeit nicht nur bereits bekannte Formeln berücksichtigt, sondern auch

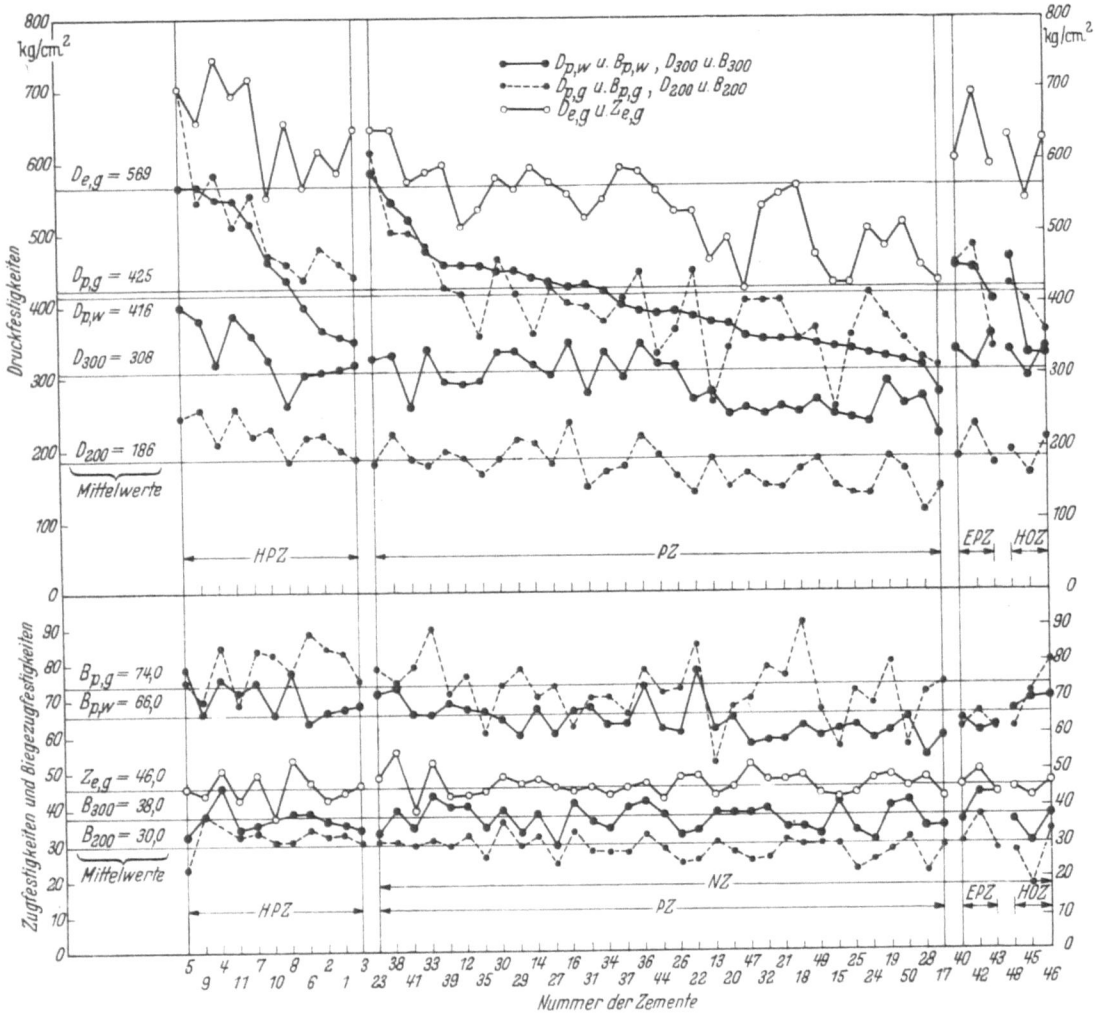

Bild 1

landzemente, Eisenportlandzemente und Hochofenzemente verstanden werden. In den Abbildungen sind die gewöhnlichen Portlandzemente, Eisenportlandzemente und Hochofenzemente kurz mit NZ bezeichnet worden.

Einen Überblick über die gesamten Ergebnisse vermittelt das Bild 1. Dort sind die ermittelten Festigkeitswerte an den Mörteln und Betonen aus den 50 verschiedenen Zementen geordnet nach fallender Druckfestigkeit des plastischen Mörtels bei 28 tägiger Wasserlagerung ($D_{p,w}$) und bei gleichzeitiger Trennung der vier Zementarten (hochwertiger Portlandzement, Portlandzement, Eisenportlandzement und Hochofenzement) aufgetragen. Das Bild läßt einen ähnlichen Festigkeitsabfall bei den Druckfestigkeitswerten $D_{e,g}$, D_p, sowie den Biegezugfestigkeiten ($B_{p,w}$) des wassergelagerten plastischen Mörtels erkennen. Zwischen den Druckfestigkeiten der beiden Betone vom Zementgehalt 300 kg und 200 kg untereinander, zwischen den Biegezugfestigkeiten dieser Betone untereinander und endlich zwischen Druckfestigkeit und Biegezugfestigkeit der beiden Betone besteht allgemein eine gute Parallelität.

neue Formelansätze versucht werden. Auch soll ein Versuch zur Klärung der Ursachen der Festigkeitsschwankungen

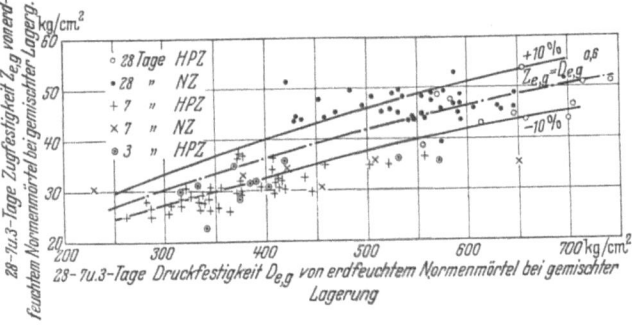

Bild 2

unternommen werden. Zu betonen bleibt, daß nur der weich verarbeitete Beton in den Kreis der Betrachtungen einbezogen wurde.

C. Beziehungen zwischen den Normenfestigkeiten der Zemente untereinander

Die Beziehungen sind in den Bildern 2 bis 6 wiedergegeben.

Bild 2 zeigt die Beziehung zwischen der Druckfestigkeit $D_{e,g}$ und der Zugfestigkeit $Z_{e,g}$ des erdfeuchten Normenmörtels bei gemischter Lagerung. Die Beziehung läßt sich in die Formel

$$Z_{e,g} = D_{e,g}^{0,6} \qquad (1)$$

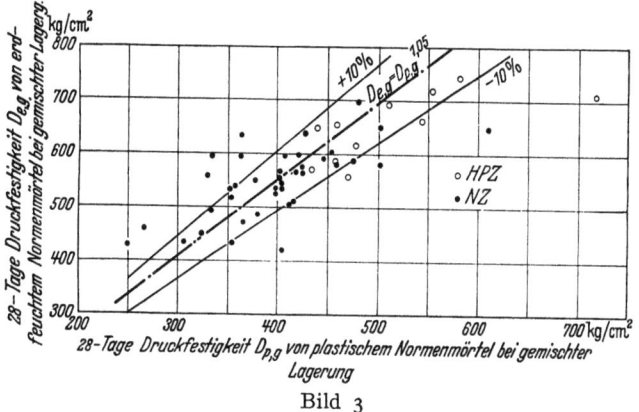

Bild 3

einfangen. Die Abweichungen von dieser Formel sind in Zahlentafel 4 Querspalte 1 angegeben und zwar für zwei Stufen der Abweichungen, nämlich für die Abweichungen $= \pm 10$ und $= \pm 20\%$.

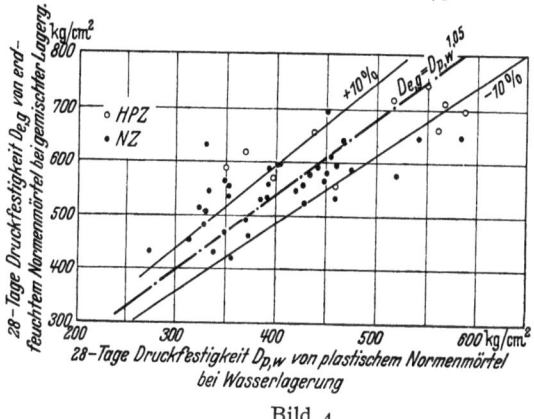

Bild 4

Bild 3 läßt die Beziehung zwischen der Druckfestigkeit $D_{p,g}$ des plastischen Normenmörtels und der Druckfestigkeit $D_{e,g}$ des erdfeuchten Normenmörtels jeweils bei 28 tägiger gemischter Lagerung erkennen. Im Mittel ist

$$D_{e,g} = D_{p,g}^{1,05}. \qquad (2)$$

Über die Abweichungen vergleiche Zahlentafel 4 Querspalte 2.

Bild 4 gibt die Beziehung zwischen der Druckfestigkeit $D_{p,w}$ des plastischen Mörtels bei Wasserlagerung und der Druckfestigkeit $D_{e,g}$ des erdfeuchten Mörtels bei gemischter Lagerung wieder. Auch diese Beziehung folgt der Gleichung

$$D_{e,g} = D_{p,w}^{1,05}. \qquad (3)$$

Über die Abweichungen vergleiche Zahlentafel 4 Querspalte 3.

Bild 5 kennzeichnet die Beziehung zwischen der 28 Tage-Druckfestigkeit $D_{p,g}$ und der 28 Tage-Biegezugfestigkeit $B_{p,g}$ des plastischen Normenmörtels jeweils bei gemischter Lagerung. Allgemein ist $B_{p,g} = D_{p,g}^x$, wobei die Potenz x zwischen 0,68 und 0,74 schwankt und im Mittel bei 0,71 liegt. Über die Abweichungen von der mittleren Beziehung

$$B_{p,g} = D_{p,g}^{0,71} \qquad (4)$$

vergleiche Zahlentafel 4 Querspalte 4.

Bild 6 gibt die Beziehung zwischen der Druckfestigkeit $D_{p,w}$ und der Biegezugfestigkeit $B_{p,w}$ des plastischen Normenmörtels wieder. Sie folgt im Mittel der Beziehung

$$B_{p,w} = D_{p,w}^{0,69} \qquad (5)$$

mit den in Zahlentafel 4 Querspalte 5 angegebenen Abweichungen.

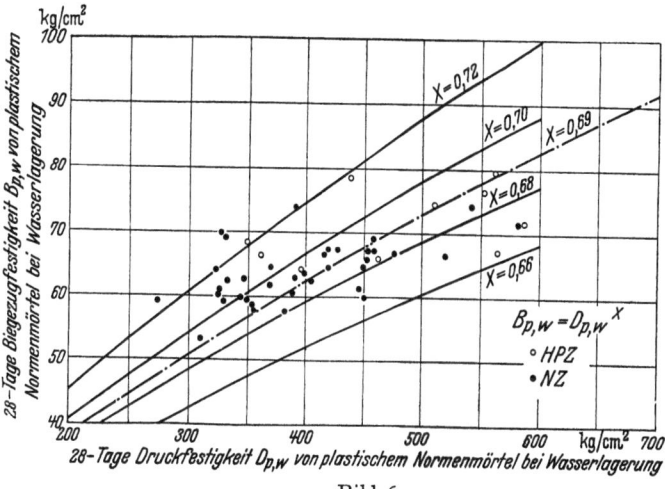

Bild 6

In der letzten Spalte der Zahlentafel 4 sind schließlich noch die Mittelwerte der betreffenden Abweichungen aus sämtlichen Formeln errechnet.

Von 100 Versuchswerten weichen also 56 bis 70 Werte weniger als $\pm 10\%$ von den nach den Formeln 1 bis 5 errechneten Sollwerten ab und 80 bis 98 Werte von 100 Werten zeigen Abweichungen kleiner als $\pm 20\%$ von den Sollwerten. Diese Abweichungen liegen zwar im Rahmen der bei der allgemeinen Zement- und Betonprüfung bekannten Grenzen. Gleichwohl muß interessieren, warum bei den genau festgelegten Prüfungsverfahren eine größere Übereinstimmung nicht zu erzielen ist. Zur Verfolgung dieser Frage wurden die beiden Normenmörtel, der erdfeuchte und der plastische Normenmörtel, im Sinne der neueren Beobachtungen über die vollkommene Frischmörtelverdichtung überprüft[10,11].

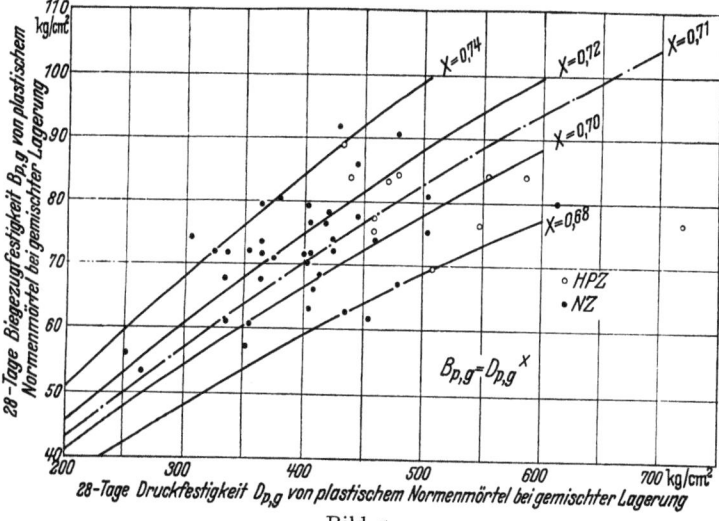

Bild 5

---

[10] Lenhard, H.: Zur Frage der praktischen Bedeutung der vollkommenen Frischbetonverdichtung. Zement 1942, Heft 11 bis 14.
[11] Hummel, A.: Die Bedeutung des Rüttelverfahrens für die Betontechnologie. Tonindustrie-Zeitung 1942, Heft 17/18.

Zahlentafel 4.
Beziehungen zwischen den Normenfestigkeiten der Zemente untereinander und Abweichungen von diesen Beziehungen

Spalten-Nr.	Formel			Anzahl der Werte, die unter 100 Rechenwerten $\geq \pm 10\%$ / $\geq \pm 20\%$ von den Versuchswerten (Istwerten) abweichen		Vgl. Bild
	Nr.	Verfasser	Gleichung			
1	1	Hummel	$Z_{e,g} = D_{e,g}^{0,6}$	70	94	2
2	2	,,	$D_{e,g} = D_{p,g}^{1,05}$	68	80	3
3	3	,,	$D_{e,g} = D_{p,w}^{1,05}$	58	94	4
4	4	,,	$B_{p,g} = D_{p,g}^{0,71}$	56	92	5
5	5	,,	$B_{p,w} = D_{p,w}^{0,69}$	68	98	6
		Mittel aus 1 bis 5		64	92	

Es wurde die Summe der hohlraumfreien Anteile an Zement, Sand und Wasser im verdichteten Frischmörtel errechnet nach der Gleichung

$$V_0 = \frac{Z}{s_z} + \frac{K}{s_k} + \frac{W}{1},$$

wobei Z, K und W die Baustoffmenge an Zement, Sand und Wasser je m³ verdichteten Mörtels darstellen und s_z und s_k die spezifischen Gewichte von Zement und Sand bedeuten. Die so errechneten Werte sind in Zahlentafel 1 Längsspalte 9 und 12 eingefügt worden.

Aus der Längsspalte 10 der Zahlentafel 1 geht hervor, daß der alte erdfeuchte Normenmörtel nach dem Einschlagen mit 150 Schlägen des Hammerapparates nicht nur weit entfernt von seiner vollkommenen Frischmörtelverdichtung ist, sondern daß auch der vorhandene Porenraum im verdichteten Frischmörtel zwischen 7,3 und 10,4% schwankt. In Bild 7 oben wurde der Porenraum im Frischmörtel in Abhängigkeit von der Mahlfeinheit des Zementes (Rückstand auf dem 4900 Maschensieb) aufgetragen. Dieses Bild zeigt, daß der Porenraum etwa linear mit zunehmender Grobmahlung des Zementes anwächst, daß also offenbar infolge der Viskositätsänderung des Zementleims der Mörtel mit zunehmender Grobmahlung „verdichtungsunwilliger" wird. Man ist berechtigt, hierin eine weitere Ursache für die teilweise nicht befriedigende Spiegelbildlichkeit zwischen der Festigkeit des erdfeuchten Normenmörtels und der Betonfestigkeit zu sehen.

Welche Rolle an sich der Hohlraum im frisch verdichteten Mörtel spielt, wurde in einer Mörteluntersuchung im Zusammenhang mit der Verfolgung der Frage der vollkommenen Frischmörtelverdichtung behandelt, deren Ergebnisse in Zahlentafel 5 zusammengestellt sind.

Bei dieser Untersuchung wurden Mörtel 1:3 nach Gewicht unter Verwendung von Sanden nach Sieblinie A und Sieblinie C, Bild 1, DIN 1045 bei Wasser-Zement-Verhältnissen von 0,30 und 0,36 verschieden stark verdichtet. Die Festigkeit sinkt erheblich mit zunehmendem Porengehalt im Frischbeton, wie es auch aus Bild 8 besonders deutlich wird. Hieraus wird u. a. verständlich, warum der alte Normenmörtel offenbar bei Zementen, die bei einem Wasser-Zement-Verhältnis von 0,32 extreme Zementleimviskosi-

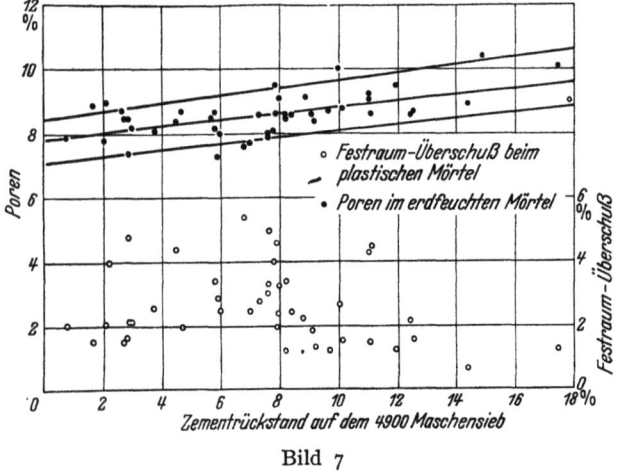

Bild 7

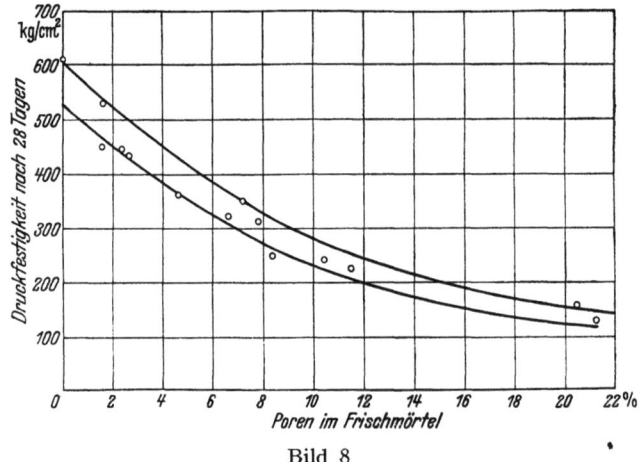

Bild 8

Zahlentafel 5. Einfluß der Verdichtungsarbeit auf die Mörtelfestigkeit

Verdichtungsart	Mörtelreihe	Sieblinie nach DIN 1045	w/z	Frischraumgewicht kg/dm³	Poren im Frischbeton %	Druckfestigkeit nach 28 Tagen kg/cm²
10 Hammerschläge . .	1	A	0,30	2,192	10,4	238
80 Hammerschläge . .				2,383	2,7	426
150 Hammerschläge . .				2,392	2,4	437
200 Hammerschläge . .				2,408	1,7	439
40 sec Rütteln +150 Hammerschläge .				2,451	0	606
10 Hammerschläge . .	2	C	0,36	2,130	11,5	224
80 Hammerschläge . .				2,248	6,6	322
150 Hammerschläge . .				2,296	4,6	360
40 sec Rütteln +200 Hammerschläge .				2,366	1,7	554

täten aufweisen, die Normenfestigkeiten aus dem Rahmen der üblichen Festigkeiten herausfallen ließ.

Die Längsspalte 12 der Zahlentafel 1 andererseits läßt erkennen, daß der neu aufgestellte plastische Normenmörtel, gemessen am Maßstab der vollkommenen Frischmörtelverdichtung ebenfalls nicht ganz glücklich zusammengesetzt ist. Es zeigt sich nämlich, daß die Summe der hohlraumfreien Anteile an Zement, Sand und Wasser in allen Fällen die Raumeinheit übersteigt, d. h. daß das tatsächliche Frischraumgewicht größer ist als das Sollraumgewicht. Diese Tatsache weist darauf hin, daß bei der Verdichtung des neuen plastischen Normenmörtels unter allen Umständen das Mischungsverhältnis verändernde Entmischungen oder Wasserabsonderungen auftreten. Wasserabsonderungen sind in der Tat besonders bei schlecht wasserhaltendem Zement mit aller Deutlichkeit zu beobachten. Dieser Mangel des neuen plastischen Normenmörtels wäre nur zu beheben, wenn entweder der Wasseranteil oder der Anteil an Feinsand oder schließlich auch beide so gesenkt würden, daß das Sollraumgewicht stets eingehalten wird, das sich bei einem spezifischen Gewicht des Zementes von 3,09 und einem solchen des Normensandes von 2,66 zu 2240 kg/m³ vollkommen verdichteten Frischmörtels errechnet. Die Schwankungen des Festraumüberschusses betragen 7 bis 54 dm³ entsprechend 0,7 bis 5,4%; sie deuten darauf hin, daß auch beim plastischen Normenmörtel mit gewissen Verdichtungsschwankungen gerechnet werden muß, die mit 5,4—0,7 = 4,7% sogar größer sind als die Schwankungen des Porenraumes beim erdfeuchten Mörtel, die nur 10,4—7,3 = 3,1% betragen haben. — Es wurde auch in diesem Falle versucht, den Festraumüberschuß in Abhängigkeit von der Mahlfeinheit des Zementes darzustellen (vgl. Bild 7 unten); hier ist aber vorläufig eine klare Beziehung nicht zu erkennen.

D. Beziehungen zwischen Zementfestigkeit und Betonfestigkeit

Die Beziehungen zwischen den Zementfestigkeiten und den Betonfestigkeiten sind in den Bildern 9 bis 14 veranschaulicht. Die Abweichungen der formelmäßig errechneten Mittelwerte von den Istwerten sind in der Zahlentafel 6 zusammengefaßt.

Im einzelnen ergibt sich zunächst der folgende Zusammenhang.

Bild 9 veranschaulicht die Abhängigkeit der 28 Tage-Druckfestigkeit D des Betons von der Druckfestigkeit $D_{e,g}$ des erdfeuchten Normenmörtels bei gemischter Lagerung. Für die Betone mit einem Zementgehalt von 300 und 200 kg/m³ gilt gemeinschaftlich

$$D = D_{e,g}^{0,78} \cdot \sqrt[3]{\frac{z}{w}}. \quad (6)$$

Die Abweichungen von dieser Beziehung sind in Querspalte 4 der Zahlentafel 6 angegeben.

Bild 10 gibt die Beziehung zwischen der 28 Tage-Druckfestigkeit D des Betons von der 28 Tage-Druckfestigkeit $D_{p,g}$ des plastischen Normenmörtels bei gemischter Lagerung wieder. Für die Betone beider Zementgehalte gilt näherungsweise die Beziehung

$$D = D_{p,g}^{0,82} \cdot \sqrt[3]{\frac{z}{w}}. \quad (7)$$

Abweichungen siehe Querspalte 8 der Zahlentafel 6.

Bild 11 läßt die Abhängigkeit der 28 Tage-Druckfestigkeit D des Betons von der 28 Tage-Druckfestigkeit $D_{p,w}$ des plastischen Normenmörtels bei Wasserlagerung erkennen, die gleichfalls der Beziehung

$$D = D_{p,w}^{0,82} \cdot \sqrt[3]{\frac{z}{w}} \quad (8)$$

folgt. Abweichungen vgl. Querspalte 12 der Zahlentafel 6.

Nach Bild 12 folgt die Beziehung zwischen der Druckfestigkeit D und der Biegezugfestigkeit B des Betons im Alter von 28 Tagen der Gleichung

$$B = D^{0,60 \text{ bis } 0,68} \text{ i. M. } D^{0,64}. \quad (9)$$

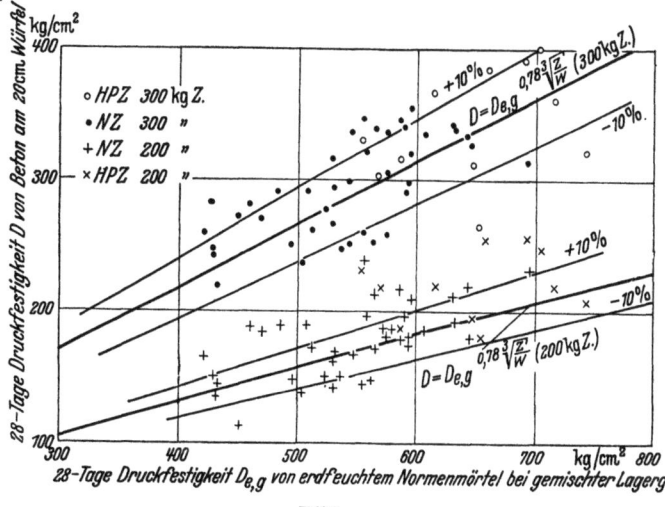

Bild 9

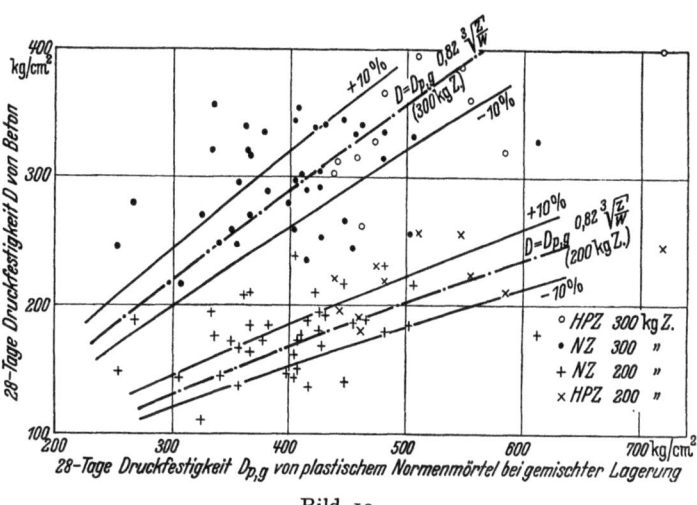

Bild 10

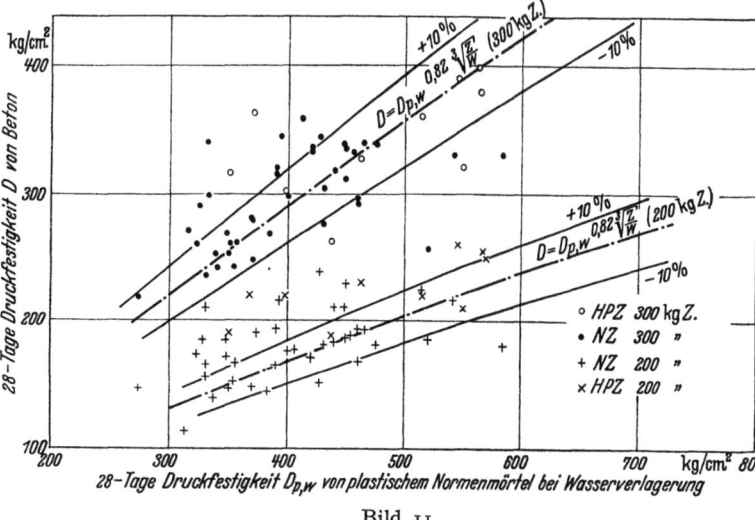

Bild 11

In Querspalte 13 der Zahlentafel 6 sind die Abweichungen vermerkt.

In Bild 13 ist die Beziehung zwischen Biegezugfestigkeit B des Betons und Biegezugfestigkeit $B_{p,g}$ des plastischen Normenmörtels bei gemischter Lagerung aufgetragen. Diese Beziehung folgt sehr roh der Gleichung

$$B = B_{p,g}{}^{0,72} \cdot \sqrt[3]{\frac{z}{w}}. \qquad (10)$$

Abweichungen siehe Querspalte 14 der Zahlentafel 6. Im Hinblick auf die bei gemischter Lagerung auftretenden Schwindspannungen im Beton wie im Mörtel ist in diesem Falle eine enge Beziehung nicht zu erwarten. Die Ab-

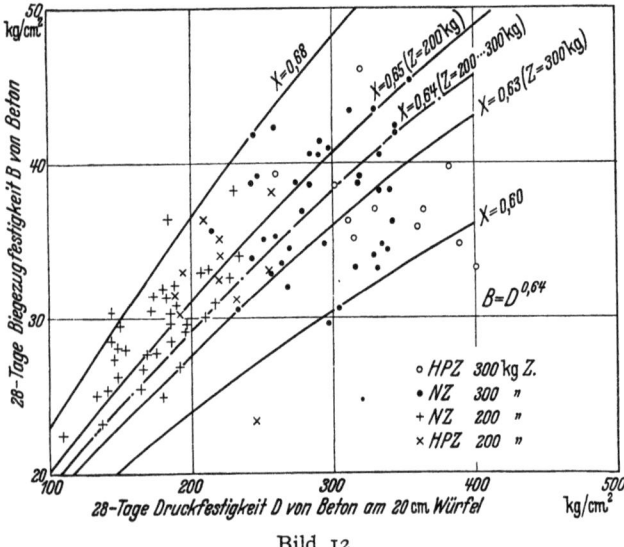

Bild 12

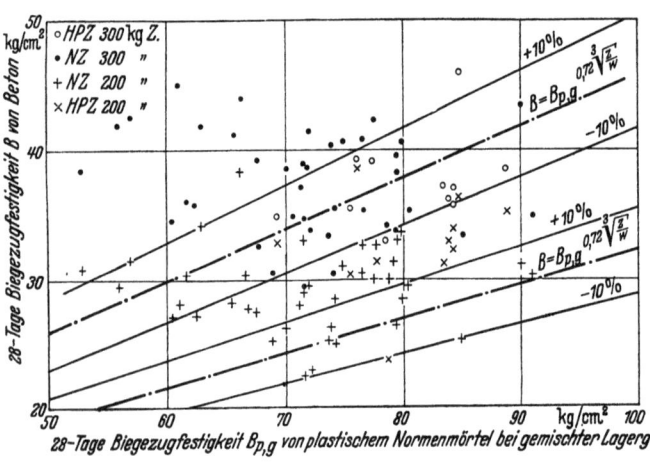

Bild 13

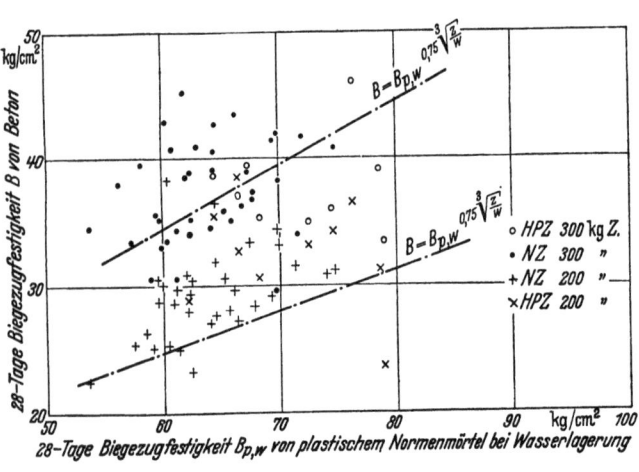

Bild 14

weichungen sind besonders bei der mageren Betonmischung sehr groß. Bild 14 gibt die Biegezugfestigkeit B des Betons in Abhängigkeit von der Biegezugfestigkeit $B_{p,w}$ des plastischen Mörtels bei Wasserlagerung an. Diese Beziehung folgt näherungsweise der Gleichung

$$B = B_{p,w}{}^{0,75} \cdot \sqrt[3]{\frac{z}{w}}. \qquad (11)$$

Über die Abweichungen vgl. Spalte 15 der Zahlentafel 6.

Die Ergebnisse der vorliegenden Untersuchungen sollen schließlich noch an Hand einiger bekannter Formeln überprüft werden. Aus der Zahl dieser Formeln sind jene auszuwählen, die unmittelbar oder mittelbar die Beziehung zwischen Zementfestigkeit und Normenfestigkeit zum Ausdruck bringen, nämlich die Formeln von Bolomey, Graf und Feret. Es wird dabei so vorgegangen, daß zunächst aus den Mittelwerten der gesamten Zementnormen- und Betonuntersuchungen die betreffenden Beiwerte der Formeln ermittelt werden. Anschließend werden mit Hilfe dieser Beiwerte die Sollwerte der Einzelreihen errechnet und auf ihre Abweichung von den Versuchswerten hin betrachtet.

Die in Frage kommenden Mittelwerte aus den gesamten Untersuchungen sind nach Zahlentafel 2, letzte Querspalte:

Normenfestigkeit des erdfeuchten Mörtels bei gemischter Lagerung im Alter von 28 Tagen

$$D_{e,g} = 569 \text{ kg/cm}^2,$$

Normenfestigkeit des plastischen Normenmörtels im Alter von 28 Tagen bei gemischter Lagerung

$$D_{p,g} = 425 \text{ kg/cm}^2,$$

Normenfestigkeit des plastischen Mörtels nach 28 Tagen Wasserlagerung

$$D_{p,w} = 416 \text{ kg/cm}^2,$$

Druckfestigkeit des Betons mit 300 kg Zement/m³ fertig verdichteten Betons

$$D_{300} = 308 \text{ kg/cm}^2,$$

Druckfestigkeit des Betons mit 200 kg Zement/m³ fertig verdichteten Betons

$$D_{200} = 186 \text{ kg/cm}^2.$$

Die Bolomey-Formel lautet allgemein:

Druckfestigkeit $D = \left(\dfrac{z}{w} - 0,5\right) \cdot A$.

Hierbei ist A ein Beiwert, der durch die Zementnormenfestigkeit ausgedrückt werden kann.

Für die Beziehung zwischen Betonfestigkeit und Normenfestigkeit des erdfeuchten Mörtels ergeben sich aus den betreffenden Mittelwerten die Gleichungen

$$308 = \left(\frac{1}{0,65} - 0,5\right) \cdot \frac{569}{n_e}, \text{ hieraus } n_e = 1,92,$$

und $\quad 186 = \left(\dfrac{1}{0,88} - 0,5\right) \cdot \dfrac{569}{n_e}, \text{ hieraus } n_e = 1,96$

n_e Mittel ist 1,94.

Hiernach ergibt sich für die Betondruckfestigkeit D in Abhängigkeit von der Normenfestigkeit $D_{e,g}$ des erdfeuchten Mörtels die spezielle Gleichung

$$D = \left(\frac{z}{w} - 0,5\right) \cdot \frac{D_{e,g}}{1,94}. \qquad (12)$$

In der gleichen Weise errechnet sich für die Gleichung zwischen Betondruckfestigkeit D und der Normenfestigkeit $D_{p,g}$ des plastischen Mörtels bei gemischter Lagerung die Gleichung

$$D = \left(\frac{z}{w} - 0,5\right) \cdot \frac{D_{p,g}}{1,45} \qquad (13)$$

und endlich für die Beziehung zwischen der Betondruckfestigkeit D und der Normenfestigkeit $D_{p,w}$ des plastischen Mörtels bei Wasserlagerung die Gleichung

$$D = \left(\frac{z}{w} - 0,5\right) \cdot \frac{D_{p,w}}{1,42}. \qquad (14)$$

Die 100teiligen Abweichungen der mit Hilfe der Formeln 12, 13 und 14 errechneten Werte von den Istwerten sind in Zahlentafel 6, Querspalte 1, 5 und 9 zusammengestellt.

Die Formel von Graf lautet unter Einführung der hier benützten Kurzzeichen:

$$D = \frac{\text{Zementnormenfestigkeit}}{a \cdot \left(\frac{w}{z}\right)^2}.$$

Aus den Mittelwerten der Versuchsergebnisse errechnet sich der Beiwert a, bezogen auf die verschiedenen Arten der Zementnormenfestigkeit wie folgt:

Für den erdfeuchten Normenmörtel:

$$308 = \frac{569}{a_e \cdot (0{,}65)^2}; \quad a_e = 4{,}38$$

$$186 = \frac{569}{a_e \cdot (0{,}88)^2}; \quad a_e = 3{,}95$$

a_e Mittel $= 4{,}16$.

In der gleichen Weise errechnet sich für den plastischen Normenmörtel

$a_{p,g}$ im Mittel zu 3,11 bzw.
$a_{p,w}$,, ,, zu 3,04.

Diese Beiwerte in die Graf-Formel eingesetzt, ergeben die folgenden Formeln:

Für die Beziehung zwischen Betondruckfestigkeit D und Festigkeit $D_{e,g}$ des erdfeuchten Normenmörtels im Alter von 28 Tagen

$$D = \frac{D_{e,g}}{4{,}16 \cdot \left(\frac{w}{z}\right)^2}. \quad (15)$$

Für die Beziehung zwischen Betondruckfestigkeit D und Normenfestigkeit $D_{p,g}$ des plastischen Mörtels bei gemischter Lagerung

$$D = \frac{D_{p,g}}{3{,}11 \cdot \left(\frac{w}{z}\right)^2} \quad (16)$$

und schließlich für die Beziehung zwischen Betondruckfestigkeit D und Normenfestigkeit $D_{p,w}$ des plastischen Mörtels nach 28tägiger Wasserlagerung

$$D = \frac{D_{p,w}}{3{,}04 \cdot \left(\frac{w}{z}\right)^2}. \quad (17)$$

Die Abweichungen der mit Hilfe der Formeln 15, 16 und 17 errechneten Werte von den Istwerten sind in Zahlentafel 6, Querspalten 2, 6 und 10 aufgeführt.

Die Feret-Formel lautet:

$$D = k \cdot \left(\frac{c}{1-s}\right)^2.$$

Zahlentafel 6. Beziehungen zwischen Normenfestigkeiten der Zemente und Betonfestigkeiten und Abweichungen von diesen Beziehungen

Spalten-Nr.	Formel Nr.	Verfasser	Gleichung	Beton mit 300 kg Zement je m³ Beton		Beton mit 200 kg Zement je m³ Beton	
				Anzahl der Werte, die unter 100 Rechenwerten			
				$\geq \pm 10\%$	$\geq \pm 20\%$	$\geq \pm 10\%$	$\geq \pm 20\%$
				von den Versuchswerten (Istwerten) abweichen			
1	12	Bolomey	$D = \left(\frac{z}{w} - 0{,}5\right)\frac{D_{e,g}}{1{,}94}$	64	96	55	91
2	15	Graf	$D = \frac{D_{e,g}}{4{,}16\left(\frac{w}{z}\right)^2}$	60	91	55	79
3	18	Feret	$D = 2760\left(\frac{c}{1-s}\right)^2$	46	84	38	76
4	6	Hummel	$D = D_{e,g}^{0{,}78}\sqrt[3]{\frac{z}{w}}$	62	96	50	76
			Mittel aus Spalten 1 bis 4	58 (62)	92 (94)	50 (53)	80 (82)
5	13	Bolomey	$D = \left(\frac{z}{w} - 0{,}5\right)\frac{D_{p,g}}{1{,}45}$	55	74	53	79
6	16	Graf	$D = \frac{D_{p,g}}{3{,}11\left(\frac{w}{z}\right)^2}$	51	72	45	74
7	18	Feret	$D = 2760\left(\frac{c}{1-s}\right)^2$	46	84	38	76
8	7	Hummel	$D = D_{p,g}^{0{,}82}\sqrt[3]{\frac{z}{w}}$	58	82	46	72
			Mittel aus Spalten 5 bis 8	52 (55)	78 (76)	46 (48)	75 (75)
9	14	Bolomey	$D = \left(\frac{z}{w} - 0{,}5\right)\frac{D_{p,w}}{1{,}42}$	56	86	50	80
10	17	Graf	$D = \frac{D_{p,w}}{3{,}04\left(\frac{w}{z}\right)^2}$	52	84	46	76
11	18	Feret	$D = 2760\left(\frac{c}{1-s}\right)^2$	46	84	38	76
12	8	Hummel	$D = D_{p,w}^{0{,}82}\sqrt[3]{\frac{x}{w}}$	64	87	47	75
			Mittel aus Spalten 9 bis 12	54 (57)	85 (86)	45 (48)	77 (77)
			Mittel aus Spalten 1 bis 12	55 (58)	85 (85)	47 (50)	78 (78)
13	9	Hummel	$B = D^{0{,}64}$	54	92	60	86
14	10	Hummel	$B = B_{p,g}^{0{,}72}\sqrt[3]{\frac{z}{w}}$	50	84	28	58
15	11	Hummel	$B = B_{p,w}^{0{,}75}\sqrt[3]{\frac{z}{w}}$	66	91	44	81
			Mittel aus Spalten 13 bis 15	57	89	44	75

Die eingeklammerten Mittelwerte sind Werte unter Ausschaltung der Feret-Werte.

Hierbei bedeuten c und s die absoluten Rauminhalte des in einem dm³ Beton enthaltenen Zementes bzw. Zuschlagstoffes und k ein Beiwert.

Die Feret-Formel ist von ihrem Verfasser so gedacht, daß der Wert k aus irgendeiner Mischung aus einem bestimmten Zement durch Versuch ermittelt wird und dann auf alle aus diesem Zement hergestellten anderen Mischungen übertragbar ist. Beispielsweise wäre also für die Zusammensetzung des Zement-Normenmörtels durch Versuch der Wert k zu ermitteln und dann z. B. auf alle aus dem Zement hergestellten Betone zu übertragen. Die vorliegenden Ergebnisse lehren, daß dieses Verfahren nicht angängig ist. Die Errechnung der k-Werte aus der 28 Tagefestigkeit des erdfeuchten oder des plastischen Normenmörtels ergibt nicht nur viel zu hohe, sondern auch sehr unsichere Werte, unsicher namentlich beim plastischen Normenmörtel deshalb, weil dieser — wie wir gezeigt haben — „überverdichtet" ist. Der Klammerwert der Feret-Formeln, der im Grunde genommen das Verhältnis des hohlraumfreien Zementes zum Porenraum im Zuschlagstoff kurz nach der Verdichtung angibt, ist schon für kleine Schwankungen dieses Porenraumes äußerst empfindlich. Ein Ähnliches gilt auch für die Schwankungen des Porenraumes des erdfeuchten Mörtels. Nach unzähligen Rechenversuchen an Hand des vorliegenden Versuchsmaterials, aber auch an Hand früherer Versuchswerte wurde festgestellt, daß bei der Feret-Formel auf diesen Rechnungsgang verzichtet werden muß. Da aber für den Beton allein die Feret-Formel erfahrungsgemäß recht brauchbare Ergebnisse liefert, soll sie so berücksichtigt werden, daß der k-Wert nicht aus der Normenfestigkeit, sondern aus den Betonversuchen ermittelt wird. Für die beiden Betonmischungen mit 300 bzw. 200 kg Zement m³ fertig verdichteten Betons ergeben sich die folgenden Ansätze zur Errechnung der Feret-Klammer.

	Beton mit 300 kg Zement m³ fertig verdichteten Betons			Beton mit 200 kg Zement m³ fertig verdichteten Betons		
	Gewichtsteile	Gesamtgewicht kg	Festraum-Anteil dm³	Gewichtsteile	Gesamtgewicht kg	Festraum-Anteil dm³
Zement	1	301	97	1	198	64
Zuschlagstoff .	6,2	1864	710	10	1978	752
Wasser	0,65	195	195	0,88	174	174
Summe	7,85 Teile	1002		11,88 Teile	990	
	= 2360 kg			= 2350 kg		

Für die Betonmischung mit 300 kg Zement/m³ ist
$$\left(\frac{c}{1-s}\right)^2 = \left(\frac{0,097}{1-0,71}\right)^2 = 0,112.$$

Für die Mischung mit 200 kg Zement/m³ fertig verdichteten Betons ist
$$\left(\frac{c}{1-s}\right)^2 = \left(\frac{0,064}{1-0,75}\right)^2 = 0,067.$$

Aus den mittleren Festigkeitswerten der Betone ergibt sich der Beiwert aus
$$308 = k \cdot 0,112 \text{ zu } k = 2750 \text{ und aus}$$
$$186 = k \cdot 0,067 \text{ zu } k = 2770.$$

Für die beiden vorliegenden Betone gilt also die Feret-Formel
$$D = 2760 \cdot \left(\frac{c}{1-s}\right)^2. \tag{18}$$

Die mit Hilfe der Formel 18 errechneten Festigkeitswerte weichen bei den einzelnen Betonreihen von den Istwerten entsprechend Zahlentafel 6, Spalten 3, 7 und 11 ab.

In der Zahlentafel 6 sind schließlich noch die mittleren Abweichungen aus den Querspalten 1 bis 4, aus den Querspalten 5 bis 8 und aus den Querspalten 9 bis 12, schließlich auch die Mittelwerte der Abweichungen aus den Querspalten 1 bis 12 gebildet worden. Diese Mittelwerte geben einen zahlenmäßigen Anhalt für die Abweichungen von den Beziehungen zwischen Zementfestigkeit und Betonfestigkeit.

E. Schlußfolgerungen aus den vorliegenden Untersuchungen

Aus den Versuchsergebnissen und ihrer Auswertung wurden folgende Schlußfolgerungen gezogen:
1. Der frühere erdfeuchte Normenmörtel weist im frisch verdichteten Zustand einen Porenraum zwischen 7,3 und 10,4% auf. Der Porenraum scheint etwa linear mit zunehmender Grobmahlung des Zementes anzuwachsen, vermutlich infolge der durch die Mahlfeinheitsveränderung bedingten Viskositätsveränderung des Zementleims, die zu einer verschiedenen Verdichtungswilligkeit des Zementleims Anlaß gibt. Zahlentafel 1 und Bild 7.
2. Der neue plastische Normenmörtel weist den Mangel auf, daß die Summe der hohlraumfreien Anteile an Zement, Zuschlagstoff und Wasser in frisch verdichtetem Mörtel größer als die Raumeinheit ist. Der beobachtete Festraumüberschuß schwankt zwischen 5,4 und 0,7%; eine Abhängigkeit dieser Schwankungen von der Mahlfeinheit des Zementes war bisher nicht zu erkennen. Zahlentafel 1 und Bild 7.
3. Die Druckfestigkeit von Mörteln sinkt unter sonst gleich bleibenden Verhältnissen sehr schnell mit zunehmendem Porenraum im Frischmörtel (Bild 8).
4. Die Frischbetonverdichtung ist durch die übliche Verdichtungsarbeit bei dem Beton mit 300 kg Zement je m³ fertig verdichteter Masse vollkommen erreicht, bei dem Beton mit 200 kg Zement je m³ fertig verdichteter Masse nahezu vollkommen erreicht worden. Im Hinblick auf die Bedeutung des Porenraumes für die Festigkeit (vgl. Ziffer 3) gelten die formelmäßig erfaßten Beziehungen nur für diesen Fall des vollkommen bzw. nahezu vollkommen verdichteten Weichbetons.
5. Die Beziehungen zwischen den Normeneigenschaften der Zemente untereinander sind in Formeln eingefangen worden. Von 100 errechneten Werten weichen im Mittel 64 Werte weniger als ±10% und 92 Werte weniger als ±20% von den Istwerten ab (Zahlentafel 4, Bild 2 bis 6).
6. Die Beziehungen zwischen Normenfestigkeiten der Zemente und Betonfestigkeiten wurden an Hand von Formeln verfolgt. Bei Außerachtlassung der Feret-Formel ergibt sich, daß bei einer Betonmischung von 300 kg Zement je m³ fertig verdichteten Beton von 100 errechneten Werten im Mittel 58 Werte weniger als ±10% und 85 Werte weniger als ±20% von den Istwerten abweichen; bei einem Beton von 200 kg Zement je m³ fertig verdichteten Beton weichen 50 vH. der Rechenwerte weniger als ±10% und 78 vH. der Rechenwerte weniger als ±20% von den Istwerten ab. (Tafel 6, Bild 9 bis 14.)
7. Im Rahmen der vorliegenden Versuche sind die Abweichungen in der Beziehung zwischen Normenfestigkeit und Betonfestigkeit beim plastischen Mörtel eher größer gewesen als beim erdfeuchten Mörtel; jedenfalls ist eine größenordnungsmäßig ins Gewicht fallende quantitative Verbesserung der Beziehung zwischen Zementfestigkeit und Betonfestigkeit durch den plastischen Normenmörtel nicht beobachtet worden.
8. Der schwankende Porenraum des erdfeuchten Mörtels einerseits und der schwankende Festraum-Überschuß des plastischen Mörtels andererseits werden u. a. als Ursache dafür angesehen, daß die Spiegelbildlichkeit zwischen Zementnormenfestigkeit und Betonfestigkeit nur bedingt vorhanden ist.
9. Für praktische Zwecke wird zur Verfolgung der Beziehung zwischen Zementfestigkeit und Betonfestigkeit die Bolomey-Formel
$$D = \left(\frac{z}{w} - 0,5\right)\frac{D_{p,w}}{a}$$
empfohlen, die als lineare Gleichung sehr einfach ist und trotzdem zutreffende Werte liefert.

LEICHTKALKSANDSTEIN, EIN NEUER BAUSTOFF[1]

Von Alfred Hummel, Berlin-Dahlem und Erik Hüttemann, Niederlehme

Angesichts der Forderungen nach einem Mindestwärmeschutz im Wohnhaus- und Stallbau (1) ist zwangsläufig die Nachfrage nach Leichtbaustoffen gestiegen, die gleichzeitig statische und wärmeschutztechnische Aufgaben zu übernehmen vermögen.

Zu den bereits bekannten Leichtbaustoffen wie Bimsbeton, Kesselschlacke-, Lavaschlacke-, Hochofenschlacke-, Hüttenbims-Beton, Tonsplitt-Beton, Gas- und Schaum-Beton, Sägemehl-Beton (2) ist neuerdings der Leichtkalksandstein getreten, ein Leichtbaustoff, der den Vorzug genießt, einen außerordentlich weiten Bereich der Raumgewichte zu bestreiten und selbst bei sehr niederen Raumgewichten Festigkeiten aufzuweisen, wie sie bisher bei keinem der bekannten Baustoffe möglich waren. Der neue Baustoff hat inzwischen den Namen „Turrit" erhalten.

Erfindungsgedanken und Wesen des Leichtkalksandsteins

Auf der Suche nach einem hochdruckfesten Leichtbaustoff fanden Hüttemann und Czernin (3) den Weg zur Herstellung eines Calciumhydrosilikatgels, welches durch entsprechende Dampfdruckbehandlung so gealtert und stabilisiert werden kann, daß es auch nach Abgabe seines Porenwassers seine ursprünglichen Abmessungen beibehält. Mahlt man Sand und Branntkalk innig auf Zementfeinheit und rührt sie mit einem Wasserüberschuß zu einer gießbaren Masse an, so erhält man bei Dampferhärtung und anschließender Trocknung einen Leichtstein von sehr geringem Gewicht. Unter der Einwirkung der Temperatur gespannten Wasserdampfes vereinigen sich die im Wasser in Schwebe befindlichen feinsten Kalk- und Sandteilchen zu dem Calciumhydrosilikatgel, welches das Wasser zellenartig umschließt. Wird das Wasser durch Austrocknung ausgetrieben, so tritt an seine Stelle Luft, d. h. man erhält ein hochporosiertes wasserunlösliches Silikat. Die Poren dieses Materials sind so klein, daß sie selbst unter einem gewöhnlichen Mikroskop nicht sichtbar sind. Diesen Weg der Herstellung eines Leichtbaustoffes haben unabhängig von Hüttemann und Czernin auch Ippach und Bieligk (4) beschritten.

Es ist klar, daß das Gewicht des Materials um so geringer sein wird, je größer der Wassergehalt der Ausgangsmasse war und umgekehrt um so höher liegt, je weniger Wasser der feingemahlenen Kalk-Sand-Mischung zugesetzt worden ist. Soweit die Wasserhaltung des Mahlgutes hinreicht, hat man es in der Hand, allein durch die Wasserzugabe bewußt Raumgewichte des Leichtkalksandsteins zwischen 200 kg und 1500 kg/m³ zu erzielen. Mit der äußersten Feinporigkeit des Skeletts hängt es offenbar zusammen, daß trotz niederen Raumgewichtes beim Leichtkalksandstein Festigkeiten erzielt werden können, wie sie sonst unter gleichen Bedingungen z. B. bei den bekannten Leichtbetonen nicht erreichbar sind. Allerdings erfordert die Härtung im Dampfkessel, wie noch gezeigt werden wird, besondere Sorgfalt, damit nachteilige innere Spannungen zwischen den Oberflächenzonen und den Tiefenzonen der Bausteine vermieden werden.

Prüfungen und Prüfungsergebnisse

Zunächst ohne Rücksicht auf die später auszubildenden Steinformen wurde das neuentwickelte Leichtkalksandsteinmaterial eingehenden Laboratoriumsuntersuchungen unterzogen, von deren Ergebnis hier berichtet werden soll. Die Probekörper der jeweiligen Abmessungen sind im Betriebe der Berliner Kalksandsteinwerke Robert Guthmann G. m. b. H., Niederlehme unter amtlicher Aufsicht hergestellt worden; sie wurden aus größeren Blöcken herausgeschnitten. Um einen Überblick über die Leistungsfähigkeit des Materials und seine ungefähren Grenzwerte zu erlangen, wurden in den Hauptteil der Untersuchungen Leichtkalksandsteinmassen vom Sollraumgewicht 0,5, 0,8 und 1,4 kg/dm³ einbezogen. Ermittelt wurden: Biegezugfestigkeit, Druckfestigkeit, Porenraum, Wasseraufnahme, Wasseraufsaugefähigkeit, Frostbeständigkeit, Raumänderungen, Austrocknungsverlauf, Wärmeleitzahl, Nagelbarkeit und Bearbeitbarkeit. Die Versuche wurden im Staatl. Materialprüfungsamt Dahlem durchgeführt.

Festigkeiten des Leichtkalksandsteins

Zur Ermöglichung eines Vergleiches mit anderen neuen Leichtbaustoffen, deren Steinformen ebenfalls noch nicht festliegen, wurden die Festigkeitsuntersuchungen an Prismen von 50 × 10 × 10 cm durchgeführt. Diese Prismen wurden zunächst auf Biegezugfestigkeit geprüft; die anfallenden Hälften wurden unter Auflage von Stahlplatten von 10 × 10 cm Druckfläche auf Druckfestigkeit geprüft. Das Ergebnis der Untersuchungen im Alter von 14, 28 und 56 Tagen ist in der Zahlentafel 1 zusammengefaßt.

Zu den Ergebnissen der Raumgewichts- und Festigkeitsermittlungen ist das folgende zu bemerken. Die in Zahlentafel 1 aufgeführten Mischungen der Reihen 1 und 3 unterscheiden sich lediglich durch die Höhe des Wasserzusatzes zur Kalk-Sand-Mischung. Die Mischung 2 erhielt aus besonderen Gründen einen kleinen Zusatz von gasbildendem Metallpulver zum Zwecke der Erzeugung von teilweise etwas gröberen Poren. Nach der Entstehungsgeschichte bzw. Zusammensetzung ohne weiteres vergleichbar sind nur die Festigkeiten der Reihen 1 und 3; die Reihe 2 stellt eine Klasse für sich dar. Durch besondere Maßnahmen lassen sich bei der Reihe 2 noch verschiedene Festigkeiten erreichen, wie es durch die Gegenüberstellung der Reihen 2 und 2a deutlich wird. Die Ergänzungsreihe 2a konnte nur bei den Festigkeitsprüfungen berücksichtigt werden, während den weiteren Prüfungen nur die Reihe 2 unterzogen wurde. Für die praktische Verwendung ist allerdings die Reihe 2a in Aussicht genommen, deren übrige Eigenschaften sich voraussichtlich nicht wesentlich von jenen der Reihe 2 unterscheiden werden.

Der Vergleich der Ergebnisse in Zahlentafel 1 ergibt, daß die Festigkeiten relativ zu den niederen Raumgewichten recht hoch sind. Die Leichtkalksandsteine haben kurz nach dem Verlassen des Härtekessels, mindestens aber im Alter von 14 Tagen ihre Endfestigkeit erreicht; eine Nacherhärtung der Massen tritt praktisch nicht ein. Leichtkalksandsteine können also kurz nach dem Verlassen des Härtekessels praktisch verwendet werden. Die teilweise zu verzeichnenden Streuungen der Einzelwerte werden daraus erklärt, daß die langen Prismen von 50 × 10 × 10 cm im Hinblick auf ihre Entstehung durch Herausschneiden aus größeren Blöcken empfindlich sind, ein Umstand, der bei den praktisch vorgesehenen größeren Steinformen zurücktreten wird. Auch die Biegezugfestigkeiten erreichen, selbst wenn man die Kleinstwerte zur Beurteilung heranzieht,

---
[1] Diese Arbeit kam außerdem in „Fortschritte und Forschungen" (Verlag Elsner) zum Abdruck.

Zahlentafel 1.
Biegezugfestigkeit und Druckfestigkeit verschiedener Leichtkalksandsteinmischungen

Reihe	Sollraumgewicht kg/dm³	Tatsächliches Raumgewicht kg/dm³ nach Tagen Luftlagerung			Biegezugfestigkeit kg/cm² nach Tagen Luftlagerung			Druckfestigkeit kg/cm² nach Tagen Luftlagerung		
		14	28	56	14	28	56	14	28	56
1	0,5	0,65	0,55	0,61	27	17	16	90	70	66
								96	65	66
		0,63	0,62	0,60	27	30	22	96	94	91
								85	83	99
		0,61	0,60	0,57	—	26	18	69	95	61
								65	98	65
		0,63	**0,59**	**0,59**	**27**	**24**	**19**	**84**	**84**	**75**
2	0,8	0,84	0,77	0,86	28	26	18	51	71	51
								50	70	61
		0,90	0,78	0,80	32	24	29	53	55	57
								49	60	65
		0,82	0,77	0,79	18	37	25	64	49	42
								62	51	53
		0,85	**0,77**	**0,83**	**16**	**29**	**24**	**55**	**59**	**55**
2a	0,8	0,82	0,80	—	10	24	—	96	118	—
								95	101	—
		0,80	0,77	—	12	21	—	82	95	—
								79	96	—
								83	101	—
		0,79	0,77	—	—	15	—	83	94	—
		0,80	**0,78**	**—**	**11**	**20**	**—**	**86**	**101**	**—**
3	1,4	1,39	1,41	1,38	42	47	46	262	286	234
								276	243	200
		1,24	1,39	1,38	39	44	36	227	198	205
								243	221	228
		1,25	1,41	1,38	40	49	51	267	191	241
								295	196	237
		1,29	**1,40**	**1,38**	**40**	**47**	**44**	**262**	**222**	**224**

Anmerkung: Die Reihe 2a stellt eine Ergänzungsreihe dar, die bei den weiteren Prüfungen nicht einbezogen worden ist.

Werte, die in der Nähe sogar der Druckfestigkeitswerte anderer Leichtbaustoffe vom gleichen Raumgewicht liegen; sie sind also als recht günstig anzusprechen.

Porenraum des Leichtkalksandsteins

Die spezifischen Gewichte und die aus Raumgewicht und spezifischem Gewicht errechneten Dichtigkeitsgrade bzw. Porenräume, bezogen auf das Alter von 14 und 56 Tagen, wie auch den künstlich herbeigeführten Trockenzustand sind aus Zahlentafel 2 ersichtlich.

Nach den Ergebnissen in Zahlentafel 2 liegt selbst bei den schwereren Leichtkalksandsteinmassen vom Raumgewicht 1,4 kg/dm³ eine hohe Porosierung vor.

Wasseraufnahme

Die Wasseraufnahme wurde gleichfalls an Prismen von $50 \times 10 \times 10$ cm ermittelt. Die Prismen wurden zunächst auf Gewichtsgleiche getrocknet und dann nach DIN 105 vollkommen in Wasser gelagert. Die Ergebnisse sind in Zahlentafel 3 zusammengefaßt. Ein Vergleich der Ergeb-

Zahlentafel 2. Spezifische Gewichte und Dichtigkeitsgrad bzw. Porenräume

Reihe	Sollraumgewicht kg/dm³	Spezifisches Gewicht s	Dichtigkeitsgrad $d = \frac{r}{s}$ nach Tagen		künstlich getrocknet	Undichtigkeitsgrad $u = 1 - d$ nach Tagen		künstlich getrocknet	% Porenraum = 100 u nach Tagen		künstlich getrocknet
			14	56		14	56		14	56	
1	0,5	2,45	0,26	0,24	0,20	0,74	0,76	0,80	74	76	80
2	0,8	2,34	0,36	0,35	0,35	0,64	0,65	0,65	64	65	65
3	1,4	2,40	0,54	0,57	0,51	0,46	0,43	0,49	46	43	49

Zahlentafel 3. Wasseraufnahme; Prismen von 50 × 10 × 10 cm

Reihe	Soll-Raumgewicht kg/dm³	Versuch Nr.	Gewicht der Versuchsstücke nach			Wasseraufnahme		Raumgewicht künstlich getrocknet kg/dm³	Wasseraufnahme in Vol. %
			trocken G_{tr} kg	24 Std. Wasserlagerung kg	Wassertränkung G_s kg	$G_s - G_{tr} = A$ kg	$\frac{A}{G_{tr}} \cdot 100 = A_g$ %		
1	0,5	1	2,558	6,064	6,175	3,617	141,4		
		2	2,429	5,718	5,830	3,401	140,0		
		3	2,568	6,062	6,173	3,605	140,4		
		4	2,371	5,610	5,710	3,339	140,8		
		5	2,481	5,700	5,855	3,374	136,0		
		Mittel	2,481	—	5,949	3,467	139,7	0,50	69
2	0,8	1	3,690	5,900	6,509	2,819	76,4		
		2	4,495	7,078	7,905	3,410	75,9		
		3	4,094	6,655	7,230	3,136	76,6		
		4	4,374	7,031	7,737	3,363	76,9		
		5	4,492	7,069	7,919	3,427	76,3		
		Mittel	4,229	—	7,460	3,231	76,4	0,85	64
3	1,4	1	6,194	8,938	8,975	2,781	44,9		
		2	5,991	8,637	8,675	2,684	44,8		
		3	5,942	8,492	8,525	2,583	43,5		
		4	6,325	9,028	9,060	2,735	43,2		
		5	6,129	8,735	8,765	2,636	43,0		
		Mittel	6,116	—	8,800	2,684	43,0	1,22	53

Anmerkung: Die Proben der Mischung 0,5 hatten nach 24 Tagen Wasserlagerung ein Gewicht erreicht, das bei weiterer Lagerung im Wasser (3 Tage) gleich blieb. Die Proben der Mischung 0,8 hatten nach 27 Tagen Wasserlagerung ein Gewicht erreicht, das bei weiterer Lagerung im Wasser (4 Tage) gleich blieb. Die Proben der Mischung 1,4 hatten nach 10 Tagen Lagerung ein Gewicht erreicht, das bei weiterer Lagerung im Wasser (4 Tage) gleich blieb.

nisse in den letzten Längsspalten der Tafeln 2 und 3 läßt erkennen, daß bei den Mischungen vom Sollraumgewicht 0,8 und 1,4 kg/dm³ durch die Wasserlagerung der ganze Porenraum mit Wasser gefüllt wird, während bei der Reihe 1 vom Sollraumgewicht 0,5 kg/dm³ offenbar noch ein Anteil von etwa 11% Poren bei Wasserlagerung unter gewöhnlichem Luftdruck wasserfrei bleibt.

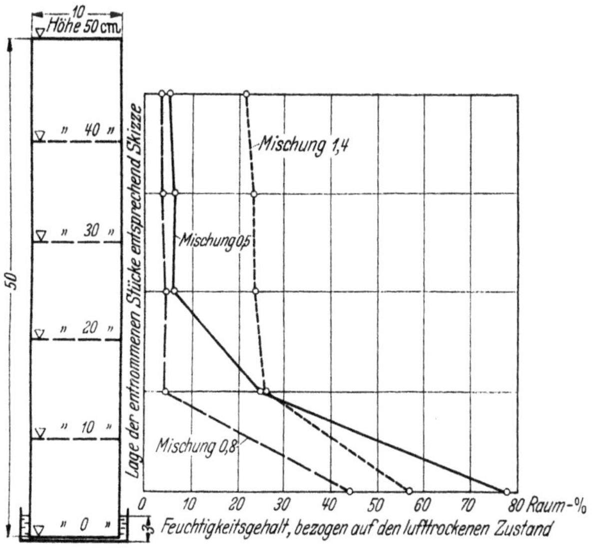

einzigen Seite her ausgesetzt sind, wurde bei den vorliegenden Leichtkalksandsteinmassen auch die Wasseraufsaugefähigkeit ermittelt und zwar in der Weise, daß Prismen von 50 × 10 × 10 cm Kantenlänge aufrecht 3 cm tief in Wasser eingetaucht wurden. Hierbei ist das Hochsaugen des Wassers verfolgt worden, indem die Prismen nach 2-, 7- und 12 tägigem Eintauchen in das Wasser auf trockenem Wege

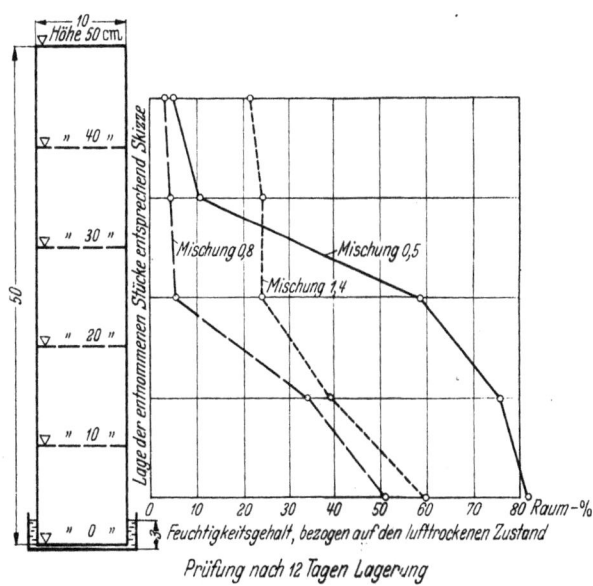

Bild 1. Wasseraufsaugung innerhalb von 2 Tagen

Bild 2. Wasseraufsaugung innerhalb von 12 Tagen

Wasseraufsaugefähigkeit

Da Leichtbaustoffe in der Praxis des Hochbaues im allgemeinen keiner vollkommenen Wasserlagerung, sondern nur periodischen Einwirkungen der Feuchtigkeit von einer in Scheiben von 10 cm Dicke zersägt wurden. Der Feuchtigkeitsgehalt der einzelnen Scheiben wurde durch Trocknen und Wiegen bestimmt. Das Ergebnis dieser Prüfung ist in Zahlentafel 4 zusammengefaßt.

Zahlentafel 4. Wasseraufsaugefähigkeit; Prismen von 50 × 10 × 10 cm

Dauer des Versuches in Tagen	Reihe	Sollraum-gewicht kg/dm³	Feuchtigkeitsgehalt in Gew.-%, bezogen auf den lufttrockenen Zustand				Feuchtigkeits-gehalt in Raum-%
			im Abschnitt	bei Probe Nr. 1	2	3	im Mittel	
2	1	0,5	0—10	126,8	132,1	137,7	132,2	78,0
			10—20	32,0	44,0	51,7	42,6	25,1
			20—30	7,8	10,8	12,4	10,3	6,1
			30—40	8,0	12,2	11,5	10,6	6,2
			40—50	7,2	9,5	9,5	8,7	5,1
	2	0,8	0—10	52,5	61,4	59,7	57,9	44,6
			10—20	5,8	5,9	5,4	5,7	4,4
			20—30	6,1	5,6	5,6	5,8	4,5
			30—40	6,7	2,5	6,0	5,1	3,9
			40—50	5,6	4,3	5,3	5,1	3,9
	3	1,4	0—10	40,5	41,4	41,2	41,0	57,4
			10—20	16,6	19,2	18,4	18,1	25,3
			20—30	15,2	18,6	16,7	16,8	23,5
			30—40	15,2	18,4	17,3	17,0	23,8
			40—50	14,2	16,3	15,9	15,5	21,7
7	1	0,5	0—10	135,2	140,8	141,8	139,3	82,2
			10—20	144,4	131,6	127,3	134,4	79,3
			20—30	43,7	103,2	54,0	67,0	39,5
			30—40	10,1	20,0	9,5	13,2	7,8
			40—50	8,0	4,4	7,2	6,5	3,8
	2	0,8	0—10	64,3	64,3	67,1	65,2	50,2
			10—20	23,4	25,3	31,4	26,7	20,6
			20—30	5,0	4,9	3,9	4,6	3,5
			30—40	5,4	4,5	4,1	4,7	3,6
			40—50	4,7	5,0	3,8	4,5	3,5
	3	1,4	0—10	40,5	43,6	43,8	42,6	59,6
			10—20	24,2	25,2	26,5	25,3	35,4
			20—30	17,2	17,8	16,6	17,2	24,1
			30—40	16,5	18,0	17,2	17,2	24,1
			40—50	16,1	15,1	16,3	15,8	22,1
12	1	0,5	0—10	134,2	141,5	137,8	137,8	81,3
			10—20	130,0	129,8	125,7	128,5	75,8
			20—30	98,4	102,5	95,0	98,6	58,2
			30—40	16,8	18,8	15,6	17,1	10,1
			40—60	7,2	8,2	7,5	7,6	4,5
	2	0,8	0—10	64,7	64,6	68,8	66,0	50,8
			10—20	40,5	39,8	50,6	43,6	33,6
			20—30	4,6	5,7	8,7	6,3	4,8
			30—40	3,8	5,3	5,5	4,9	3,8
			40—50	3,6	4,6	4,5	4,2	3,2
	3	1,4	0—10	42,4	41,8	43,4	42,5	59,5
			10—20	30,5	25,2	27,8	27,8	38,9
			20—30	17,6	17,8	14,9	16,8	23,5
			30—40	17,8	17,2	15,1	16,7	23,4
			40—50	16,5	15,9	14,1	15,5	21,7

Wenigstens die Ergebnisse nach 2- und 12tägigem Eintauchen der Prismen in Wasser sind in Bild 1 und 2 veranschaulicht. Die Bilder zeigen, daß Mischungen vom Sollraumgewicht 0,8 kg/dm³ — vermutlich wegen der durch den Metallpulverzusatz bedingten gröberen Poren — die geringste Wasseraufsaugefähigkeit besitzen; es folgt die Masse vom Sollraumgewicht 0,5 kg/dm³ und schließlich diejenige vom Raumgewicht 1,4 kg/dm³. Die beiden letzteren Erzeugnisse überschneiden sich in der Wasseraufsaugefähigkeit bei längerer Lagerung (Bild 2). Relativ zur hohen Porosität ist die Saugfähigkeit der Massen vom Raumgewicht 0,5 und 0,8 kg/dm³ gering.

Frostbeständigkeit

Die Leichtkalksandsteinmassen vom Sollraumgewicht 0,5 kg/dm³ wurden der Frostprüfung nicht unterzogen, da sie lediglich für Wärmedämmzwecke beim inneren Ausbau Verwendung finden sollen. Die Frostprüfung bei den beiden anderen Massen wurde wiederum an Prismen von 50 × 10 × 10 cm Kantenlänge vorgenommen; sie wurden dem üblichen 25maligen Gefrieren und Auftauen unterzogen.

Bei beiden Mischungen ließ die Frostbeständigkeit anfänglich zu wünschen übrig. Bei der Mischung vom Sollraumgewicht 0,8 kg/dm³ zeigten sämtliche Proben nach 25maligem Gefrieren und Auftauen Abblätterungen, Absprengungen an den Kanten, z. T. auch muschelige Aussprengungen. Noch ungünstiger verhielt sich der schwerere Leichtkalksandstein vom Raumgewicht 1,4 kg/dm³. Dieser wurde schon nach zweimaligem Gefrieren in größere Teile zersprengt.

Die Art der Zerstörung, vor allem der muschlige Bruch, führte den erstgenannten Verfasser zur Vermutung, daß die Zerstörungen auf innere Spannungen zwischen den Oberflächenzonen und den Tiefenzonen zurückzuführen sind, die durch die schnelle Erhärtung der Massen im Härtekessel entstehen. Wenn diese Vermutung zutrifft, so mußten sich diese Spannungen und damit die Frostempfindlichkeit durch entsprechende Änderung des Erzeugungsganges mildern bzw. beseitigen lassen. Die Richtigkeit dieser Überlegung wurde durch Ergänzungsversuche an so hergestellten Proben von der Soll-Rohwichte 0,8 kg/dm³ bestätigt gefunden. Diese Proben zeigten auch nach 25maligem Gefrieren keine auf die Frosteinwirkung zurückzuführenden Schäden und haben daher den Frostversuch bestanden.

Raumänderungen der Leichtkalksandsteinmassen

Prismen von 50 × 10 × 10 cm Kantenlänge wurden nach Entnahme aus dem Härtekessel in den Klimaraum des Staatlichen Materialprüfungsamtes gebracht, wo sie bei einer Raumtemperatur von 19° und einer Raumluftfeuchtigkeit von 60% dauernd lagerten. Die erste Längenmessung wurde 2 Tage nach Entnahme aus dem Härtekessel durchgeführt. Die weiteren Messungen in gewissen Zeitabständen ergaben die in Zahlentafel 5 zusammengestellten Längenänderungen.

Nach der Zahlentafel 5 erleiden die Mischungen vom Sollraumgewicht 0,5 und 0,8 kg/dm³ selbst bei Luftlagerung unter gleichbleibenden Temperatur- und Feuchtigkeitsbedingungen eine geringe Quellung. Lediglich die Mischung vom Sollraumgewicht 1,4 kg/dm³ zeigt von vornherein eine Schwindung, die absolut genommen als gering zu bezeichnen ist.

Bedingungen an Stelle von Branntkalk ein Kalkhydrat verwendet worden war. Auch diese Proben wiesen ein größenordnungsmäßig ähnliches Quellmaß wie die früheren Proben mit Branntkalk auf.

Es ist beabsichtigt, nachdem die Längenänderungen zum Stillstand gekommen sind, zunächst eine Wasserlagerung vorzunehmen, um ein etwaiges weiteres Quellen zu verfolgen. Nach dem Ausklingen dieser Raumänderungen soll schließlich nochmals eine Luftlagerung erfolgen zum Zwecke der Ermittlung eines etwaigen wiederholten Schwindens.

Zahlentafel 5. Schwinden bei Luftlagerung; Prismen von 50×10×10 cm

Alter	Versuch	Reihe 1 (0,5)		Reihe 2 (0,8)		Reihe 3 (1,4)	
Tage	Nr.	Einzeln	Mittel	Einzeln	Mittel	Einzeln	Mittel
2	1			+0,02	+0,02		
	2			+0,03			
	3			±0			
3	1	+0,03	+0,04			—0,05	—0,08
	2	+0,04				—0,12	
	3	+0,04				—0,07	
4	1			+0,04	+0,03		
	2			+0,05			
	3			—0,01			
7	1	+0,08	+0,10	+0,06	+0,04	—0,15	—0,16
	2	+0,12		+0,07		—0,17	
	3	+0,10		±0		—0,17	
14	1	+0,14	+0,14	+0,11	+0,09	—0,15	—0,18
	2	+0,14		+0,11		—0,19	
	3	+0,14		+0,05		—0,20	
21	1	+0,17	+0,17			—0,10	—0,16
	2	+0,17				—0,18	
	3	+0,18				—0,19	
28	1	+0,21	+0,21	+0,16	+0,15	—0,12	—0,14
	2	+0,20		+0,17		—0,16	
	3	+0,21		+0,11		—0,14	
56	1	+0,19	+0,20	+0,19	+0,17	—0,13	—0,16
	2	+0,20		+0,20		—0,18	
	3	+0,21		+0,12		—0,16	
90	1	+0,26	+0,24	+0,22	+0,22	—0,15	—0,18
	2	+0,24		+0,26		—0,18	
	3	+0,23		+0,17		—0,21	
180	1	+0,32	+0,30	+0,22	+0,22	—0,17	—0,20
	2	+0,30		+0,26		—0,26	
	3	+0,27		+0,19		—0,20	
270	1	+0,31	+0,30	+0,20	+0,20	—0,17	—0,21
	2	+0,31		+0,23		—0,20	
	3	+0,28		+0,17		—0,20	
360	1	+0,32	+0,32	+0,24	+0,25	—0,15	—0,21
	2	+0,33		+0,30		—0,26	
	3	+0,31		+0,22		—0,21	

Die Ursache der Quellung der Leichtkalksandsteinmischungen selbst bei Luftlagerung konnte noch nicht gefunden werden. Die anfängliche Vermutung, daß der verwendete Branntkalk in der flüssig angemachten Kalksandmasse und der anschließenden Härtung im Härtekessel möglicherweise nicht voll ablösche, vielmehr eine gewisse Nachlöschung erfahre, hat sich bei Ergänzungsuntersuchungen nicht bestätigt, bei denen unter sonst gleichen

Austrocknungsverlauf

Im Zusammenhang mit der Frage des Wärmeschutzes war der Austrocknungsverlauf der Leichtkalksandsteinmassen zu verfolgen. Die Versuche wurden an Platten von 40×40×10 cm Kantenlänge angestellt, die gleichfalls im Klimaraum unter gleichbleibenden Temperaturen und Luftfeuchtigkeit lagerten. Die Gesamtergebnisse folgen in Zahlentafel 6.

Zahlentafel 6.
Austrocknungsverlauf; Platten von 40 × 40 × 10 cm

Alter	Versuch	Reihe 1		Reihe 2		Reihe 3	
		Wasserabgabe in Vol.-% bei Mischung mit dem Soll-Raumgewicht in kg/dm³ von					
		0,5		0,8		1,4	
Tage	Nr.	Einzeln	Mittel	Einzeln	Mittel	Einzeln	Mittel
1	1	1,2		0,6		0,2	
	2	0,9	0,9	0,7	0,7	0,4	0,3
	3	0,9		0,8		0,5	
	4	0,8		0,7		—	
3	1	2,9		1,8		0,3	
	2	2,6	2,6	2,0	1,8	1,9	1,3
	3	2,4		1,8		1,8	
	4	2,3		1,8		—	
7	1	6,1		4,1		0,3	
	2	5,6	5,5	4,2	3,9	4,3	2,8
	3	5,4		3,4		3,8	
	4	4,8		3,9		—	
14	1	11,5		7,2		0,3	
	2	10,8	10,8	7,6	7,0	8,2	5,2
	3	10,5		6,1		7,2	
	4	10,0		7,1		—	
28	1	20,4		11,6		0,4	
	2	19,7	19,5	12,2	11,4	14,1	9,0
	3	19,4		10,4		12,4	
	4	18,5		11,6		—	
56	1	27,2		15,4		0,7	
	2	27,7	27,6	15,9	15,4	19,1	12,3
	3	27,6		14,9		17,1	
	4	25,9		15,2		—	
90	1	29,8		17,1		0,7	
	2	30,9	30,0	17,4	17,1	21,6	13,9
	3	30,8		16,8		19,5	
	4	28,7		17,1		—	
180	1	30,6		17,8		0,7	
	2	32,6	31,3	18,1	18,0	23,8	15,4
	3	32,2		18,1		21,6	
	4	29,8		17,8		—	
270	1	31,5		17,9		0,7	
	2	35,8	33,3	18,1	18,0	24,9	16,1
	3	34,7		18,1		22,6	
	4	31,2		17,8		—	

Die errechneten Feuchtigkeitsabgaben in Raumprozent sind in Bild 3 veranschaulicht.

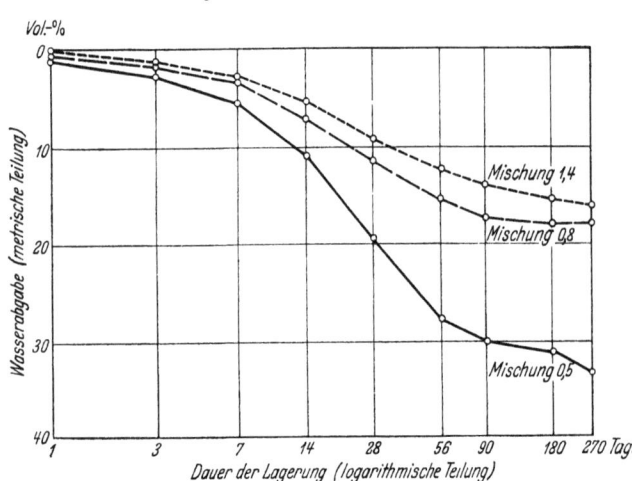

Bild 3. Austrocknungsverlauf

Wärmeleitvermögen

Die Wärmeleitzahlen wurden im Poensgengerät an Platten von 80 × 80 × 10 cm ermittelt, die zum Zwecke der Austrocknung längere Zeit im Klimaraum gelagert hatten. Die Ergebnisse sind in Zahlentafel 7 zusammengefaßt.

Zahlentafel 7. Wärmeleitfähigkeit

Reihe		1	2	3
Soll-Raumgewicht in kg/dm³		0,5	0,8	1,4
Mittleres Raumgewicht in kg/m³:				
vor dem Versuch		468	826	1175
nach dem Versuch		466	826	1174
getrocknet		447	780	1116
Mittlerer Feuchtigkeitsgehalt:				
vor dem Versuch { Raum-%		2,1	4,6	5,9
Gew.-%		4,7	5,1	5,3
nach dem Versuch { Raum-%		1,9	4,6	5,8
Gew.-%		4,4	5,1	5,2
Wärmeleitzahl in $\frac{kcal}{m \cdot h \cdot °C}$ für die Bezugstemperaturen	0°	0,082	0,169	0,261
	10°	0,085	0,181	0,271
	20°	0,088	0,192	0,281
	30°	0,091	0,199	0,289

Nach den erzielten Ergebnissen liegen Wärmeleitzahlen vor, die verglichen mit den Verhältnissen bei anderen anorganischen Baustoffen der gleichen Raumgewichte als nieder zu bezeichnen sind[1], obgleich noch eine gewisse Eigenfeuchtigkeit der Platten vorliegt, die etwa dem lufttrocknen Zustand entsprechen dürfte. Die Wärmeleitversuche werden nach weiterer Austrocknung der Platten wiederholt werden.

Bearbeitbarkeit der Leichtkalksandsteinmassen

Leichtkalksandsteinblöcke vom Raumgewicht 0,5 und 0,8 kg/dm³ ließen sich leicht nageln und bohren, wie auch leicht sägen (Bild 4). Die Nägel sitzen fest in der Masse. Die Sägbarkeit war auch noch bei Blöcken vom Raumgewicht 1,4 kg/dm³ gut. Sämtliche Massen sind auch durch Hammerschlag mit dem Maurerhammer leicht teilbar.

Zusammenfassung und praktische Anwendung

Nach den vorstehenden Ergebnissen der Laboratoriumsversuche liegt beim Leichtkalksandstein ein Baustoff vor, der auf einen weiten Bereich der Raumgewichte eingestellt werden kann, der relativ zu den Raumgewichten sehr gute Festigkeiten aufweist, der praktisch kurz nach der Entnahme aus dem Härtekessel am Bau verwendbar ist, also keiner längeren Lagerung zum Nacherhärten bedarf, der wenigstens bei den Massen vom Raumgewicht 0,5 und 0,8 kg/dm³ relativ zu seiner hohen Porosität eine mäßige Saugfähigkeit besitzt und endlich durch sehr niedere Wärmeleitzahlen gekennzeichnet ist.

Die Einführung des neuen Baustoffes in die Praxis setzte die Lösung einer Reihe von Fragen der praktischen Erzeugung voraus, handelt es sich doch darum, außerordentlich wasserreiche Massen von Kalk und Sandmehl ohne

---

[1] Beispielsweise wurden für Bimsbeton und Leichtbeton bei einem Raumgewicht von 0,8 kg/dm³ Wärmeleitzahlen zwischen $\lambda = 0,22$ und $\lambda = 0,40$ festgestellt; vgl. Hummel und Sittel: Fortschritte und Forschungen im Bauwesen (1942) H. A. 1, S. 14, Bild 1.

übermäßigen Aufwand an Formen zu Steinen bestimmter Abmessungen zu verarbeiten. Auch die bereits berührte Frage der Beseitigung der Spannungen bedurfte der Lösung. Die hiermit zusammenhängenden Aufgaben sind durch eingehende praktische Versuche im Kalksandsteinwerk so weit gefördert worden, daß der Baustoff als fabrikationsreif bezeichnet werden darf.

so daß sich die laufende Erzeugung auf den Regelstein 25,7 × 29,6 × 38 cm beschränken kann. Wandsteine dieser Abmessungen sind bereits zum Bau einer Flugzeughalle (vgl. Bild 5 und 6) verwendet worden. Außer diesen Normalsteinen ist die Herstellung von plattenartigen Wandbaukörpern auch aus der Masse vom Sollraumgewicht 0,8 kg/dm³ vorgesehen. Die weitere Entwicklung zielt noch auf eine gewisse

Bild 4. Nagelbarkeit und Sägebarkeit von Leichtkalksandsteinen

Nach den Ergebnissen der Laboratoriumsversuche und den weiteren Entwicklungsarbeiten in der Fabrik gestaltet sich die Verwendung von Leichtkalksandsteinmischungen im Bauwesen wie folgt:

Als Regel-Wandbaustoff findet die Mischung vom Sollraumgewicht 0,8 kg/dm³ Verwendung. Es werden Wandbausteine von 25,7 × 29,6 × 38 cm[1] hergestellt, die je nach dem geforderten Wärmeschutz in den einzelnen Klimazonen zu Wänden von rund 25, 30 oder 38 cm Dicke vermauert werden, wobei die Steine bald flach, bald in Querlage, bald

Senkung des Raumgewichts des Regelsteins hin, wobei wahrscheinlich gleichzeitig die Herstellung noch verbilligt werden kann. Selbstverständlich steht der Ausbildung von Baukörpern jeden anderen Formats nichts im Wege; es ist auch die Entwicklung von Baukörpern sehr großen Formats für den Montage-Hausbau geplant.

Die Leichtkalksandsteinmischung vom Sollraumgewicht 0,5 und niederer ist für reine Wärmedämmzwecke zur inneren Auskleidung von Wänden und Dachschrägen bestimmt. Diese Mischung eignet sich aber auch zur Herstellung von Deckensteinen für Stahlbetonrippendecken,

Bild 5. Halle aus Leichtkalksandsteinen

Bild 6. Ecke der Halle

aufrechtstehend aufeinander gemörtelt werden. Die Sägebarkeit der Steine wie auch ihre Teilbarkeit durch Hammerschlag ermöglicht die Herstellung von Teilsteinen am Bau,

---

[1] Die Masse von 25,7 und 29,6 cm sind mit Rücksicht auf die baupolizeilich geforderte Angleichung aller Steinhöhen an ein Vielfaches der Schichthöhe des Mauerwerks aus Steinen in Reichsformat gewählt.

wobei diese Deckensteine im Hinblick auf das geringe Raumgewicht dieser Leichtkalksandsteinmasse nicht als Hohlsteine, sondern als Vollsteine ausgebildet werden.

Der Bruch und die Abfälle aus den Mischungen vom Raumgewicht 0,8 und 0,5 kg/dm³ können nach dem Durchschicken durch einen Brecher als Leichtbeton-Zuschlagstoffe weiter verarbeitet werden. Versuche in dieser Richtung sind eingeleitet und sollen einem späteren Bericht vorbehalten bleiben.

Die schwerere Mischung vom Raumgewicht 1,4 kg/dm³, deren Druckfestigkeit über 200 kg/cm² bleibt, ist vorläufig für eine Verwendung im Mehrgeschoßbau in Aussicht genommen. Inwieweit dort zur Erzielung des Mindestwärmeschutzes die Wanddicken relativ stärker zu bemessen sind oder besser eine zusätzliche innere Verkleidung mit Wandbaukörpern aus Leichtkalksandsteinmassen von geringerem Raumgewicht ins Auge zu fassen ist, soll noch geprüft werden.

Der neue Baustoff „Turrit" dessen Herstellung überall dort möglich ist, wo Quarzsande anstehen und Kalk verfügbar ist, ist nach den nachgewiesenen Eigenschaften dazu berufen, die Aufbringung der im Rahmen der großen Bauprogramme geforderten erheblichen Baustoffmengen erleichtern zu helfen.

Schrifttum

1. Hummel und Sittel: Die derzeitigen Grundlagen zur Beurteilung der Wärmedurchlässigkeit von Wänden. Zeitschrift Fortschritt und Forschungen im Bauwesen 1942, Reihe A, Heft 1.
2. Hummel: Das Beton-ABC, 4. Aufl, S. 201 ff. Verlag: Tonindustriezeitung 1940.
3. DRP. 626576, 635559, 638698, 679146, 716736.
4. DRP. 602248.

ÜBER DIE ABHÄNGIGKEIT DER MAUERWERKSFESTIGKEIT VON DER DRUCKFESTIGKEIT DER STEINE UND DES MÖRTELS UNTER BERÜCKSICHTIGUNG VERSCHIEDENER KONSTRUKTIONSEINFLÜSSE

Von Martin Herrmann

Vorwort

Über das Thema ist bereits im Jahre 1939 berichtet worden[1]. In den darauffolgenden Jahren wurden die Ergebnisse durch weitere Untersuchungen laufend überprüft und ergänzt. Die Auswertung der neueren Versuche wurde in der gleichen Weise vorgenommen wie damals, wobei die gewonnenen Zahlen an den entsprechenden Stellen eingeordnet wurden. Sie ergab eine völlige Übereinstimmung mit den früheren Erkenntnissen, so daß bis auf einige förmliche Abänderungen des Textes und bis auf die notwendigen Ergänzungen der Zeichnungen und Zahlentafeln der Inhalt in der alten Form erhalten werden konnte.

A. Zweck

Nach den Technischen Bestimmungen für Zulassung neuer Bauweisen (DIN 4110, Abschnitt 7 β) beträgt bei Mauerwerk die zulässige Druckspannung $1/5$ der auf dem Versuchswege nachgewiesenen Bruchfestigkeit. Sie darf nicht höher angesetzt werden, als sie sich nach Zahlentafel 1 des Normenblattes DIN 1053 ergeben würde. Die Bruchfestigkeit des Mauerwerks muß also mindestens das Fünffache der zulässigen Spannung betragen. Da aber für die zulässigen Spannungen Höchstwerte festgelegt sind, ist eine wesentliche Steigerung der Bruchfestigkeit über das Fünffache der zulässigen Spannung hinaus überflüssig und entspricht nicht den die Belange der Wirtschaftlichkeit vertretenden Grundsätzen der zweckbedingten Güte[2]. Die Forderung dieser zweckbedingten, d. h. einer ausreichenden, aber nicht unnötig hochgeschraubten Güte stellt den Hersteller von Mauerwerk vor die Aufgabe, für das Mauerwerk die Auswahl des geeigneten Steinmaterials zu treffen.

Nun ist die Mauerwerksfestigkeit nicht allein von der Druckfestigkeit des Steines abhängig. Vielmehr beeinflußt eine ganze Reihe anderer Faktoren die Mauerwerksfestigkeit, nämlich vorwiegend noch die Mörtelfestigkeit, außerdem aber auch der Mauerverband, die Steinkonstruktion und die Schlankheit. Ein gleichzeitiges Einwirken dieser Faktoren im ungünstigen Sinne kann einen Abfall der Mauerwerksfestigkeit bis auf 20% der Steinfestigkeit herbeiführen. Dieser Tatsache muß bei der Auswahl des Stein- und Mörtelmaterials Rechnung getragen werden.

Die Mindestfestigkeiten von Vollsteinen und Hohlsteinen sind durch die Normen festgelegt und bilden den Ausgangspunkt für die in DIN 1053 bzw. im Runderlaß[3] des Preußischen Finanzministers vom 7. März 1941 aufgeführten Begrenzungen der baumäßigen Beanspruchung. In diesem Zusammenhang werden folgende Normenblätter genannt:

DIN 105 Mauerziegel,
„ 106 Kalksandsteine,
„ 398 Hüttensteine,
„ 399 Hüttenschwemmsteine,
„ 400 Schlackensteine,
„ 1059 Zementschwemmsteine aus Bimskies und
„ 4151 Lochziegel für tragendes Mauerwerk.

Genügt ein Stein der aufgezählten Arten in bezug auf die Festigkeit den Normen, so kann er bis zu der zulässigen Grenze im Mauerwerk belastet werden.

Für nicht genormte Hohlsteine bestehen keine festen Grenzwerte für die zulässige Beanspruchung des Mauerwerkes im Bau, sondern nur bewegliche Werte, die nach DIN 4110 auf $1/5$ der durch die Prüfung ermittelten Bruchfestigkeit des Mauerwerks festgesetzt sind. Für die allgemeine Zulassung nicht genormter Hohlsteine ist u. a. dieser Festigkeitsnachweis der zuständigen Behörde[4] zu erbringen.

Um ein ausreichendes Ergebnis zu erhalten, ist es daher notwendig, zunächst die für die gewünschte Spannung geltende Mauerwerksfestigkeit — durch Multiplizieren der Spannung mit 5 — zu ermitteln. Für Mauerwerk, das die so ermittelte Festigkeit erreichen soll, muß entsprechend der vorgeschriebenen Mörtelmischung ein geeignetes Steinmaterial ausgewählt werden, wobei der zu erwartende Abfall der Festigkeitswerte vom Stein zum Mauerwerk zu berücksichtigen ist. Da der Festigkeitsabfall wesentlich von dem Verhältnis der Mörtelfestigkeit zur Steinfestigkeit

---

[1] Herrmann: Über die Vorausbestimmung der Mauerwerksfestigkeit. Dtsch. Bauztg. 1939, Heft 43.
[2] Seidl: Güte-Grundsätze. Melliand Textilber., Heft 5. Heidelberg 1936.
[3] Zbl. Bauverw. 1941, Heft 14, S. 255—258.
[4] Reichsarbeitsminister, Berlin SW 11, Saarlandstraße 96.

Zahlentafel 1. Zusammenstellung der Ergebnisse. Hohlsteine (Langlochsteine)

Reihe Nr.	Mörtel Druckfestigkeit[1] kg/cm²	Stein Druckfestigkeit[1] kg/cm²	Mauerwerkskörper Abmessungen cm Breite B	Dicke D	Höhe H	Verband gemäß Bild 1 Nr.	Schlankheit: Höhe/Dicke	Anteil der Fugen an der Höhe %	$\frac{Q}{F}$[2] %	Druckfestigkeit[3] kg/cm²	Verhältniszahlen der Festigkeiten Mörtel/Stein %	Mauerwerk[4]/Stein %
1	33	64/76	78,0/93,0	30,5	93,5	II	2,6	8,6	59	18,2	51,6	28,4
2	25	40,9/45,4	103	26	91,5	VI	3,5	7,6	48	25,8	61,2	63,0
3	65	112	103/128	25	103	I	4,1	8,7	47	44,3	58,1	39,6
4	65	87	103/128	38	103	VI	2,7	8,7	51	30,9	74,7	35,5
5	65	135	103/128	25	103	I	4,1	8,7	47	47,7	48,2	35,3
6	65	95	103/128	38	103	VI	2,7	8,7	51	27,2	68,4	28,7
7	50	82	80/107	39,0	110	II	2,8	7,3	55	28	61,0	34,1
8	50	89	80/107	11,8	79	I	6,7	7,6	58	42	56,2	51,2
9	61	86	103/128	24,2	104	I	4,3	7,7	48	37	70,9	43,0
10	56	144	102/128	25,4	103,7	I	4,1	7,7	63	57	38,9	39,6
11	33,5	92	76,6	35,2	124,8	V	3,6	8,8	54	49,9	36,4	54,3
12	33,5	105	76,9	30,7	102,7	VIII	3,3	8,8	59	51,4	36,4	55,9
13	51	145/128	78	32	99	VI	3,1	8,1	52	50	39,8	39,1
14	35	78	105,2	25,5	106,5	I	4,2	7,5	47	24,6	44,9	31,5
15	29	78	78	10	81	I	8,0	7,4	49	24	36,3	31
16	3,9	78	78	10	81	I	8,0	7,4	49	11	5,1	14
17	29	78	78	15	89	I	5,9	10,1	49	28	36,3	36
18	3,9	78	78	15	89	I	5,9	10,1	49	12	5,1	15
19	29	67	78	9,6	78	I	8,1	5,1	46	35	43,3	52
20	3,9	67	78	9,6	78	I	8,1	5,1	46	20	5,8	30
21	29	67	78	24	86	I	3,6	10,5	46	36	43,3	54
22	3,9	67	78	24	86	I	3,6	10,5	46	24	5,8	36
23	29	67	78	35,5	107	VIII	3,1	10,3	46	28	43,3	42
24	29	135	78	20	87	I	4,4	8,1	51	27	21,5	20
25	29	64	78	16,6	89	II	5,4	6,7	47	22	45,3	34
26	29	64	78	19,3	89	II	4,6	6,7	49	24	45,3	38
27	29	64	78	24,4	98	II	4,0	6,8	51	23	45,3	36
28	29	64	78	27,0	98	II	3,6	6,8	51	21	45,3	33
29	29	64	78	34,8	106	II	3,1	6,6	53	25	45,3	39
30	29	122	80/107	20	75	I	3,8	10,5	65	52	23,8	43
31	3,9	122	80/107	20	75	I	3,8	10,5	65	36	3,2	30
32	29	106	80/107	25	75	I	3,0	10,5	49	46	27,4	43
33	3,9	106	80/107	25	75	I	3,0	10,5	49	31	3,7	29
34	33	159/132	103	30,7	90,5	VI	2,9	7,2	54	33,8	25,0	25,6
35	21	95	100	25	95	II	3,8	10,3	64	29	22,1	30,5

[1] Bezogen auf die gedrückte Fläche.
[2] Q = kleinster Materialquerschnitt, F = gedrückte Fläche.
[3] Mittel aus drei Versuchen.
[4] Bei Verwendung mehrerer Steinsorten wurde für die Errechnung der Verhältniszahlen die geringste Druckfestigkeit eingesetzt.

abhängt, ist es zweckmäßig, die Druckfestigkeit des vorgesehenen Mörtels durch eine Eignungsprüfung[5] zu ermitteln. Ist die Druckfestigkeit des Steins und des Mörtels bekannt, so ist nunmehr die Frage zu beantworten:

[5] Hummel: Das Beton-ABC. Verlag: Chemisches Laboratorium für Tonindustrie. Berlin NW21, Dreysestraße 4. Die Ausführungen über die Eignungsprüfung von Beton sind sinngemäß auf Mörtel anzuwenden.

Welche Mauerwerksfestigkeit wird auf Grund dieser beiden Faktoren erhalten?

Zur Lösung dieser Aufgabe können die Erfahrungen aus zahlreichen Untersuchungen in der II. Hauptabteilung des Staatlichen Materialprüfungsamtes Berlin-Dahlem verwertet werden. Sie geben einen hinreichenden Aufschluß über die Abhängigkeit der Mauerwerksfestigkeit von der Druckfestigkeit des Steines und des Mörtels unter Berück-

Zahlentafel 2. Zusammenstellung der Ergebnisse. Hohlsteine (Querlochsteine)

Reihe Nr.	Mörtel Druckfestigkeit[1] kg/cm²	Stein Druckfestigkeit[1] kg/cm²	Mauerwerkskörper Abmessungen cm Breite B	Dicke D	Höhe H	Verband gemäß Bild 1 Nr.	Schlank- heit: Höhe/Dicke	Anteil der Fugen an der Höhe %	$\frac{Q}{F}$[2] %	Druck- festigkeit[3] kg/cm²	Verhältniszahlen der Festigkeiten Mörtel/Stein %	Mauerwerk[4]/Stein %
36	23	168	94,5/107	25,7	92,5	VII	3,6	9,7	81	47,3	13,7	28,2
37	25	150	75,0	25,7	85,8	IV	3,3	8,2	81	46,0	16,7	30,7
38	25	154	125	26	296	IV	11,4	8,8	83	31,6	16,7	20,6
39	41	152	118	25,7	300	VII	11,7	8,7	82	35,8	27,0	23,6
40	3,4	266	104,5	39,5	131	III	3,3	9,2	88	32	1,28	12,0
41	4,4	266	92/104	25,5	82	IV	3,2	9,8	81	42	1,65	15,8
42	4,4	266	91	25,5	222,5	IV	8,7	9,0	81	37	1,65	13,9
43	37	266	92/104	25,5	82	IV	3,2	9,8	81	78	13,9	39,3
44	37	266	92	25,5	223,3	IV	8,7	9,0	81	84	13,9	31,6
45	25,5	124	103/116	38,5	105,5	III	2,7	9,5	88	39,0	20,6	31,4
46	25,5	124	104	25	102,3	III	4,1	8,8	88	43,0	20,6	34,6
47	25,5	101	86,2/97	32	95,2	VII	3,0	7,4	84	39,6	25,3	39,4
48	48	218	91,8/104	25	106	IV	4,2	9,4	68	49,5	22,0	22,7
49	48	218	91,8/104	38	106,5	III	2,8	9,4	68	46,0	22,0	21,1
50	81	134	103	38	300	III	7,9	13,3	74	46,0	60,5	34,3
51	77	153	87,5	24,5	83,5	IV	3,4	14,4	72	75	50,3	49,0
52•	77	153	87,5	38,0	98,0	III	2,6	14,3	73	109	50,3	71,3
53	77	153	87,5	38,0	128,0	III	3,4	14,1	73	94	50,3	61,5
54	77	153	87,5	24,5	260	IV	10,6	13,9	72	88	50,3	57,5
55	4,1	148	89,7	24,8	100,3	IV	4,1	10	70	20,1	2,8	13,6
56	4,1	148	89,7	38,0	100,3	III	2,7	10	70	19,3	2,8	13,0
57	29	205	78	12	76	I	6,3	14,5	80	63	14,1	31
58	3,9	205	78	12	76	I	6,3	14,5	80	28	1,9	14
59	29	205	78	15	84	I	5,6	14,3	82	56	14,1	27
60	3,9	205	78	15	84	I	5,6	14,3	82	28	1,9	14
61	29	205	78	28	107	III	3,8	14,0	84	59	14,1	29
62	3,9	205	78	28	107	III	3,8	14,0	84	28	1,9	14
63	29	233	78	12	71	I	5,9	7,9	84	51	12,5	22
64	29	233	78	25	88	IV	3,5	8,0	85	44	12,5	19
65	3,9	233	78	25	88	IV	3,5	8,0	85	38	1,7	16
66	33	180	92,8/101,7	24,5	102,6	IV	4,2	12,3	73	44	18,3	24,4
67	52	180	90	25,8	106,4	IV	4,1	9,5	75	47	28,9	26,1

[1] Bezogen auf die gedrückte Fläche.
[2] Q = kleinster Materialquerschnitt, F = gedrückte Fläche.
[3] Mittel aus drei Versuchen.
[4] Bei Verwendung mehrerer Steinsorten wurde für die Errechnung der Verhältniszahlen die geringste Druckfestigkeit eingesetzt.

sichtigung verschiedener Konstruktionseinflüsse. Die Vielzahl der vorliegenden Ergebnisse gestattet eine angenäherte Voraussage der Mauerwerksfestigkeit.

B. Prüfungsumfang

Zur Ermittlung der Festigkeitsverhältnisse im Mauerwerk wurden die Ergebnisse der in den letzten 14 Jahren im Staatlichen Materialprüfungsamt Berlin-Dahlem teils im wissenschaftlichen Interesse, teils auf Antrag durchgeführten Untersuchungen herangezogen. Die Untersuchungen erstreckten sich auf

1. 67 Reihen Mauerwerkskörper aus Hohlsteinen (Langloch- und Querlochziegel),
2. 14 ,, Mauerwerkskörper aus zementgebundenen Hohlsteinen,
3. 50 ,, Mauerwerkskörper aus Vollziegeln.

Insgesamt wurden 131 Versuchsreihen zu je 3 Mauerwerkskörpern zur Besprechung gestellt. Hierunter befindet sich eine Anzahl von Versuchen, deren Ergebnisse in anderer Richtung ausgewertet und veröffentlicht wurden und zwar durch

L. Krüger: „Ziegel und Ziegelbauteile" in den Mitteilungen der Deutschen Materialprüfungsanstalten, Heft 17, Bd. 1928 bis 1936, S. 257.

Kristen-Schulze: „Die Tragfähigkeit von Mauerwerkskörpern" in der Deutschen Bauzeitung, Heft 16, 70. Jahrgang 1936, S. 323.

Die Abmessungen der Mauerwerkskörper sind aus den Zahlentafeln 1 bis 5 ersichtlich. Entsprechend den technischen Bestimmungen für die Zulassung neuer Bauweisen

Zahlentafel 3. Zusammenstellung der Ergebnisse. Hohlsteine (zementgebundene Hohlblocksteine)

Reihe Nr.	Mörtel Druckfestigkeit[1] kg/cm²	Stein Druckfestigkeit[1] kg/cm²	Mauerwerkskörper Abmessungen cm Breite B	Dicke D	Höhe H	Verband gemäß Bild 1 Nr.	Schlankheit: Höhe/Dicke	Anteil der Fugen an der Höhe %	$\frac{Q^2}{F}$ %	Druckfestigkeit[3] kg/cm²	Verhältniszahlen der Festigkeiten Mörtel/Stein %	Mauerwerk[4]/Stein %
68	56	23	101,6	30,0	104,5	I	3,5	4,8	67	16,9	243,3	73,5
69	56	24	101,6	25,1	104,5	I	4,2	4,8	71	17,4	233,2	72,5
70	56	18		20,2		I	5,2		68	14,5	311,0	80,6
71	58	38	101	25	101	I	4,0	5,0	68	33	152,7	86,9
72	56	34	105/116	25	114	I	4,6	5,3	71	19,9	164,7	58,6
73	56	49	105/116	25	116	I	4,6	5,2	71	26,0	114,2	53,1
74	36	71	105/117	25,6	117	I	4,6	5,1	75	41,4	50,7	58,3
75	58	30,9	103,3	25,5	94,4	VI	3,7	7,4	78	17,1	187,6	55,3
76	46,9	43	118	19	87,7	I	4,6	6,3	89	29,6	109	68,8
77	46,9	22	80	24,5	89,3	I	3,6	7,9	88	17,6	213	80
78	46	34	98,6	29,0	103,4	I	3,6	11,0	87	22,2	138	65,3
79	46	54/81	84,5	34,0	114,3	VIII	3,4	10,2	79	24	85,2	44,5
80	61	56	106	25,3	114,1	I	4,5	3,5	73	30	109	53,6
81	53	49	112/121	25	94	I	3,8	5,3	73	25,1	108	41,3

[1] Bezogen auf die gedrückte Fläche.
[2] Q = kleinster Materialquerschnitt, F = gedrückte Fläche.
[3] Mittel aus drei Versuchen.
[4] Bei Verwendung mehrerer Steinsorten wurde für die Errechnung der Verhältniszahlen die geringste Druckfestigkeit eingesetzt.

Zahlentafel 4. Zusammenstellung der Ergebnisse. Vollsteine

Abmessungen in cm: 38 · 38 · 38.
Verband: Blockverband.
Schlankheit: $\frac{\text{Höhe}}{\text{Dicke}} = 1$.
Anteil der Fugen an der Probenhöhe: 16%.
Kleinster Materialquerschnitt / gedrückte Fläche = 100%.

Steindruckfestigkeit s kg/cm²		206				223				311				434		
Mörtel Druckfestigkeit m kg/cm²	Reihe Nr.	Mauerwerk[2] Druckfestigkeit e kg/cm²	$\frac{m}{s} = x$[1] %	$\frac{e}{s} = y$[1] %	Reihe Nr.	Mauerwerk[2] Druckfestigkeit e kg/cm²	$\frac{m}{s} = x$[1] %	$\frac{e}{s} = y$[1] %	Reihe Nr.	Mauerwerk[2] Druckfestigkeit e %	$\frac{m}{s} = x$[1] %	$\frac{e}{s} = y$[1] %	Reihe Nr.	Mauerwerk[2] Druckfestigkeit e kg/cm²	Verhältniszahlen $\frac{m}{s} = x$[1] %	$\frac{e}{s} = y$[1] %
6,0	82	65	2,9	32	93	77	2,7	35	—	—	—	—	107	83	1,4	19
2,7	83	58	1,3	28	—	—	—	—	—	—	—	—	—	—	—	—
3,9	84	70	1,9	34	94	68	1,7	31	—	—	—	—	108	81	0,9	19
3,9	85	75	1,9	37	95	69	1,7	31	—	—	—	—	109	93	0,9	22
3,9	86	68	1,9	33	96	72	1,7	32	—	—	—	—	—	—	—	—
10,9	87	95	5,3	46	97	85	4,9	38	103	143	3,5	46	110	102	2,5	24
17,4	88	98	8,4	48	98	109	7,8	49	104	130	5,6	42	111	140	4,0	32
19,8	89	124	9,6	60	99	116	8,9	52	—	—	—	—	112	128	4,6	30
29	90	108	14,1	52	100	119	13,0	53	105	155	9,3	50	113	134	6,7	31
35	91	113	17,0	55	101	121	15,7	54	—	—	—	—	114	140	8,1	32
64	92	124	31,1	60	102	144	28,7	65	106	184	20,6	59	115	187	14,8	43

[1] s = Steinfestigkeit, e = Mauerwerksfestigkeit, m = Mörtelfestigkeit.
[2] Diese Werte sind der Zahlentafel 4 aus den Mitteilungen der Deutschen Materialprüfungsanstalten, Heft 17 entnommen.

(DIN 4110) wurde bei den Hohlsteinen die Höhe der Mauerwerkskörper zu $H = 2\sqrt{F}$, worin F die Grundfläche bedeutet, oder zu $H \leqq 3$ m, gewählt. Die Vollsteine wurden entweder zu Wandstücken wie vor oder zu würfeligen Mauerwerkskörpern vermauert. Zum Vergleich wurden Mauerwerkskörper mit der Höhe $H \leqq 3$ m und Mauer-

werkskörper als Kreisringausschnitt mit etwa gleichen Kantenlängen hergestellt. Die verwendeten Mörtel waren:
Kalkmörtel 1 + 3 oder
Kalkzementmörtel der Mischung
    1 Rtl. Zement + 2 Rtl. Kalkpulver + 8 Rtl. Sand
  oder 1 ,, ,, + 2 ,, ,, + 6 ,, ,,
  ,, 1 ,, ,, + 1 ,, ,, + 4 ,, ,,
    1 ,, ,, + 4 ,, ,, + 12 ,, ,,
wobei die Forderungen der Normen DIN 1053 im wesentlichen beachtet worden waren. Die Mörtelfestigkeiten sind in den Zahlentafeln 1 bis 5 enthalten. Sie wurden an Würfeln gemäß den Normen DIN 1164 festgestellt.

Die Druckfestigkeiten wurden bei Vollsteinen im Reichsformat an Proben gemäß DIN 105 ermittelt, Querlochziegel wurden für die Prüfung an den Druckflächen durch Abschleifen geebnet, Langlochziegel und Hohlblockziegel erhielten eine Abgleichschicht aus Zementmörtel der Mischung 1 Rtl. Zement + 1 Rtl. Sand.

Für die Vermauerung fanden die in Bild 1 dargestellten Verbände Anwendung.

Die Mauerwerkskörper wurden nach den Regeln des Handwerks hergestellt und behandelt. Die Druckflächen wurden mit einer etwa 1 cm dicken Abgleichschicht aus Zementmörtel der Mischung 1 Rtl. Zement + 1 Rtl. Sand versehen.

Das Prüfalter betrug bei den in Kalkzementmörtel vermauerten Mauerwerkskörpern etwa 28 Tage, bei den in Kalkmörtel verlegten etwa 56 Tage.

C. Prüfungsergebnisse

Die Prüfungsergebnisse sind in den Zahlentafeln 1 bis 5 zusammengestellt. Sie enthalten neben der Gruppen-

Zahlentafel 5. Zusammenstellung der Ergebnisse
Vollsteine
Abmessungen in cm: etwa 51 · 51 · 51.
Verband: Schornsteinverband gem. DIN 1056.
Schlankheit: $\frac{\text{Höhe}}{\text{Dicke}} = 1$.
Anteil der Fugen an der Probenhöhe: 16%.
$\frac{\text{Kleinster Materialquerschnitt}}{\text{gedrückte Fläche}} = 100\%$.

Reihe Nr.	Druckfestigkeit kg/cm²			Verhältniszahlen	
	Mörtel m	Stein s	Mauerwerk e	$\frac{m}{s} = x$ %	$\frac{e}{s} = y$ %
116	47	506	183	9,3	36,2
117	39	814	233	4,8	28,6
118	73	430	178	17,1	41,2
119	25	780	214	3,2	27,5
120	52	448	187	11,6	41,8
121	48	570	151	8,4	26,4
122	30	572	201	5,2	35,1
123	34	822	180	4,1	21,9
124	25	481	194	5,2	40,3
125	22	785	141	2,8	17,9
126	13	337	134	3,9	39,8
127	21	525	161	4,0	30,7
128	98	379	200	25,9	52,8
129	45	357	182	12,6	49,6
130	76	419	168	18,1	40,1
131	53	392	200	13,5	51,1

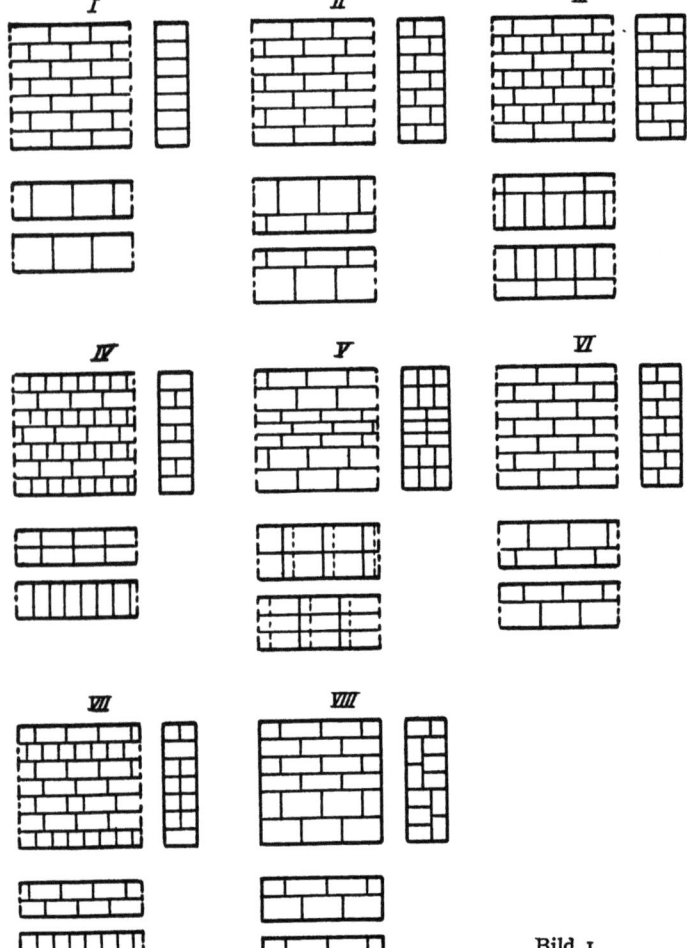

Bild 1. Mauerwerksverbände

bezeichnung die Druckfestigkeit des Mörtels und des Steins, außerdem alle Angaben, die zur Charakterisierung des Mauerwerks als notwendig erschienen, nämlich über Verband, Schlankheit, Fugenanteil und Querschnittsverhältnisse.

Die Verhältniszahlen der letzten beiden Spalten wurden graphisch aufgetragen und zwar der Quotient

$$\frac{100 \cdot \text{Mörtelfestigkeit}}{\text{Steinfestigkeit}} = x \text{ auf der Abszisse,}$$

der entsprechende Quotient

$$\frac{100 \cdot \text{Mauerwerksfestigkeit}}{\text{Steinfestigkeit}} = y \text{ auf der Ordinate}$$

eines rechtwinkligen Achsensystems (s. Bild 2).

Für die auf diese Weise dargestellten Punkte wurde scharenweise der arithmetische Mittelwert errechnet und die Mittelwerte zu einer Kurve verbunden. Sie gehorcht bei den Lochziegeln innerhalb des behandelten Bereiches der Gleichung

$$y^3 = 1690 \, x.$$

Wird gesetzt
s = Steinfestigkeit,
m = Mörtelfestigkeit und
e = Mauerwerksfestigkeit,

dann ist

$$x = \frac{100 \cdot m}{s}, \quad y = \frac{100 \cdot e}{s},$$

also

$$\left(\frac{100 \cdot e}{s}\right)^3 = \frac{1690 \cdot 100 \cdot m}{s},$$

daraus $\quad e = 0{,}55 \sqrt[3]{m \cdot s^2} \quad$ [Gl. (1)].

Aus dieser Gleichung kann die Mauerwerksfestigkeit errechnet werden, wenn die Festigkeitswerte für den verwendeten Stein und den Mörtel bekannt sind. Umgekehrt kann auch festgestellt werden, welche Stein- oder Mörtel-

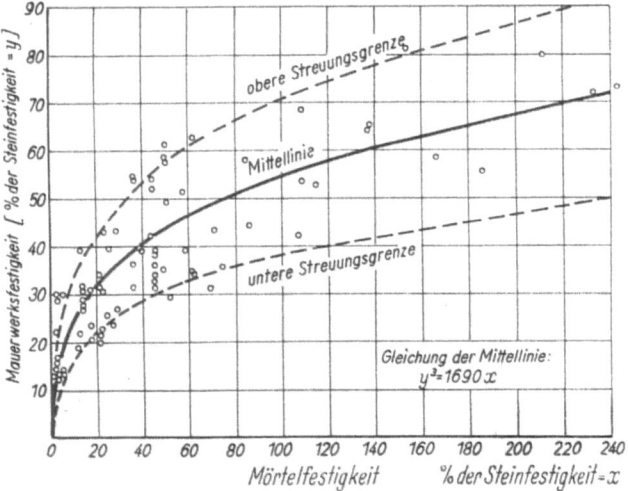

Bild 2. Mittellinie aus den Verhältniszahlen der Reihen 1 bis 81

festigkeit zu fordern ist, wenn eine bestimmte Mauerwerksfestigkeit erreicht werden soll. Die Umkehrungen der Gleichung lauten dann:

Bild 3. Mauerwerkskörper, 3 m hoch, gemäß Verband III

$$s = 2{,}42 \sqrt[3]{\frac{e^3}{m}} \quad \text{und}$$

$$m = 5{,}92 \frac{e^3}{s^2} \, .$$

Die Streuung der graphisch aufgetragenen Werte beträgt bei den Hohlziegeln etwa ±25% vom Mittelwert. Dementsprechend schwankt der in der e-Gleichung der Wurzel vorangehende Wert zwischen 0,41 und 0,69. Die Ursachen für die Streuung sind verschieden und können fast immer auf konstruktive Eigenarten des Steines oder des Verbandes zurückgeführt werden. Hohlziegel mit großem Hohlraumanteil haben meist eine unter dem Durchschnitt liegende Mauerwerksfestigkeit, während Hohlziegel mit geringem Hohlraumanteil oft eine der oberen Streuungsgrenze entsprechende Mauerwerksfestigkeit erreichen. Bei der Vorausbestimmung der Mauerwerksfestigkeit ist dieser Anteil im Quotienten

$$\frac{\text{Materialquerschnitt}}{\text{gedrückte Fläche}}$$

auszudrücken und gegebenenfalls zu berücksichtigen.

Von Einfluß auf die Mauerwerksfestigkeit ist auch die Art der Lastübertragung der übereinander liegenden Schichten. Bei Querlochsteinen wirkt sich eine unvollständige Überdeckung der Materialquerschnitte meist recht nach-

teilig aus. Offenbar entstehen Scherbeanspruchungen, die eine frühzeitige Beschädigung des Gefüges verursachen. Eine gute Mauerwerksfestigkeit kann dann erwartet werden, wenn die Querschnitte der Schichten mit voller Deckung übereinander liegen.

Bild 4. Mauerwerkskörper mit $H = 2\sqrt{F}$ gemäß Verband IV

Langlochziegel müssen im Querschnitt so ausgebildet sein, daß die Lasten ebenfalls unmittelbar von Steg zu Steg übertragen werden. Im anderen Falle treten in den waagerechten Steinwandungen Biegespannungen auf, wodurch die Mauerwerksfestigkeit herabgesetzt werden kann.

Außerordentlich wichtig für die Erzielung einer hohen Mauerwerksfestigkeit ist die geeignete Ausbildung des Querverbandes, wie sie beim schulmäßigen Mauern mit

Bild 5. Mauerwerkskörper mit $H = 2\sqrt{F}$ gemäß Verband I

normalformatigen Steinen üblich ist. Je besser und je häufiger im Seitenschnitt die übereinander liegenden Schichten verzahnt sind (Bild 1, Verband II, III und IV und Bild 3 und 4), um so mehr kann mit einer günstigen Mauerwerksfestigkeit gerechnet werden.

Die höchste Ergiebigkeit wird erzielt, wenn — unter sonst gleichen Voraussetzungen — die Innen- und Außenflucht einer Schicht von ein und demselben Stein ohne die sonst notwendige Tiefenverzahnung gebildet wird (Bild 1, Verband I und Bild 5 und 6).

Bild 6. Mauerwerkskörper mit $H = 2\sqrt{F}$ gemäß Verband I

Bild 7. Mauerwerkskörper mit $H = 2 F$ gemäß Verband V

In solchem Falle hat das Mauerwerk keine Innenfuge. Die nach außen wirkenden Zugspannungen werden allein vom Stein aufgenommen, was insofern günstig ist, als die Zugfestigkeit des Steins im allgemeinen höher ist als die des Mörtels.

Zu knappe Verzahnungen (Bild 1, Verband VI, und Bild 7) und zu wenige Verzahnungen (Bild 1, Verband V, VII und VIII, und Bild 8) bieten durch die langen senkrechten Mittelfugen den beim Druck auftretenden Zugspannungen im Mörtel nur geringen Widerstand und haben meist eine frühzeitige Zerstörung des Mauerwerks zur Folge. Versuche, die Zugspannungen durch Anker aus Rund- oder Bandeisen, die gleichmäßig in den Lagerfugen senkrecht zu den Wandflächen verteilt werden, aufzunehmen, haben

Bild 8. Mauerwerkskörper mit $H = 3$ m gemäß Verband VII

nicht immer den gewünschten Erfolg gebracht. Sie ersetzen nicht mit Sicherheit eine gute Verzahnung.

Der Einfluß der Höhe auf die Mauerwerksfestigkeit innerhalb der üblichen Abmessungen für zu prüfende Mauerwerkskörper wird meist überschätzt. Nach den in der Deutschen Bauzeitung[6] von Kristen und Schulze veröffentlichten Unterlagen wurde die Zahlentafel auf Bild 9 zusammengestellt.

Daraus geht hervor, daß bei einem Anwachsen der Mauerwerkskörper von etwa 80 cm auf etwa 300 cm die Bruchlast der hohen Körper im Mittel um 19% niedriger ist als bei den kleinen Körpern. In weit höherem Maße wirkt sich im Vergleich zur Wandform die Würfelform auf die Mauerwerksfestigkeit aus. Diesem Nachweis dient die Zahlentafel auf Bild 10. Hierin wurden den entsprechend

---
[6] Siehe Dtsch. Bauztg., Heft 16, Jahrg. 1936, S. 323.

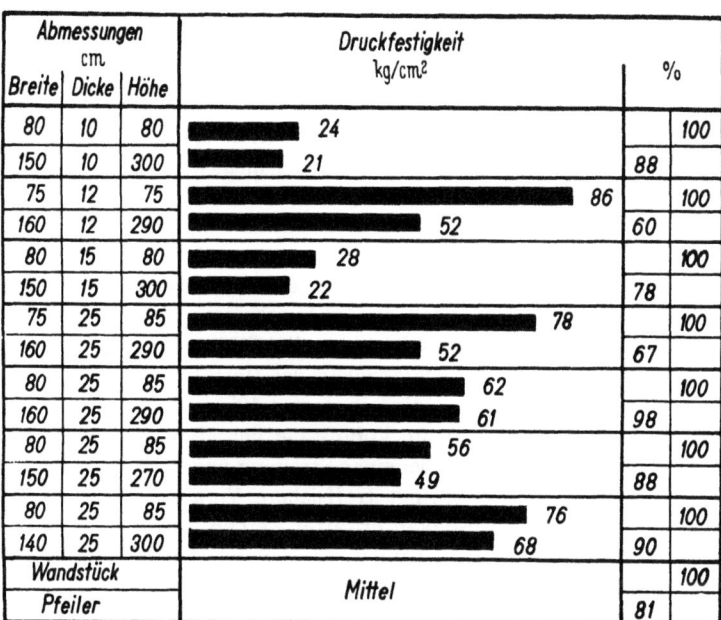

Bild 9. Einfluß der Höhe auf die Druckfestigkeit des Mauerwerks

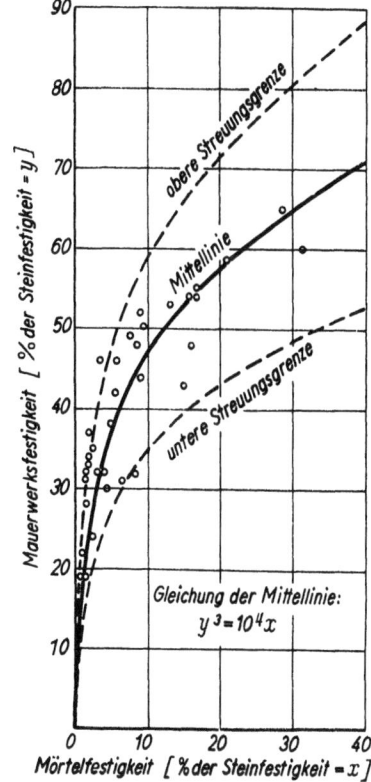

Bild 10. Einfluß der Probenform (Wandstück-Würfel) auf die Druckfestigkeit des Mauerwerks

Unter Berücksichtigung der bei den Prüfungen gemachten Beobachtungen und Feststellungen wurden in Zahlentafel 6 die Wurzelbeiwerte t entsprechend der Maßgabe zusammengestellt, ob die Mauerwerkskörper

1. in Würfelform oder als Wandstück und
2. in Hohlziegeln oder in Vollziegeln

hergestellt werden sollen. Die eingeklammerte Zahl ist nicht auf dem Versuchswege erhalten worden. Sie ist unter der Annahme eingesetzt

Bild 11. Mittellinie aus den Verhältniszahlen der Reihen 116 bis 131

der Gleichung $H = 2\sqrt{F}$ bemessenen Mauerwerkskörpern würfelförmige Mauerwerkskörper gegenübergestellt. Die Tragfähigkeit der Würfelproben erwies sich als etwa doppelt so hoch wie bei den wandartigen Proben.

Um auch die absoluten Festigkeitswerte der würfelförmigen Mauerwerkskörper aus Vollziegeln in Abhängigkeit von der Druckfestigkeit des für sie verwendeten Steins und Mörtels zu kennen, wurden wie bei den Hohlziegeln die Verhältniszahlen der Zahlentafel 4 und 5 graphisch aufgetragen. Der Verlauf der Mittellinie ist in den Bildern 11 und 12 dargestellt. Ihre Gleichung innerhalb des untersuchten Bereichs lautet für

a) Mauerwerkskörper mit 38 cm Kantenlänge (Bild 11)

$$y^3 = 10\,000\,x.$$

Daraus wird wie zu Gl. (1) die Mauerwerksfestigkeit abgeleitet. Sie ist

$$e = \sqrt[3]{m \cdot s^2} \quad [\text{Gl. (2)}],$$

b) Mauerwerkskörper (Kreisringausschnitt) mit 51 cm Kantenlänge (Bild 12)

$$y^3 = 5000\,x.$$

Daraus

$$e = 0{,}8\sqrt[3]{m \cdot s^2} \quad [\text{Gl. (3)}].$$

Auch hier bewegt sich die Streuung der Werte in den Grenzen $\pm 25\%$.

worden, daß die bei den Hohlsteinen gefundenen Beziehungen auch für die Vollsteine gelten.

Zahlentafel 6

Probenform		Wurzelbeiwert t bei	
		Hohlsteinen	Vollsteinen
Wandstücke . . .	$H = 3\,m$ [7]	0,4	(~0,45)
	$H = 2\sqrt{F}$ [7]	0,5	0,55
Würfelartige Proben	Kreisringausschnitt Kantenlänge ~51 cm	—	0,8
	Würfel, Kantenlänge ~38 cm	—	1,0

Die durch die Eigenart der Steine und des Verbandes bedingten Abweichungen von den Mittelwerten konnten nicht eindeutig zahlenmäßig erfaßt werden. Es ist auf Grund der in den Bildern 2, 11 und 12 gegebenen Darstellungen nicht anzunehmen, daß wesentliche Streuungen über das Maß $\pm 25\%$ vom Mittelwert auftreten.

An einem Beispiel soll die praktische Nutzanwendung der Ergebnisse gezeigt werden.

---

[7] Gemäß DIN 4110.

Beispiel:

Für ein Bauwerk soll unter Verwendung eines Kalkzementmörtels mit der Druckfestigkeit $W_b\ 28 = 25$ kg/cm² Hohlsteine mit einer Druckfestigkeit von 210 kg/cm² — bezogen auf die gedrückte Fläche — verarbeitet werden. Welche Mauerwerksfestigkeit ist zu erwarten? Da nach DIN 4110 der Nachweis bei Hohlziegeln an Mauerwerkskörpern mit $H = 2\sqrt{F}$ zu führen wäre, ist einzusetzen in die Gleichung

$$e = t\sqrt[3]{m \cdot s^2} \quad t = 0{,}5$$
$$m = 25$$
$$s = 210.$$

Daraus
$$e = 0{,}5\sqrt[3]{25 \cdot 210^2}$$
$$= 62 \text{ kg/cm}^2.$$

Wird aus Gründen der Vorsicht eine mögliche Streuung von —25% infolge konstruktiver Mängel berücksichtigt, so kann eine Mindest-Mauerwerksfestigkeit von 46 kg/cm² erwartet werden.

D. Zusammenfassung

Bei der Auswertung handelt es sich im wesentlichen um Versuche, die untereinander nicht unmittelbar in organischem Zusammenhange stehen. Lediglich durch eine nachträgliche systematische Gliederung und Einordnung vergleichbarer Ergebnisse war es möglich, einige Einflüsse zu analysieren und andere angenähert abzuschätzen. Durch graphische Darstellung der Ergebnisse gelang es, auf dem Wege über eine Gleichung die Wirkung der wichtigsten Faktoren — Druckfestigkeit des Mörtels und Steins — auf die Mauerwerksfestigkeit gesetzmäßig zu erfassen, wodurch eine Handhabe zur Voraussage der Mauerwerksfestigkeit gegeben wurde. Bei einer Streuung von ±25% kann zwar nicht eine unbedingt treffsichere Vorausbestimmung der Mauerwerksfestigkeit erwartet werden, zumal da bekanntlich auch die Elemente des Mauerwerks in ihren Eigenschaften und die Art ihrer Verarbeitung eine gewisse — oft über ±25% hinausgehende — Streuung aufweisen. Zumindest aber gibt die Gleichung die Möglichkeit, angenähert die Größenordnung der Mauerwerksfestigkeit vorauszusagen. Hierbei wird die unbedingt sichere Seite dadurch eingehalten, daß bei der Errechnung (s. Beispiel) eine Streuung von —25% berücksichtigt wird.

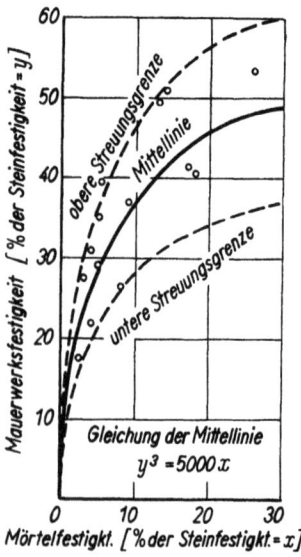

Bild 12. Mittellinie aus den Verhältniszahlen der Reihen 182 bis 115

ERFAHRUNGEN BEI DER PRÜFUNG VON LUFTSCHUTZRAUMABSCHLÜSSEN[1]

Von Martin Herrmann

Die Aufgabe, die Erfahrung bei der Prüfung von Luftschutzraumabschlüssen zu behandeln, schließt so viele Möglichkeiten ein, daß sie im Rahmen eines kurzen Aufsatzes nicht erschöpfend gelöst werden kann. Die Ausführungen müssen sich daher darauf beschränken, aus der Fülle des Materials einige Beispiele herauszugreifen, um an ihnen den sich auf wochen-, oft monatelangen Entwicklungsarbeiten aufbauenden Fortschritt in der baulichen Durchbildung der Raumabschlüsse und in der Vervollkommnung der Dichtungsstoffe darzustellen. Ein Blick in die Bestimmungen der Normen DIN 4104 läßt am ehesten das weite Arbeitsfeld erkennen, das den Prüfstellen hinsichtlich der Prüfung und Entwicklung von Raumabschlüssen zugeteilt ist. Es werden unterschieden:

a) nach dem bautechnischen Zweck: Türen, Fensterblenden, Notausstiege, Schornsteinabschlüsse und sonstige Wandöffnungen,

b) nach dem Abwehrzweck: gassichere, trümmersichere, splittersichere und diese Eigenschaften gemeinsam aufweisende Abschlüsse.

Die Bestimmungen der Normen waren ursprünglich lediglich auf die Verwendung von Stahl zugeschnitten. Die Verknappung des Stahls hat jedoch den Herstellern Veranlassung gegeben, Mittel und Wege zu finden, diesen wertvollen Baustoff durch einen anderen völlig oder teilweise zu ersetzen, so daß heute auch nach der stofflichen Beschaffenheit unterschieden werden können:

Abschlüsse aus Stahl, Holz, Baustoffplatten und bewehrtem Beton.

Die Anfänge der Herstellung und Prüfung von Luftschutzraumabschlüssen fallen in das Jahr 1934. Als mit der Verkündung der Wehrfreiheit im Jahre 1935 öffentlich der Grundsatz der totalen Landesverteidigung vertreten wurde, setzte die Produktion der Luftschutzraumabschlüsse im verstärktem Maße ein. Zu dieser Zeit entstand das deutsche Luftschutzgesetz, das die rechtlichen Grundsätze in allen Luftschutzfragen festlegte. Gleichzeitig wurden die amtlichen Prüfstellen veranlaßt, die bisher angewendeten verschiedenen Prüfverfahren auf eine einheitliche Basis zu bringen. Mit der Aufstellung der Normenbestimmungen DIN-Vornorm 4104 im Jahre 1937 wurde diese Arbeit vorläufig abgeschlossen. Jedoch führten neue Erfahrungen und Erkenntnisse sehr bald zu der Notwendigkeit, die Normen auf eine verbesserte Grundlage zu stellen, was durch die Aufstellung der nunmehr gültigen Normen geschah.

Von dem Auftrieb auf dem Gebiete des Luftschutzes wird am besten ein Begriff gegeben, wenn man sich vergegenwärtigt, daß noch vor knapp vier Jahren im Staatlichen Materialprüfungsamt Berlin-Dahlem vier Prüfkammern genügten, um den Anfall an Prüfanträgen zu bewältigen. Heute dagegen ist die vorhandene Anzahl von 20 Prüfständen nicht einmal mehr ausreichend. Das bedeutet eine fünffache Steigerung der Arbeitskapazität. Ähnlich mögen die Verhältnisse bei den anderen Prüfanstalten liegen.

Raumabschlüsse für den Luftschutz haben entsprechend den Normen die Forderung zu erfüllen, gassicher, trümmersicher oder splittersicher zu sein. Die Erfüllung der beiden letzten Forderungen ist von der Art und Dicke

---

[1] Bereits abgedruckt in „Gasschutz und Luftschutz" 1941. Ausgabe B. 1. Vierteljahrheft.

des Materials und von der Durchschlagskraft der Trümmer bzw. der Bombensplitter abhängig. Eine Überprüfung der bisher geltenden Annahmen in bezug auf die Splittersicherheit ist zur Zeit im Gange; ein Bericht über die Versuche wird im Rahmen eines anderen Aufsatzes erstattet.

Die folgenden Ausführungen werden sich im wesentlichen auf gassichere Abschlüsse beschränken. Ein Beispiel für einen gassicheren Abschluß zeigt Bild 1 und 2.

Güte einer früheren oder späteren Alterung infolge atmosphärischer Einflüsse unterworfen, was mit einer Verminderung seiner Elastizität verbunden ist.

Weniger empfindlich ist in dieser Beziehung Filz. (Bild 3, Mitte.) Er ist allerdings weniger elastisch und in seinem Gefüge undicht. Um mit ihm die Dichtigkeit eines Raumabschlusses zu erzielen, muß beim Verschließen der Filz so stark zusammengedrückt werden, daß er nicht nur wie

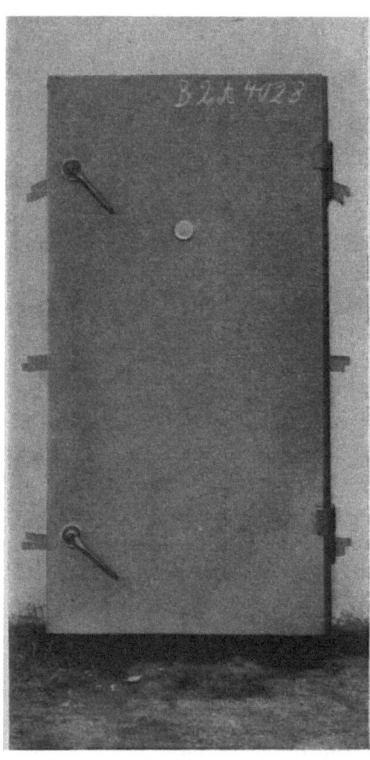

Bild 1. Raumabschluß für Luftschutzräume

Die Eigenschaft der Gassicherheit wird an dem mit Zarge in einen Prüfraum eingebauten Abschluß nach Entzünden von Bergermischung bei Überdruck geprüft. Hierbei darf der Raumabschluß auch nach verschiedenen mechanischen Beanspruchungen nicht einmal Spuren von Nebel hindurchlassen. Die mechanischen Beanspruchungen sind:
Beanspruchung durch Schlag,
,, durch Verklemmen,
,, durch senkrechte Last.

Dichtungen

Nach den Normen ist als Dichtung ein Schlauchgummi von 15 mm Außendurchmesser und 2 mm Wanddicke vorgeschrieben, der in eine an der Zarge oder am Türblatt angeordnete Nut von 12 mm Tiefe und 9 mm Breite gelegt wird und beim Verschließen gegen die Zarge und gegen das Türblatt drückt. Bild 3, oben. Aber auch die Verwendung anderer Dichtungsarten ist nicht ausgeschlossen, wenn sie den Belangen des Luftschutzes entsprechen.

Die Gründe für die Wahl des Schlauchgummis sind vor allen Dingen darin zu suchen, daß Schlauchgummi im Handel leicht greifbar und daher im Falle der Beschädigung des eingelegten Gummis schnell auswechselbar ist. Profilgummi ist daher nur dann angewendet worden, wenn er sich ohne Nachteil für die Dichtheit des Abschlusses durch den üblichen Schlauchgummi ersetzen läßt.

Gummi ist wegen seiner elastischen Eigenschaften zweifellos der beste Dichtungsstoff. Leider ist er je nach

Gummi den gassicheren Abschluß zwischen Blatt und Zarge bewirkt, sondern auch in sich dicht ist. Auf Grund von Versuchen ist dieser Zustand dann erreicht, wenn der Filz je nach Härtegrad auf $1/3$ bis $1/2$ seiner Ursprungsdicke zusammengedrückt ist. Weitere Versuche an 1 cm dicken Wollfilzstreifen haben ergeben, daß hierfür bei sehr weichem Material (Raumgewicht 0,08) etwa 0,35 kg/cm², bei weichem Material (Raumgewicht 0,13) etwa 0,65 kg/cm² erforderlich sind. Technische Filze, die meist aus tierischen Haaren mit einem Zusatz aus Zellulose bestehen, benötigen eine noch höhere Belastung. Soll also eine mit einem 3 cm breiten Filzstreifen versehene Tür dicht sein, so ist zwischen Türblatt und Zarge mindestens ein Druck von $600 \times 3 \times 0,65 \cong 1200$ kg zu erzeugen. Diese Überlegungen decken sich mit den Erfahrungen im Staatlichen Materialprüfungsamt Berlin-Dahlem; die dort durchgeführten Prüfungen an Raumabschlüssen mit Filz sind bisher stets ungünstig verlaufen.

Die durch den Krieg hervorgerufene Verknappung des Gummirohstoffes und z. T. auch des Filzes führte zu Versuchen, den Gummischlauch durch Schläuche aus Kunststoff zu ersetzen (Bild 3, Mitte).

Je nach der Zusammensetzung dieser Stoffe sind die Erfahrungen in bezug auf Dichtung verschieden. Zu harte Schläuche erfordern eine über das zulässige Maß von 20 kg hinausgehende Hebelkraft und überbrücken auch nicht die stets vorhandenen Unebenheiten auf Türblatt und Zarge. Zu weiche Schläuche erleiden verhältnismäßig schnell eine bleibende Formveränderung. Kunstschläuche können sich durchaus bewähren; jedoch ist zu bemerken, daß sie meist temperaturempfindlich sind, d. h. daß sie nur in einem eng begrenzten Temperaturbereich die erforderliche Weichheit

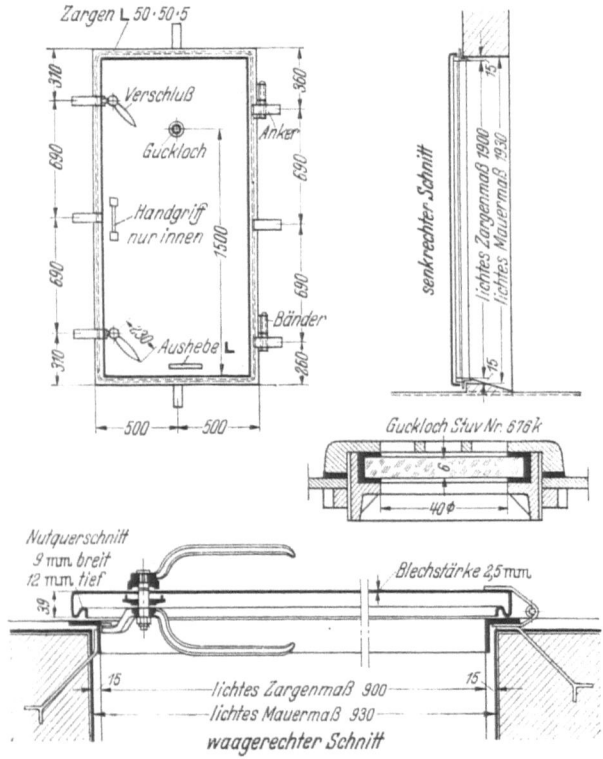

Bild 2. Raumabschluß für Luftschutzräume

und Elastizität behalten. Während Gummi entsprechend den praktischen Verhältnissen innerhalb eines Temperaturbereichs von +25 bis —15° elastisch bleibt, kann bei

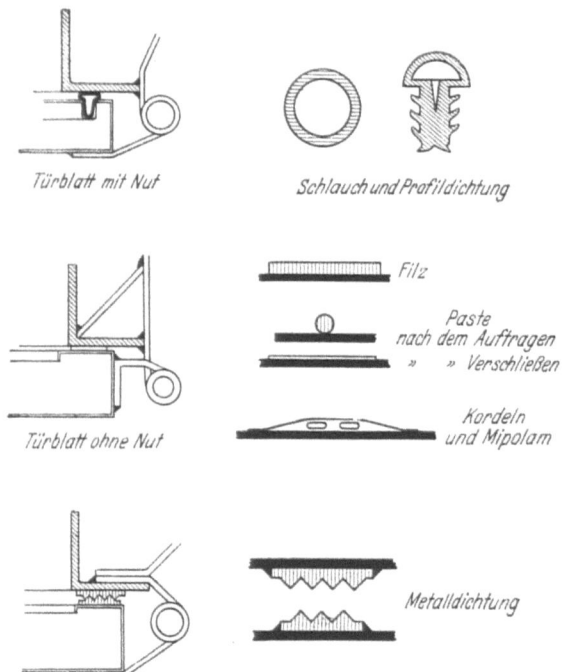

Bild 3. Beispiele für Dichtungen von Luftschutz-Raumabschlüssen

Kunstschläuchen schon bei einer Temperaturveränderung von nur 10° diese notwendige Eigenschaft verloren gehen. Igelit z. B., das bei einer Temperatur von 15 bis 18° weich und elastisch ist, wird bei 0° hart und bei —10° so spröde, daß es für den gedachten Zweck unbrauchbar wird. Zu beachten ist ferner, daß solche Schläuche auch genügend alterungsbeständig sein müssen. Bei der Auswahl der Kunstschläuche ist daher Vorsicht geboten. Aus diesem Grunde verlangt die Reichsanstalt der Luftwaffe für Luftschutz vor Erteilung der Betriebsgenehmigung den Nachweis der Güte.

In dem Bestreben, von dem aus ausländischen Rohstoffen bestehenden Gummi unabhängig zu sein, gelangte man zu einer anderen Dichtungsart, nämlich der Pastendichtung. Mit den Entwicklungsarbeiten an dieser Dichtung hat sich das Staatliche Materialprüfungsamt Berlin-Dahlem gründlich beschäftigt, daß es sich lohnt, sie eingehender zu behandeln (Bild 3, Mitte). Die hierbei verwendete Tür unterscheidet sich von den mit Schlauchgummi gedichteten Türen durch das Fehlen einer Nut. Zur Aufnahme der Paste ist der Rand des Türblattes parallel zur Zarge abgekantet. Diese Konstruktion bedeutet zweifellos gegenüber den anderen Türen eine große Vereinfachung. Die Dichtung wird dadurch erreicht, daß auf die Zarge oder auf den Rand des Türblattes aus einer Tube Paste gedrückt wird, die beim Verschließen der Tür zu einem etwa 4 cm breiten Filmband gequetscht wird und die Abdichtung bewirkt. Infolge der leichten Verformbarkeit der Paste werden sämtliche Poren und Ritzen ausgefüllt und vorhandene Unebenheiten bis zu einer erheblichen Größe geglättet. Gummi kann nur Abweichungen von 1 bis 2 mm in der Planparallelität überbrücken und auch nur dann, wenn der Übergang ganz allmählich und nicht plötzlich auftritt. Der auf diese Weise hergestellte Pastenfilm gewährleistet einen gassicheren Abschluß, wie er bei Gummi nicht erreicht werden kann. Es besteht somit kein Zweifel, daß auf diese Weise mit Paste hergerichtete Raumabschlüsse einen weit höheren Dichtigkeitsgrad haben, einfacher in der Ausführung sind und die Notwendigkeit zur Verwendung ausländischer Produkte ausschließen.

In den Normen wird verlangt, daß die Dichtungsmittel nicht nur einmal, sondern auch bei einer längeren Dauer und bei öfterem Gebrauch einen gassicheren Abschluß und stete Betriebsbereitschaft gewährleisten.

Während Gummi durch die Elastizität seine ursprüngliche Form immer wieder annimmt und somit stets betriebsbereit ist, muß die Paste mindestens in gewissen Zeitabständen neu aufgetragen werden.

Wenn auch Paste trotz mehrmaliger Betätigung des Abschlusses die Dichtigkeit gewährleistet, so ist eins als Tatsache festzustellen: Die Garantie für einen positiven Ausfall des Dichtigkeitsversuchs wird nach jeder Betätigung geringer. Dieser Umstand ist abhängig von der Art der Paste und von der Größe des Abstandes der Dichtungsflächen. Die Paste darf möglichst nicht temperaturempfindlich sein (Temperaturbereich —15 bis +25°), bei längerem Gebrauch keine Zersetzungserscheinungen zeigen und immun gegen Wasser sein, wodurch sie einen Zerfall ihrer Struktur erleiden und ihre Haftfestigkeit verlieren kann. Pasten zeigen oft Zersetzungserscheinungen durch Kampfstoffe sauren Charakters, desgl. Korrosionserscheinungen durch Eindringen der sauren Bestandteile in die Metallteile und Verkrustungen durch atmosphärische Einflüsse. (Tysotropie!) Bei Berücksichtigung dieser angeführten Punkte bleibt trotzdem als unvermeidbar bestehen: Verschmutzungsgefahr (unangenehm für die den Schutzraum aufsuchenden Menschen, Veränderung des Pastenfilms durch feste Teilchen, die die Gasdichtigkeit aufzuheben vermögen), geringe Haftfähigkeit (Gefahr des

Abstreifens), schwieriges Anbringen der Paste gegenüber dem Gummi, Luftblasen beim Auftragen der Paste usw.

Gewährleistet die Paste infolge ihrer leichten Verformbarkeit bei einmaliger Betätigung des Abschlusses einen sehr hohen Grad der Gassicherheit, so hat sie bei dauernder Beanspruchung gerade durch diese Eigenschaft einen zweifelhaften Charakter. Die leichte Verschiebbarkeit des Molekülverbandes kann durch den Mangel elastischer Eigenschaften nicht wieder wie beim Gummi aufgehoben werden.

War man anfangs der Meinung, daß ein dickerer Film sich vorteilhafter erweisen würde, so gelangte man im weiteren Verlauf von Entwicklungsarbeiten zu der Erkenntnis: Je dünner der Film, um so sicherer die Abdichtung. Daraus folgend müßte ein unendlich dünner Film die nachhaltigste Dichtung bieten, wobei allerdings vorauszusetzen ist, daß die gegeneinander liegenden Dichtflächen der Zarge und des Türblattes im geschlossenen Zustande völlig planparallel sind und bleiben. So ist es auch zu erklären, daß die ersten in dieser Art gedichteten Türen sogar ohne Dichtungsmasse sämtliche Phasen der Prüfung bestanden hatten. Bei der späteren Massenherstellung konnte jedoch diese Genauigkeit nicht mehr eingehalten werden, was dann leider zu einer Entwertung dieser Abschlüsse führte.

Die Unmöglichkeit, die Forderung der Planparallelität praktisch zu erfüllen, förderte den Gedanken einer kombinierten Dichtung, d. h. der gleichzeitigen Verwendung einer elastischen und einer plastischen Masse (Bild 3, Mitte). Die elastische Masse sollte die Aufgabe übernehmen, größere Unebenheiten zwischen den Dichtungsflächen auszugleichen, während die plastische Masse die innige Verbindung herstellen sollte. Dadurch wird die oben aufgestellte Forderung erfüllt, daß der Abstand zwischen den Dichtungsflächen gleich 0 ist. Die angestellten Versuche hatten zunächst guten Erfolg. Die Dichtung wurde so geschaffen: Auf dem Rande des Türblattes wurde mit einem Klebemittel ein etwa 3 cm breiter, 1 mm dicker Filzstreifen geklebt und dieser mit einem plastischen Dichtstoff belegt. Mit dieser Dichtung erwies sich die Tür nach allen üblichen mechanischen Beanspruchungen als dicht. Der Vorgang ist dabei so, daß die Dichtungspaste beim Schließen der Tür in den Filz hineingedrückt wird, ihn tränkt und ihm somit ein in sich gasdichtes Gefüge gibt. Beim Öffnen der Tür quillt der Filz infolge der Tränkung auf und paßt sich bei erneutem Schließen wieder den Unebenheiten der Dichtungsflächen an. Um die Bewährung der Dichtungsart auch auf die Dauer zu erproben, wurden die Versuche von Woche zu Woche wiederholt. Dabei mußte schon nach wenigen Wochen ein Loslösen des Filzes von seiner Klebfläche festgestellt werden. Offenbar hatte die durch den Filz hindurchgedrungene Dichtungspaste das anfangs erhärtete Klebemittel chemisch zersetzt und aufgeweicht. Die Klebkraft des Klebemittels war z. T. geringer geworden als die Adhäsion zwischen dem getränkten Filz und der Zargenfläche, so daß ein großer Teil des Filzes an der ursprünglich unbelegten Zargenfläche hängen blieb. Eine spätere Analyse des Klebemittels und des Dichtungsmittels ergab dann auch die Bestätigung der gegenseitigen schädlichen Beeinflussung. Auch die Versuche mit anderen Klebemitteln hatten keinen Erfolg. Um dieser gegenseitig schädlichen Beeinflussung zu entgehen, wurde angeregt, Dichtungs- und Klebeflächen örtlich voneinander zu trennen, oder andere einander unschädliche Mittel zu wählen.

Im Zuge der Abkehr von den elastischen Dichtungsmitteln liefen gleichzeitig andere Untersuchungen. Auf eine ebenfalls nutlose Tür wird am Rande ein mit konsistentem Fett getränkter Stoffstreifen, der eine eingewebte Kordel besitzt, etwa wie ein Isolierband aufgeklebt. Durch das Anpressen der Tür an die Zarge schmiegt sich die Kordel der Zarge an und bildet dadurch die Dichtungsfläche. Die ersten Versuche waren nicht überzeugend. Nach häufigem Öffnen und Schließen und nach einer länger währenden Belassung der Tür im geschlossenen Zustande trat derselbe Fall ein wie bei den Filzpastentüren. Die Klebkraft des Dichtungsbandes wechselte von der einen Seite zur anderen, so daß die Dichtungsbänder sich auf der einen Seite lösten, auf der anderen aber klebten. Außerdem genügte auch die Breite der zusammengedrückten Kordel nicht den Forderungen einer restlosen Abdichtung. Die beiden Mängel wurden nun im Laufe weiterer Entwicklungsarbeiten durch drei wichtige Ergänzungen beseitigt. Erstens wurde die Zahl der Kordeln auf zwei erhöht, die Kordeln selbst etwas dicker gewählt und schließlich zur Ausschaltung der Klebkraft zur Zargenseite hin auf die Kordeln ein Streifen Mipolam von $\sim 0{,}2$ mm Dicke (Bild 3, Mitte) geklebt. Mipolam ist ein elastischer, metallisch glänzender Kunststoff.

Die hiermit durchgeführten Versuche brachten einen vollen Erfolg. Die Haftung war einwandfrei und die beiden Kordeln boten eine Dichtungsfläche von ausreichender Breite. Die Dichtungsflächen hatten sich einander so angepaßt, wie es sich vielleicht nur noch mit zwei abgeschliffenen Flächen erreichen läßt. Ein Dauerversuch, während dessen die Tür mit Dichtung in einer Zeit von mehr als 1 Jahr im Versuchsstand belassen und in gewissen Abständen geprüft wurde, ergab die unveränderte Güte der Dichtung.

Um auch dem Fall der Beschädigung des Dichtungsmittels Rechnung zu tragen, wurde aus dem aufgeklebten Dichtungsstreifen eine Strecke von etwa 10 cm gerade herausgeschnitten und im ersten Versuch durch ein paßrechtes Stück, im zweiten Versuch durch ein über die Länge der Lücke hinausgehendes Stück ersetzt, wobei Kordel neben Kordel zu liegen kam. Beide Versuche auf Gasdichtheit verliefen nicht völlig befriedigend. Für den dritten Versuch wurde nun das Flickstück so geschnitten, daß beim Aufkleben Kordel stumpf gegen Kordel stieß, das Mipolamband dagegen die Stoßstelle um etwa 1 cm überlappte. Die damit vorgenommene Prüfung ergab die vollständige Gasdichtheit.

Allen genannten Dichtungsmethoden für Schutzraumabschlüsse haften größere und kleinere Mängel an. Sie liegen meist in dem organischen Charakter der Dichtungsmittel, der die Wirksamkeit und die Lebensdauer beschränkt. Es ist daher das Bestreben allzu verständlich, bei der Abdichtung der Raumabschlüsse von den organischen Mitteln frei zu kommen und mit anderen Mitteln mindestens dasselbe, möglichst aber besseres zu erreichen. Dieser Versuch hierzu war — wie bereits anfangs erwähnt — durch Abschleifen der Dichtungsflächen gemacht worden. Ein weiterer Versuch ist die Anwendung einer Metalldichtung (Bild 3, unten), die sich bei der Fernhaltung von Zugluft bei Fenstern bewährt hat. Diese Dichtung besteht darin, daß umlaufend um die Zarge und um den Türenrand Leichtmetalleisten mit sägeartigem Querschnitt geschweißt werden. Die Wirksamkeit dieser Dichtung liegt darin, daß durch die häufige Unterbrechung des Kriechweges des Gases der etwa vorhandene Überdruck langsam abklingt. Ihre Anordnung ist so, daß beim Verschließen die Zähne der Profile dicht ineinandergreifen. Jedoch erfordert diese Art eine äußerst genaue Übereinstimmung der beiden Paßteile, wobei immer noch fraglich ist, ob die einmal erreichte Genauigkeit auch auf die Dauer z. B. infolge Abnutzung der Türbänder erhalten bleibt. Auch ist die Frage der Aushebemöglichkeit — wie sie nach den Normen vorgeschrieben ist — zunächst noch recht problematisch.

Vorspannung, Bänder

Ist einerseits für die Dichtigkeit die Art des Dichtungsmittels maßgebend, so ist sie andererseits abhängig von den Vorgängen, die sich beim Schließen des Raumabschlusses abspielen und die Zusammendrückung des Dichtstoffes bewirken. Es können drei Phasen beim Schließen des Raumabschlusses unterschieden werden.

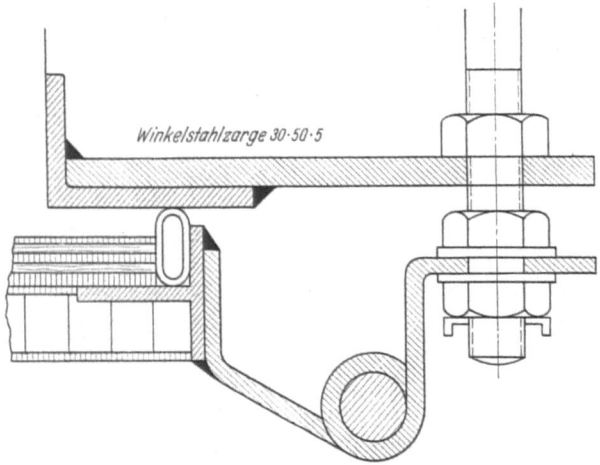

Bild 4. Verstellbares Band für Luftschutz-Raumabschlüsse

1. Drehen des Türflügels bis zum ersten spürbaren Widerstand auf der Bandseite,
2. Überwindung dieses Widerstandes bis zum Anliegen des Türblattes auch auf der Verschlußseite,
3. Verschließen der Tür durch Aufwendung einer Kraft am Hebel.

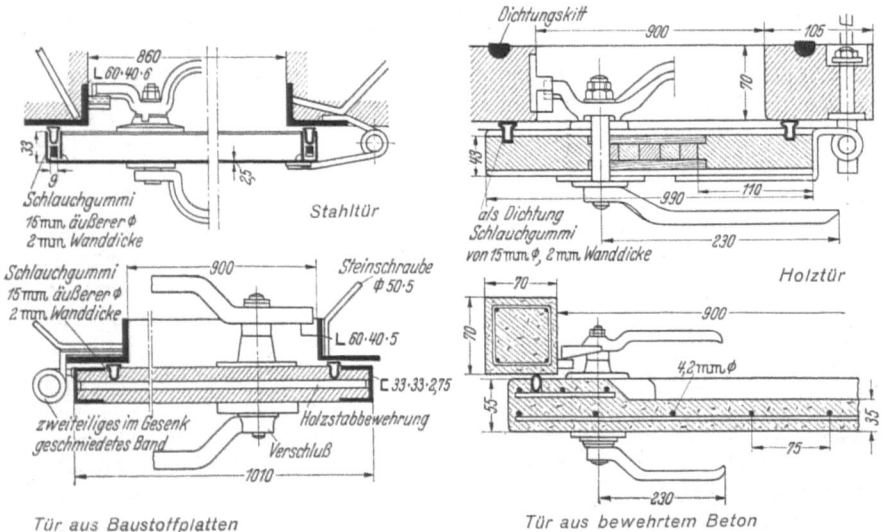

Bild 5. Waagerechte Schnitte von vier Raumabschlüssen für Luftschutzräume

Der erste Widerstand tritt in dem Augenblick auf, in dem die Dichtung auf der Bandseite sich gegen die Zarge legt. Die Türkante auf der Verschlußseite hat dann einen Abstand von der Zarge, der durch die Lage der Türbänder bestimmt ist. Er soll zweckmäßig 4 bis 7 cm betragen, je nach Weichheit des Dichtungsstoffes und der Größe der zu überbrückenden Unebenheiten auf der Zarge. Würden auf der Bandseite Zarge und Dichtstoff völlig planparallel sein, dann wäre in diesem Drehwinkel der Tür bereits auf der Bandseite die Dichtheit erreicht. Da jedoch immer Unebenheiten vorhanden sind, muß durch eine weitere Kraft der Dichtstoff zusammengedrückt werden. Dieses geschieht durch die Arbeit, die bis zum Anliegen der Verschlußseite geleistet wird (Vorgang 2). Hierbei schmiegen sich auch die am oberen und unteren Rand des Blattes befindlichen Dichtstoffe an die Zarge, und zwar mit einer Kraft, die an der Bandseite am stärksten, an der Verschlußseite gleich 0 ist. Die bei diesem Vorgang geleistete Arbeit, die allgemein als Vorspannung bezeichnet wird, ist abhängig von der Kraft zur Überwindung des Widerstandes des verwendeten Dichtungsstoffes und von der Länge des zurückgelegten Weges. Der nun einsetzende dritte Vorgang — bei dem nach den Normen die Hebelkraft 20 kg nicht übersteigen darf — preßt auch den bisher unbelasteten Dichtungsstoff fest an die Zarge. Der Dichtstoff auf der Bandseite erfährt keine weitere nennenswerte Zusammendrückung. Gleichzeitig werden die waagerechten Dichtungen auf etwa gleichen Druck gebracht. Die beim Verschließen erforderliche Hebelkraft ist abhängig von der Weichheit des Dichtungsstoffes, vom Angriffspunkt der Kraft und von dem Neigungswinkel der Schließnocken. Die Vorgänge 2 und 3 sind dann am besten gegeneinander abgestimmt, wenn der ringsum auf der Dichtung lastende Druck überall gleich ist. Die Höhe der Vorspannung ist von großer Wichtigkeit. Um die Gassicherheit zu erreichen, ist die Vorspannung in einer bestimmten Größe erforderlich. Der notwendige Weg ergibt sich aus dem Grad der zu überwindenden Unebenheiten der Dichtungsflächen und die aufzuwendende Kraft aus der Weichheit des Dichtungsstoffes. Dabei ist zu beachten, daß die Kraft niemals über den Rahmen der menschlichen Möglichkeiten hinausgehen darf. Es ergibt sich somit, daß eigentlich für jede Dichtungsart und für jeden Raumabschluß eine bestimmte Vorspannung erforderlich ist.

Da die Hersteller aber meist keine eigene Prüfeinrichtung besitzen, sind sie — besonders, wenn sie Anfänger sind — gar nicht in der Lage, den richtigen Abstand zwischen Tür und Zarge zu wählen. Sie sind dabei lediglich auf ihr Gefühl angewiesen. Daß dieses nicht immer zutreffend ist, beweist die Tatsache, daß ein erheblicher Hundertsatz der Raumabschlüsse auf Grund des unrichtigen Abstandes die Prüfung nicht besteht. Der Raumabschluß mit Zarge muß dann aus dem Prüfstand ausgebaut, die Bänder an den Schweißstellen abgeschlagen und in eine andere Lage gebracht werden. Dies ist stets mit einem unvorhergesehenen Zeit- und Kostenaufwand verbunden und bedeutet wegen des erneuten Einbaus unter Berücksichtigung einer genügenden Erhärtung des beim Einbau verwendeten Mörtels eine Verzögerung von mindestens 1 bis 4 Wochen, je nach dem, ob die Änderung an Ort und Stelle vorgenommen werden kann oder nicht.

Es liegt daher sehr nahe, eine Einrichtung zu finden, die diesen Nachteil aufhebt. Im Bild 4 ist eine solche Einrichtung dargestellt. Sie besteht darin, daß die Bänder nicht fest auf der Zarge angeschweißt sind, sondern auf einen Schraubenbolzen mit Gewinde mittels Schraubenmuttern in den gewünschten Abstand von der Zarge gebracht werden können. Eine ähnliche Vorrichtung ist an dem Bild sind je eine Tür aus Stahl, aus Holz und aus Baustoffplatten im Querschnitt dargestellt.

Die Stahltür hat einen aufgeschweißten Nutrand, wie sie am häufigsten in kleinen und mittleren Betrieben hergestellt werden. Größere Betriebe kanten die Nut mit

Baustoffplatte

Holz

Bild 6. Luftschutz-Fensterblenden nach Einwirkung von Wärme und Feuchtigkeit

der Verschlußseite angeordnet. Wird nun bei der Prüfung Undichtigkeit festgestellt, so kann, ohne den Ausbau des Raumabschlusses vornehmen zu müssen, der Abstand so lange geregelt werden, bis die Dichtigkeit erreicht ist. Der hierbei gefundene Abstand zwischen Türblatt und Zarge muß unveränderlich festgehalten werden. Diese Methode ist in der Praxis so anzuwenden, daß vor dem Zusammensetzen von Türblatt und Zarge an der Herstellungsstelle die Lage der Bänder so geregelt wird, daß der Abstand zwischen Türblatt und Zarge mit dem in der Prüfung ermittelten übereinstimmt. In dieser Lage sind die Bänder anzuschweißen. Voraussetzung ist allerdings, daß auch der Gummischlauch etwa denselben Weichheitsgrad wie der in der Prüfung verwendete hat.

Baustoffe

Wie schon anfangs angedeutet, sind die Normen auf Raumabschlüsse aus Stahl abgestellt. Allerdings sind Abweichungen nicht grundsätzlich ausgeschlossen. Die Notwendigkeit des Einsparens von Stahl für andere wehrwichtige Zwecke führte zwangsläufig zur Verwendung anderer Baustoffe (Bild 5).

Zunächst galt Holz als der einzig mögliche Ersatz. Als auch dieser in Verknappung geriet, wurde dazu übergegangen, Baustoffplatten allein oder in Verbindung mit Stahl oder Holz zu benutzen. In bezug auf die bauliche Ausbildung werden bei diesen Abschlüssen dieselben Anforderungen gestellt wie bei den Stahlabschlüssen. Bei der Prüfung zeigte sich, daß in solchen Fällen, in denen die baulichen Vorschriften der Norm beachtet und der der angewendeten Dichtung entsprechende richtige Bandabstand gewählt war, diese Raumabschlüsse ihren Schwestern aus Stahl keineswegs nachstanden, so daß eine ganze Reihe zum Vertrieb zugelassen werden konnte. In

Ansicht

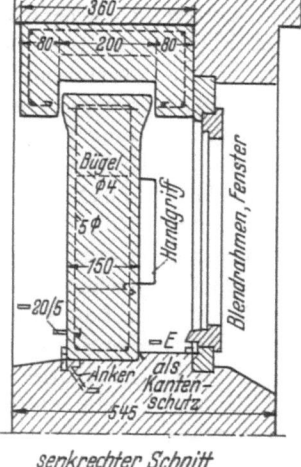

Bild 7. Splittersichere Fensterblende aus Beton

Pressen am ganzen Türblatt (s. Bild 2) ab. Die Holztür (Bild 5) besteht aus einem hölzernen Rahmen, die Außenflächen werden von Sperrholzplatten gebildet, die Füllungen sind sog. Tischlerplatten aus aneinander geleimten Leisten. Die Nut ist eingefräßt. Bei der Baustoffplattentür ist die Baustoffplatte mit einer Holzstabbewehrung versehen. Das Türblatt ist von einem Rahmen aus ⋃-Stahl eingefaßt. Dem großen Vorteil der Holz- und Baustoffplattentür, den Stahlmarkt zu entlasten, steht jedoch ein Nachteil gegenüber, dessen Auswirkung sich erst in der Praxis herausgestellt hat. Im Gegensatz zum Stahl sind Holz und Baustoffplatten organische Stoffe, die sich durch Schwankungen

Ansicht

Draufsicht

Bild 8. Splittersichere Fensterblende aus Beton

der Temperatur oder hohen Feuchtigkeitsgehalt, wie sie in Luftschutzkellern vorkommen, beeinflussen lassen. Sie sind nicht raumbeständig, d. h., sie erleiden eine Formänderung, indem sie sich verwerfen oder reißen. Selbst aber wenn diese Formänderung sehr klein ist, kann sie die Gasdichtheit des Raumabschlusses aufheben. So wurden bei Besichtigungen von Luftschutzräumen Raumabschlüsse vorgefunden, bei denen die Blätter sich so verworfen hatten, daß ein deutlich sichtbarer Spalt zwischen Dichtung und Zarge entstanden war. Ganz besonders schlimme Fälle sind auf dem Lichtbild (Bild 6) festgehalten. Es stellt Fensterblenden dar, die in einem Keller wechselnden Temperaturen ausgesetzt waren.

Diese und ähnliche trübe Erfahrungen haben die Veranlassung gegeben, Raumabschlüsse aus Holz und aus Baustoffplatten vor ihrer endgültigen Zulassung einer Dauerprüfung zu unterziehen. Sie besteht darin, Raumabschlüsse genannter Art auf die Dauer von einigen Wochen dem Einfluß wechselnder Wärme und Feuchtigkeit auszusetzen.

Weit weniger empfindlich in dieser Beziehung haben sich Raumabschlüsse aus bewehrten Beton erwiesen (Bild 5). Sie haben überdies den Vorteil, daß sie aus Materialien hergestellt werden, die in unbegrenzten Mengen vorhanden sind, wenn man den geringen Verbrauch an Bewehrungsstahl unberücksichtigt läßt. Die bisher gewonnenen Erfahrungen in der Prüfung und in der Praxis können als äußerst befriedigend und für die Zukunft als hoffnungsvoll angesehen werden. Selbst der für die Betontür schwerwiegende Schlagversuch brachte nur vereinzelte Haarrisse, die jedoch für die Gassicherheit ohne Bedeutung waren. Der Beton hatte eine Druckfestigkeit zwischen 650 und 800 kg/cm². Das Gewicht kann dabei auf ein erträgliches Maß herabgesetzt werden, wodurch der früher häufig berechtigte Einwand des zu hohen Gewichts hinfällig geworden ist. Da nicht jedes beliebige Baugeschäft mit Sicherheit solchen Beton herzustellen vermag, wird der Vertrieb solcher Raumabschlüsse vermutlich auf einen Kreis bester Betonfirmen beschränkt bleiben müssen.

Die beiden weiteren Bilder zeigen, daß der Beton auch bei splittersicheren Raumabschlüssen den Stahl zu ersetzen versucht. Der Splitterschutz wird in dem einen Fall durch herausnehmbare 15 cm dicke Balken (Bild 7), im anderen Falle (Bild 8) durch zwei auf Rollen verschiebbare 15 cm dicke Platten bewirkt. In beiden Fällen wird das Problem der Handhabung — es handelt sich um beachtliche Lasten — verschieden gelöst: durch Aufteilung der Gesamtblende in einzelne Formstücke und durch Übertragung der senkrechten Last auf Rollen.

Zu dem Kapitel Baustoffe kann zusammenfassend gesagt werden: Für Luftschutzraumabschlüsse ist Stahl zweifellos das beste Material. Bei dem derzeitigen Mangel an Stahl muß versucht werden, ihn durch andere Baustoffe zu ersetzen, jedoch sind die gestellten Anforderungen außerordentlich hoch, was zu einer besonders vorsichtigen Auswahl zwingt.

Zarge

Die nach den Normen vorgeschriebene Zarge besteht aus Winkelstahl, hat eine Anschlagfläche von 5 cm Breite und wird durch Steinanker im Mauerwerk gehalten. Eine Zarge dieser Form hat den Vorteil, daß sie verhältnismäßig einfach herzurichten und im Handel leicht zu beschaffen ist. Sie hat die Aufgabe, mittels angeschweißter Drehzapfen als Träger des Abschlusses zu dienen und die für die Abdichtung des Raumabschlusses erforderliche Planparallelität zu gewährleisten. Darüber hinaus muß die Zarge eine gassichere Verbindung mit dem Mauerwerk garantieren. In dieser Beziehung ist eine Zarge der vorgeschriebenen Ausführung denkbar schlecht. Die beiden Schenkel haben nur auf einem verhältnismäßig schmalen Streifen Berührung mit dem Mauerwerk, und die im Winkel der Zarge beim Einmauern leicht entstehenden für die Gassicherheit schädlichen Hohlräume sind nur schwer zu vermeiden. Kann schon der Schwundprozeß des Zementmörtels unter Umständen Risse zwischen Zarge und Mauerwerk verursachen, so sind solche Spalten durch verwindende Kräfte auf die Zarge — verursacht durch die für die Gassicherheit notwendige Vorspannung — unvermeidlich. Schon kleinste Risse aber ermöglichen bei dem kurzen Kriechweg hier einen sofortigen Durchtritt der Gase. Diesem Umstand wird dadurch Rechnung getragen, daß die Einbauvorschriften die Anwendung eines Dichtungskittes zwischen Zarge und Mauerwerk als elastischen Puffer vorschreiben

Solche Kitte sind entweder sehr teuer oder aber infolge ihrer großen Zähigkeit bei Vermeidung von schädlichen Hohlräumen so schwer anzubringen, daß in der Praxis in den allermeisten Fällen diese Dichtungskitte nicht angewandt werden. Hierdurch wird aber der Wert von gassicheren Abschlüssen oft vollständig negativ.

Um diesen Nachteil zu beseitigen, ist von einer Firma eine Zarge entwickelt worden, wie sie in Bild 9 gezeigt ist. Es ist dies eine Profilzarge von 2,5 mm Dicke und dem üblichen Anschlagschenkel. Diese Zarge ist kastenförmig ausgebildet. Ein Schenkel des Kastens ist auf etwa 12 mm Länge schräg nach innen abgebogen und ragt ringsumlaufend in das Mauerwerk ein. Dieser ohne Unterbrechung umlaufende Steinanker verleiht der Zarge eine hohe mechanische Festigkeit. Der Vorteil liegt nun darin, daß neben der großen Starrheit der Zarge im Mauerwerk alle auftretenden Kräfte auf die Zarge gleichmäßig übertragen werden, wodurch im allgemeinen ein Loslösen der Zarge vermieden wird. Außerdem wird der Kriechweg des Gases stark verlängert, so daß selbst bei Lockerung der Zarge durch starke mechanische Anstrengungen in normalen Fällen kein Gas durchtritt. Zahlreiche Versuche auf dem Prüfstand mit dieser Zarge, sogar mit Beanspruchungen, die weit über das übliche Maß hinausgehen, haben erwiesen, daß diese Konstruktion eine unbedingte Gassicherheit zwischen Mauerwerk und Zarge ohne jegliches Dichtungsmittel gewährleistet. Der Verbrauch an Material kann auf dem für Winkelstahlzargen üblichen Maß gehalten werden; wenn andererseits die Herstellung eine Verteuerung nötig macht, so ist doch dieser Nachteil durch die Einsparung des Dichtungsmittels und der hierfür aufzuwendenden Zeit wieder aufgehoben. Leider wird der hohe Wert einer solchen Zarge eingeschränkt durch den umständlichen Einbau, da besonders in Altbauten mehr Stemmarbeiten geleistet werden müssen, und bei Neubauten die Planung bei der Anlage der Türöffnung erschwert ist. Trotzdem bleibt die Frage offen, ob nicht eine solche Zarge wegen der geschilderten Vorteile, die ihren Wert über den einer Winkeleisenzarge weit hinausheben, zugelassen werden sollte, um so mehr als auch hier die Herstellung denkbar einfach ist.

Schlußwort

Es ist versucht worden, durch Anführung von Beispielen einen Einblick in die Erfahrungen bei der Prüfung von Raumabschlüssen für den Luftschutz zu geben. Es würde zu weit führen, die einzelnen Etappen der Entwicklungsarbeiten des Staatlichen Materialprüfungsamtes Berlin-Dahlem, die meist mit zahlreichen Besprechungen, langwährenden Sitzungen, Vorversuchen und gelegentlichen Rückschlägen verbunden waren, noch ausführlicher zu behandeln. Auch mußte von der Berichterstattung über die Bearbeitung anderer wichtiger Fragen bei der Prüfung von Luftschutzraumabschlüssen, an denen das Staatliche Materialprüfungsamt Berlin-Dahlem starken Anteil hat, abgesehen werden. Im Sinne dieser Einschränkung wurde auch die Kenntnis der Normen vorausgesetzt. Auf die Fehler der baulichen Ausbildung einzugehen, wäre im Rahmen des Themas möglich gewesen. Doch liegen darüber so ausführliche Aufsätze vor, daß darauf verzichtet werden

konnte. Es wird besonders verwiesen auf die Broschüre von Scholle „Schutzraumabschlüsse" (Wilhelm Ernst u. Sohn, Berlin 1939) und auf den Aufsatz von Kristen-Fischer „Anforderungen an Luftschutzräume und ihre Durchführung in der Praxis" (Gas- und Luftschutz, Augustheft 1940). Was gerade in dem letztgenannten Aufsatz über die Dis-

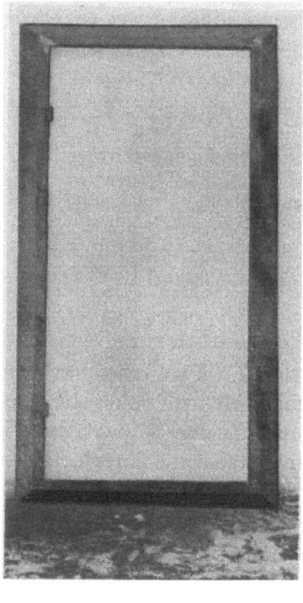
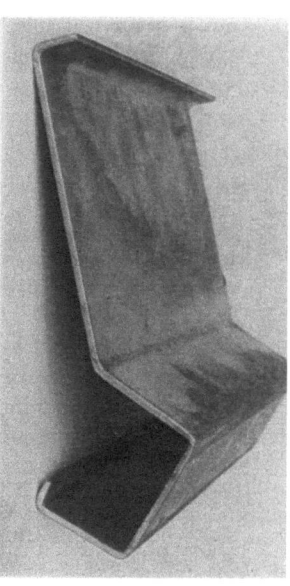

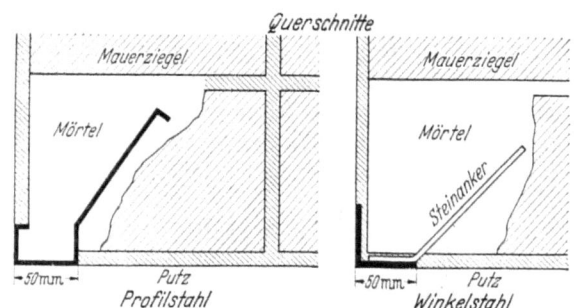

Bild 9. Zarge aus Profilstahl für Luftschutz-Raumabschlüsse

harmonie zwischen Prüfung und Praxis ausgeführt ist, kann nur mit großem Nachdruck unterstrichen werden. Es muß unter allen Umständen erreicht werden, daß die Raumabschlüsse so geliefert und eingebaut werden, wie es die Prüfnormen und Schutzraumbestimmungen vorsehen. Ferner ist stets erneut unter Berufung auf § 8 des Deutschen Luftschutzgesetzes darauf hinzuweisen, daß nur solche Raumabschlüsse vertrieben werden dürfen, die zugelassen sind und eine Kennnummer tragen.

Da eine amtliche Nachprüfung der in den Luftschutzraum eingebauten Raumabschlüsse bisher nicht stattfindet, obliegt der Reichsanstalt der Luftwaffe für Luftschutz und den Prüfämtern die wichtige Aufgabe, durch Belehrung in Vorträgen und durch Erziehung in der Prüfung in der angegebenen Richtung aufzuklären. Nur so ist es zur Zeit möglich, den Forderungen der allgemeinen Sicherheit im Luftschutz den notwendigen Nachdruck zu verleihen.

BRANDVERSUCHE AN VERSCHIEDEN GEPUTZTEN STEINEISENDECKEN[1]

Von Martin Herrmann

Veranlassung und Zweck der Untersuchungen

Im Heft 89 des Deutschen Ausschusses für Eisenbeton wurden Steineisendecken daraufhin untersucht, ob sie die in dem Normblatt 4102 (1934) aufgestellten Bestimmungen über Feuerschutz erfüllen oder nicht. Galten in diesen Bestimmungen Steineisendecken von mindestens 12 cm Dicke ohne besonderen Nachweis als feuerbeständig, so wurde auf Grund der Untersuchungsergebnisse in den Normenbestimmungen von 1940 folgende Festlegung getroffen:

> Als feuerbeständig gelten ohne besonderen Nachweis Steineisendecken mit mindestens 10 cm hohen Steinen, wenn die Decken einschließlich eines Zementestrichs oder einer Überbetonschicht mindestens 13 cm dick (ohne Putz gemessen) sind und an der Unterseite 1,5 cm dick mit Kalkzementmörtel nach DIN 1053 auf einem Vorwurf von Zementmörtel 1:4 geputzt werden.

Während der Estrich und der Aufbeton die vorzeitige Durchwärmung der Decke — nach DIN 4102 darf sie nach 1½ h Feuereinwirkung nicht mehr als 130° C betragen — verhindern soll, übernimmt der Putz den Schutz des Bewehrungsstahls, von dessen Wirksamkeit die Erhaltung der Tragfähigkeit der Decke wesentlich abhängig ist.

Die vorliegenden Untersuchungen haben den Zweck, festzustellen, inwieweit Putzmörtel auch anderer als in den Normen vorgesehener Zusammensetzung die Widerstandsfähigkeit von Steineisendecken beeinflussen.

Für die Durchführung der Versuche stellte die Deutsche Forschungsgemeinschaft auf Anregung des Staatlichen Materialprüfungsamtes Berlin-Dahlem Mittel zur Verfügung. Der Prüfungsplan wurde von dem kürzlich verstorbenen Mitglied des Amts, Herrn Prof. Dipl.-Ing. Alfred Schulze, ausgearbeitet und durchgeführt.

Versuchs-Baustoffe

1. **Steine.**
   Verwendet wurden Kleinesche Deckensteine.
   Mittlere Abmessungen: Länge: 25,1 cm, Breite: 14,8 cm, Höhe: 9,9 cm.
   Mittleres Gewicht trocken: 3,58 kg.
   Mittlere Druckfestigkeit: 253 kg/cm².

2. **Zement.**
   Der verwendete Portlandzement genügte den Forderungen der Norm DIN 1164. Die Normenfestigkeiten nach 28 Tagen gemischter Lagerung betrugen:
   Druckfestigkeit: 492 kg/cm²,
   Zugfestigkeit: 39,6 kg/cm².

3. **Sand.**
   Der angelieferte Berliner Mauersand wurde auf 7 mm abgesiebt. Die Körnung ist aus der Siebkurve (Bild 1) ersichtlich.

4. **Mörtel.**
   Aus dem Zement und dem Sand wurde der Mörtel in einem Mischungsverhältnis 1:4 in Raumteilen hergestellt. Seine Druckfestigkeit — nachgewiesen an 5 Würfeln von 10 cm Kantenlänge — betrug 133 kg/cm².

5. **Stahl.**
   Der verwendete Stahl St 37 von 10 mm ⌀ hatte folgende Festigkeitseigenschaften:

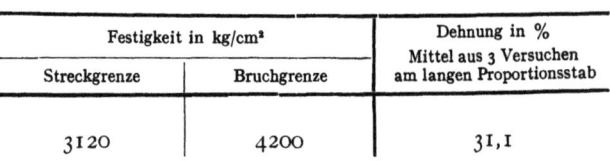

Festigkeit in kg/cm²		Dehnung in %
Streckgrenze	Bruchgrenze	Mittel aus 3 Versuchen am langen Proportionsstab
3120	4200	31,1

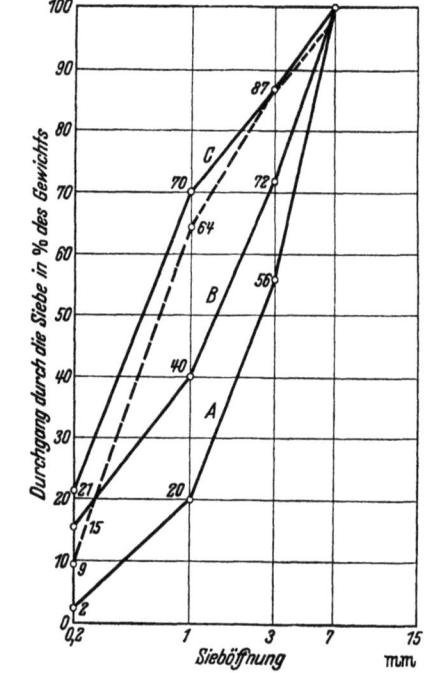

Bild 1. Siebkurve des Sandes (gestrichelt)

Herstellung der Decken und Anordnung der Versuche

Die Decken wurden an den beiden Enden aufliegend mit Schalung auf Brandhäusern der in Bild 2 dargestellten Bauart hergestellt. Die Steine wurden hierbei reihenweise

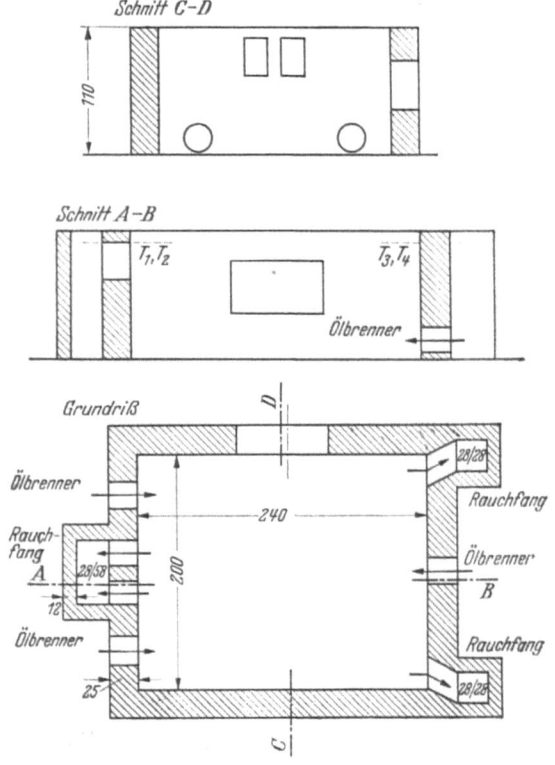

Bild 2. Brandhaus

---

[1] Bereits abgedruckt in Feuerschutztechnik 21 (1941) S. 67.

im Halbsteinverband mit dem angegebenen Mörtel vermauert. Jede Längsfuge erhielt ein Bewehrungseisen von 10 mm ⌀. Die Bewehrungseisen waren abwechselnd an den Enden aufgebogen oder gerade durchgeführt. Die Überdeckung der Eisen betrug 1 cm. Insgesamt wurden je Decke 8 Eisen verlegt. Bei einer Stützweite von 250 cm betrugen die Abmessungen der Decke 260 cm in der Länge, 150 cm in der Breite, 10 cm in der Dicke (vgl. Bild 3).

Etwa 3 Monate nach der Herstellung wurde die untere Seite der Decken (IIb, III, IVa und IVb, vgl. Zahlentafel 1) zunächst mit einem Vorwurf, dann mit einem Überputz versehen. Die Decken IIa und V erhielten keinen Vorwurf. Decke I blieb gänzlich unverputzt.

Die Zusammensetzung des Putzes ist aus Zahlentafel 1 zu ersehen.

Zahlentafel 1. Zusammensetzung des Putzes

Bezeichnung der Decke	Art des Putzes	
	Vorwurf	Überputz
I	—	—
II a	—	4 Rtl. Schamottemehl + 1 ,, Sand + 0,5 ,, Zement
II b	1 Rtl. Zement + 4 ,, Sand	
III	1 Rtl. Zement + 4 ,, Sand	1 Rtl. Kalkpulver + 4 ,, Sand + 20% Gips + 12% Kieselgur
IV a	1 Rtl. Zement + 4 ,, Sand	1 Rtl. Weißkalkteig + 4 ,, Bimssand + 0,5 ,, Zement
IV b		
V	—	1 Rtl. Weißkalkteig + 4 ,, Ziegelmehl

Die Gesamtdicke des Putzes betrug 1,5 cm.

Die Decken wurden etwa 8 Monate nach der Herstellung gemäß DIN 4102 auf ihr Verhalten bei Beanspruchung durch Feuer geprüft, wobei die Decken mit ihrer rechnerischen Nutzlast belastet waren. Wie aus Bild 2 ersichtlich ist, wurde das Brandhaus mit drei Ölbrennern beheizt, so daß sich die Temperatur im Brandraum entsprechend der Einheitstemperaturkurve — dargestellt in den Bildern 4 bis 10 — entwickelte. Die Temperaturen wurden mit Thermoelementen gemessen, und zwar an den nachstehend bezeichneten Stellen:

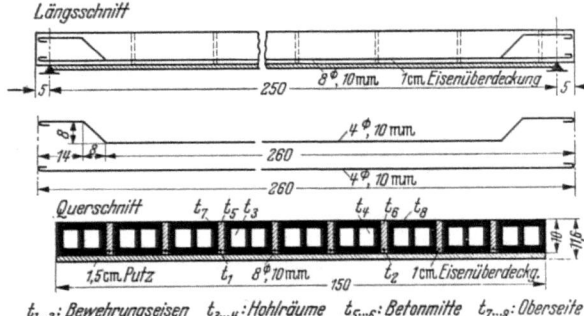
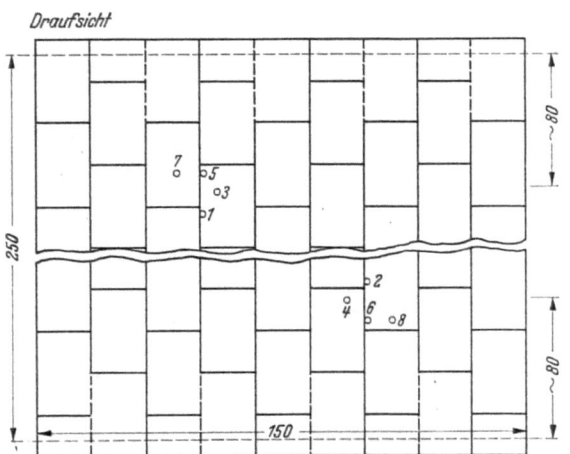

Bild 3. Steineisendecke

1. im Brandraum T_1 bis T_3 (Bild 2),
2. an den Bewehrungseisen t_1 und t_2 (Bild 3),
3. in den Steinhohlräumen t_3 und t_4 (Bild 3),
4. in den Fugen in halber Höhe (Betonmitte) t_5 und t_6 (Bild 3),
5. an der Oberseite der Decken t_7 und t_8 (Bild 3).

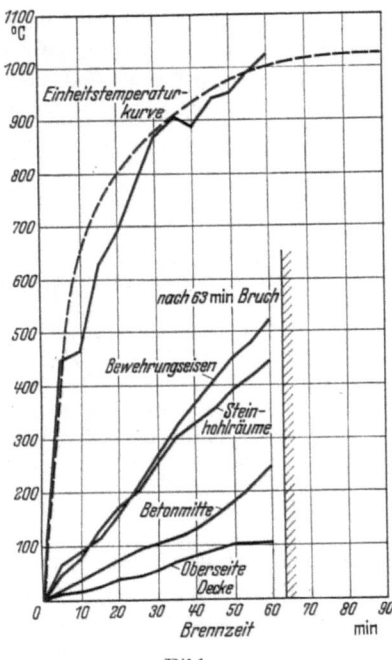

Bild 4.
Temperaturverlauf bei Decke Nr. I

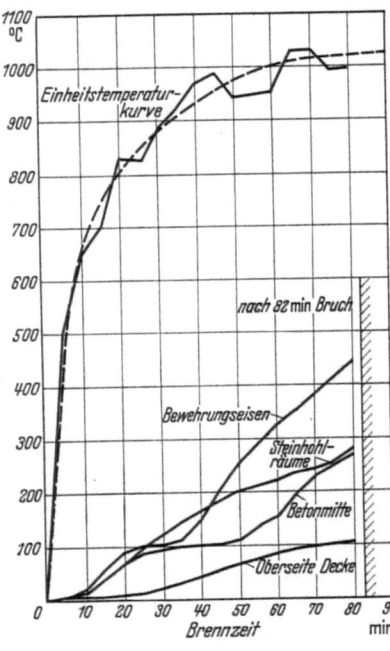

Bild 5.
Temperaturverlauf bei Decke Nr. IIa

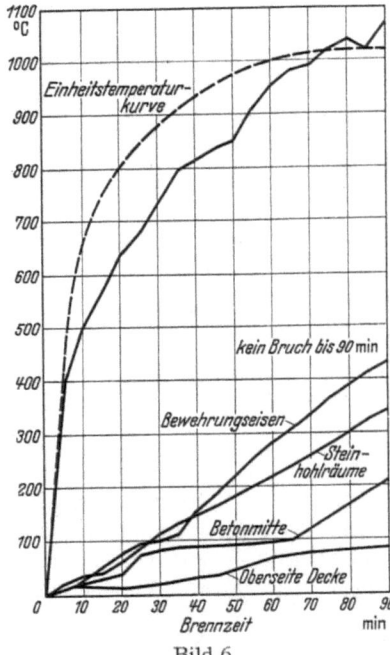

Bild 6.
Temperaturverlauf bei Decke Nr. IIb

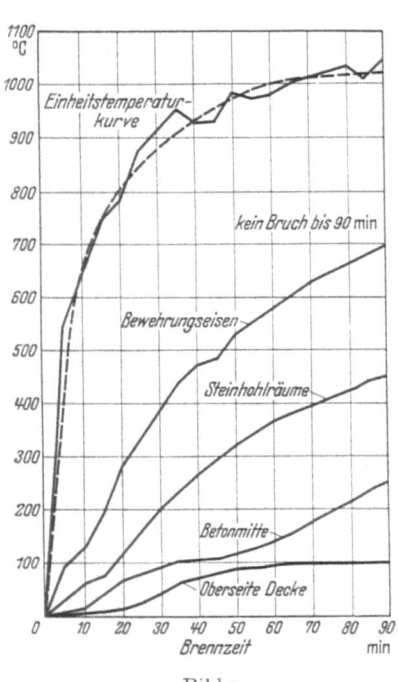
Bild 7.
Temperaturverlauf bei Decke Nr. III

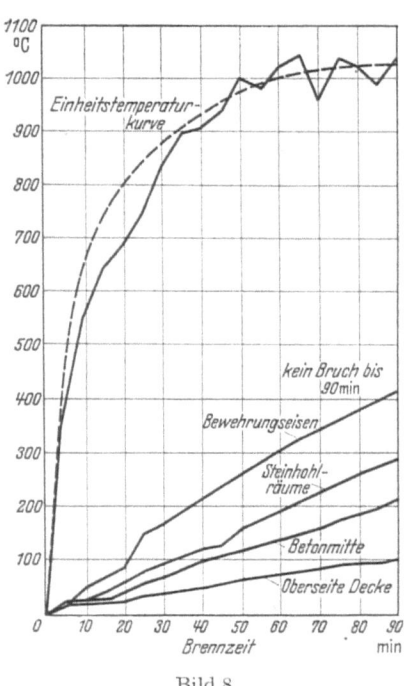
Bild 8.
Temperaturverlauf bei Decke Nr. IVa

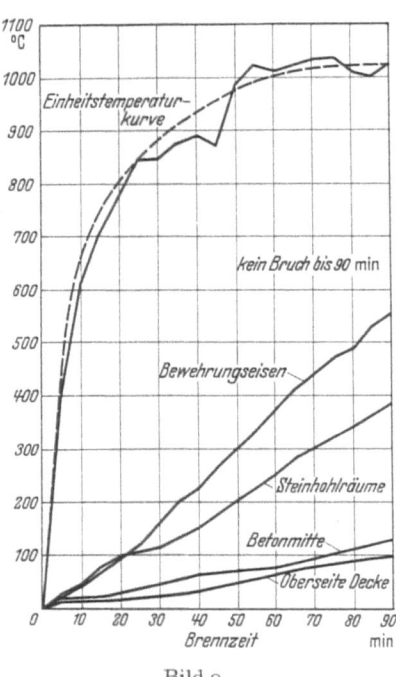
Bild 9.
Temperaturverlauf bei Decke Nr. IVb

Während des Brandes wurde die Durchbiegung der Decken in der Mitte und in den Viertelpunkten festgestellt. Beim Bruch der Decken oder bei Erreichen einer Brenndauer von 90 Minuten wurde die Beheizung eingestellt. Um den Befund des Putzes nach dem Brande aufnehmen zu können, wurden die Decken entgegen den Normenbestimmungen nicht abgespritzt. Nach dem Abkühlen wurden die nicht zerstörten Decken bis zum Bruch belastet.

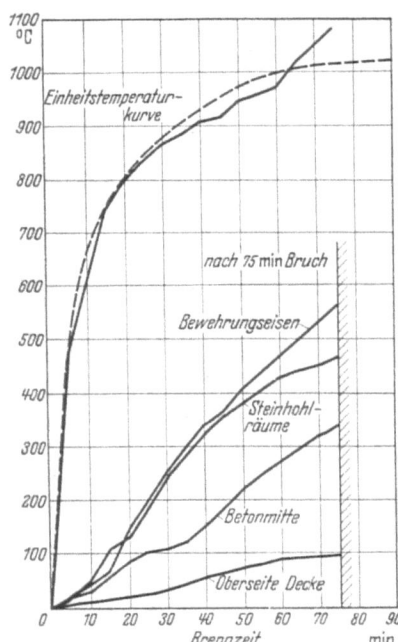
Bild 10. Temperaturverlauf bei Decke Nr. V

Versuchsergebnisse

Der Verlauf der Temperaturen während des Brandes an den Meßstellen ist in den Bildern 4 bis 10 graphisch aufgetragen. In Zahlentafel 2 sind einige Vergleichswerte zusammengestellt. Im Bild 11 wird ein Überblick über die beim Abschluß des Versuches erreichte Brenndauer gegeben. Das Bild 12 zeigt den Verlauf der Durchbiegung der Decken in der Mitte. Aus den Bildern 13 bis 17 ist der Zustand der dem Feuer zugekehrt gewesenen Deckenseite ersichtlich.

Auswertung der Ergebnisse

Für den Nachweis des Begriffes „feuerbeständig" wird in den Bestimmungen der Norm DIN 4102 gefordert, daß die Decken

1. 90 min dem Feuer und anschließend dem Löschwasser standhalten,
2. das Gefüge nicht wesentlich verändern,
3. unter der rechnerisch zulässigen Last die Tragfähigkeit nicht verlieren,
4. den Durchgang des Feuers verhindern und
5. auf der dem Feuer abgekehrten Seite nicht wärmer als 130° C werden.

Einleitend wurde darauf hingewiesen, daß bei Steineisendecken unter genau umrissenen Voraussetzungen auf Grund von Versuchen die genannten Forderungen als erfüllt gelten. Die Frage, ob und wieweit Steineisendecken

Decke	Art des Putzmörtels		Brenndauer [min]
	Vorwurf	Überputz	
I	—	—	63
II a	—	Schamottemörtel + Zement	82
II b	Zementmörtel	Schamottemörtel + Zement	90
III	Zementmörtel	Kalkmörtel + Gips + Kieselgur	90
IV a	Zementmörtel	Bimssandmörtel + Zement	90
IV b	Zementmörtel	Bimssandmörtel + Zement	90
V	—	Ziegelmehlmörtel	75

Bild 11. Einfluß der Art des Putzes auf die Widerstandsfähigkeit gegen Feuer

unter anderen, und zwar den hier gewählten Voraussetzungen den Ansprüchen genügen, wird unter Berücksichtigung der oben genannten Punkte besprochen.

Von dem Ablöschen der Decken wurde Abstand genommen, um den Putz in dem Zustand zu erhalten, in den er allein durch die Feuerbeanspruchung versetzt wurde.

Zahlentafel 2. Zusammenstellung von Vergleichswerten

Decken-bezeichnung	Putzmörtel	Mittlere Temperatur nach 60 min in °C				Durch-biegung der Deckenmitte in cm nach 60 min Brennzeit	Temperaturen an den Bewehrungseisen in °C beim Bruch		Bruch nach Minuten	Bruchlast nach dem Erkalten (kg/m²)
		an den Be-wehrungs-eisen	in den Steinhohl-räumen	in den Fugen in halber Höhe (Be-tonmitte)	an der Oberseite der Decke		im Mittel	höchste		
I	Ungeputzt	527	445	254	104	9,6	550	593	63	—
IIa	Schamottemörtel + Zement, ohne Vorwurf	325	223	179	88	5,4	465	476	82	—
IIb	Schamottemörtel + Zement	287	219	95	69	3,5	436[1]	521[1]	[2]	650
III	Kalkmörtel + Gips + Kieselgur	589	366	136	92	4,1	694[1]	744[1]	[2]	358
IVa	Bimssandmörtel	308	194	140	80	2,7	416[1]	526[1]	[2]	983
IVb	+ Zement	376	256	76	64	2,0	554[1]	624[1]	[2]	903
V	Ziegelmehlmörtel ohne Vor-wurf	473	428	276	91	5,8	566	573	75	—

[1] Temperatur nach 90 min.
[2] Kein Bruch bis 90 min.

Diese Abweichung von den Vorschriften ist um so eher gerechtfertigt, als nach den vorliegenden Erfahrungen bei Decken aus Ziegelmaterial die Tragfähigkeit nicht wesentlich durch die Abkühlung infolge Löschwassers beeinträchtigt wird. Wie aus dem Bild 11 ersichtlich ist, haben die Decken IIb, III, IVa und IVb dem Feuer in der vor-

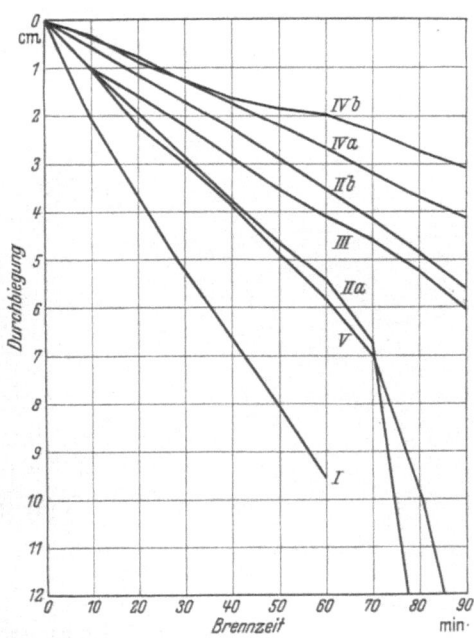

Bild 12. Durchbiegung der Deckenmitte in Zentimeter während des Brandes

gesehenen Zeit von 90 min standgehalten, die Decken I, IIa und V gingen vor Ablauf dieser Zeit zu Bruch. Da die beiden in Schamottemörtel geputzten Decken IIa und IIb sich völlig verschieden verhalten haben, muß als Ursache des frühzeitigen Verlustes der Tragfähigkeit bei Decke IIa das Fehlen des Zementmörtelvorwurfes angesehen werden. Hiernach kann angenommen werden, daß auch die Decke V bei Anwendung eines Vorwurfes einer 90 min währenden Feuerbeanspruchung widerstanden hätte. Weiterhin kann gemutmaßt werden, daß das gute Verhalten der Decken III, IVa und IVb weniger auf die Art des Überputzes zurückzuführen ist, als vielmehr auf das Vorhandensein eines Vorwurfes. Dem Überputz fällt zwar die wichtige Aufgabe der Wärmedämmung zu, jedoch kann er diese nur dann erfüllen, wenn seine Haftung während der Feuerbeanspruchung durch einen geeigneten Putzträger, nämlich den Vorwurf, gewährleistet ist.

Bild 13. Decke IIa ohne Vorwurf, geputzt mit Schamottemörtel + Zement; Unterseite nach dem Brand

Ein Blick auf die Lichtbilder (Bild 13 bis 17) bestätigt diese Auffassung. Während die Decke IIa (Bild 13) völlig vom Putz entblößt ist, weist die Decke IIb (Bild 14) einen zwar netzrissigen, sonst aber gut erhaltenen Putz auf. Gleichfalls sind bei den Decken III und IV (Bild 15 u. 16) große Flächen des Putzes haften geblieben, wogegen bei der Decke V (Bild 17) nur noch vereinzelte Putzstellen vorgefunden wurden. Vergleicht man nun in Zahlentafel 2 die bei einer Brenndauer von 60 min gemessenen Temperaturen, so bestätigt der Wärmeunterschied an den sich entsprechenden Meßstellen der verschiedenen Decken die oben genannte Auffassung, d. h. bei guter Haftung des Putzes wird der Wärmedurchgang gehemmt. Lediglich bei der Decke III machen die Temperaturen am Bewehrungseisen eine Ausnahme, was wahrscheinlich auf eine örtliche Zerstörung unmittelbar an einer Meßstelle zurückzuleiten sein mag.

Sehr deutlich kommt der Einfluß des Putzes auf die Widerstandsfähigkeit der Decken in der Größe der Durchbiegung zum Ausdruck. Die Kurven in Bild 12 bieten einen guten Anhalt für die Güteeinteilung der Putzart. Die ungeputzte Decke I weist bei weitem die größte Durchbiegung auf. Die Kurven der beiden ohne Vorwurf geputzten Decken IIa und V verlaufen zunächst erheblich weniger steil und deuten erst später durch plötzlichen Abfall den bevorstehenden Bruch an. In einem merklichen Abstand von den genannten Decken stellen sich die Biegekurven der mit Vorwurf und Putz versehenen Decken IIb, III, IVa und IVb dar.

lastet. Auch dieses Ergebnis kann zur Beurteilung der Wirksamkeit des Putzes auf die Erhaltung des Gefüges und somit der Tragfähigkeit herangezogen werden (Zahlentafel 1, Spalte 10). Die Decken I, IIa und V schalten hierbei aus, da sie bereits während des Brandes zerstört wurden. Die Bruchlasten der Decken IIb, III, IVa und IVb ordnen sich in umgekehrter Reihenfolge wie die Durchbiegungen, wobei die Decke III mit der größten Durchbiegung die kleinste Bruchlast, die Decke IVb mit der kleinsten Durchbiegung die größte Bruchlast aufweist.

Die höchstzulässige Temperatur von 130° C bei 90 min Brenndauer wurde von den Decken IIb, III, IVa und IVb nicht überschritten. Die Temperaturen liegen dort bei etwa 100° C, ebenso wie bei den Decken I, IIa und V, jedoch diese bei kürzerer Brennzeit. Sowohl diese als auch die bei 60 min gefundenen Zahlen (s. Zahlentafel 1, Spalte 6) geben einen Hinweis auf die Wirksamkeit des Putzes.

Bis auf die mehr oder weniger stark ausgebildeten

Bild 14. Decke IIb mit Vorwurf, geputzt mit Schamottemörtel + Zement; Unterseite nach dem Brand

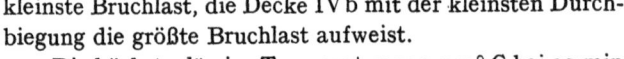

Bild 16. Decke IVa mit Vorwurf, geputzt mit Bimssandmörtel + Zement; Unterseite nach dem Brand.

Bild 15. Decke III mit Vorwurf, geputzt mit Kalkmörtel + Gips + Kieselgur; Unterseite nach dem Brand

Bild 17. Decke V ohne Vorwurf, geputzt mit Ziegelmehlmörtel; Unterseite nach dem Brand

Wird die Durchbiegung bei 60 min Brenndauer als Kriterium für den Ausgang der Prüfung betrachtet, so kann aus den Diagrammen gefolgert werden, daß bei einer Durchbiegung von höchstens 5 cm ($= 1/_{50}$ der Stützweite) ein Durchhalten der Decke während der vorgeschriebenen Zeit von 90 min erreicht wird. Zur Bestätigung dieses Schlusses wird auch auf die in der Abb. 15 des Heftes 89 des Deutschen Ausschusses für Eisenbeton dargestellten Kurven verwiesen.

Um festzustellen, welcher Kraftvorrat den Decken, die bis 90 min standhalten zur Verfügung steht, wurden diese Decken nach dem Brandversuch bis zum Bruch be-

Risse auf der dem Feuer zugekehrten Seite ist nach dem Brand bei den mit Vorwurf und Überputz versehenen Decken eine Zerstörung des Gefüges nicht beobachtet. Der Fugenmörtel war bis zu geringer Tiefe mürbe geworden oder stellenweise herausgefallen. Jedoch war insgesamt das Gefüge so erhalten geblieben, daß ein Durchgang des Feuers nirgends stattfand. Bei den ungeputzten und ohne Vorwurf verputzten Decken entstanden erst unmittelbar vor dem Bruch starke Risse in der Zugzone, die als Veränderung des Deckengefüges gelten mußten.

Die Norm DIN 4102 sieht eine Klassifizierung von

Decken in bezug auf das Verhalten bei Feuerbeanspruchung nur insofern vor, als sie unterscheidet zwischen **feuerhemmenden** und **feuerbeständigen** (hochfeuerbeständige sind bisher nicht bekannt). Innerhalb dieser Güteklassen werden keine Wertabstufungen getroffen. Trotzdem wurden die Ergebnisse nach dieser Richtung ausgewertet, weil es für die Praxis durchaus nicht unwichtig ist, die Größe des nach dem Brande noch vorhandenen **Sicherheitsfaktors** zu kennen.

In der Zahlentafel 3 sind die Decken entsprechend den Ergebnissen der Prüfung den nach den Normen vorgesehenen Klassen eingereiht und innerhalb dieser unter Berücksichtigung der vorher vorgenommenen Auswertung nach zunehmender Güte geordnet.

Zusammenfassung

Wie bereits bei der Auswertung der Ergebnisse erläutert wurde und auch aus Zahlentafel 3 herausgelesen werden kann, ist das Verhalten der Decken und somit ihre Klassifizierung im wesentlichen bestimmt durch das Vorhandensein eines geeigneten **Mörtelvorwurfes**. Aus den statischen Merkmalen und dem Befund wurde ferner versucht, eine **Güteordnung** innerhalb der beiden Klassen herbeizuführen. Die Stoffeigenschaften der einzelnen Putzarten in bezug auf ihre Wärmedämmung sind im Rahmen dieser Untersuchungen nicht geprüft worden. Auf Grund der Ergebnisse ist aber anzunehmen, daß sie für den Ausgang der Prüfung zum Nachweis der Feuerbeständigkeit nur dann ausschlaggebend sind, wenn ein geeigneter Mörtelvorwurf als Putzträger die Haftung an der Decke möglichst während der ganzen Versuchsdauer bewirkt. Dann aber können sie innerhalb der erreichten Güteklasse der Decke den Sicherheitsfaktor wesentlich verändern.

Zusammenfassend kann gesagt werden, daß der in der Norm DIN 4102 verlangte Vorwurf aus Zementmörtel für die Feuerbeständigkeit der Steineisendecken unbedingt erforderlich ist. Statt des verlangten Kalkzementmörtels haben jedoch auch die hier als Überputz verwendeten Mörtel die an eine feuerbeständige Steineisendecke zu stellenden Anforderungen zu erfüllen geholfen.

Zahlentafel 3. Einreihung der Decken in die Begriffe „feuerhemmend" und „feuerbeständig"

Decke Nr.	Art des Putzmörtels		Nachweis
	Vorwurf	Überputz	
I	—	—	feuer-hemmend
IIa	—	Schamottemörtel + Zement	feuer-hemmend
V	—	Ziegelmehlmörtel	feuer-hemmend
III	Zementmörtel	Kalkmörtel + Gips + Kieselgur	feuer-beständig
IIb	Zementmörtel	Schamottemörtel + Zement	feuer-beständig
IVa	Zementmörtel	Bimssandmörtel + Zement	feuer-beständig
IVb	Zementmörtel	Bimssandmörtel + Zement	feuer-beständig

BRANDVERSUCHE AN VERSCHIEDEN GEPUTZTEN EISENBETONSTÜTZEN[*]

Von Martin Herrmann

Veranlassung und Zweck der Versuche

Nach den Bestimmungen der Normen DIN 4102 Blatt 2 (1934) gelten ohne besonderen Nachweis als feuerbeständig Stützen aus bewehrtem Beton, wenn sie bei Innehaltung einer Mindestdicke von 20 cm hergestellt werden.

Auf Grund von Versuchen, die im Heft 92 des Deutschen Ausschusses für Eisenbeton veröffentlicht wurden, erhielten in den 1940 herausgegebenen Bestimmungen des Normblattes DIN 4102 das Prädikat „feuerbeständig" Eisenbetonstützen, wenn sie mindestens 20 cm dick und mit einem 1,5 cm dicken Kalkzementmörtel nach DIN 1053 auf einem Vorwurf von Zementmörtel 1 + 4 geputzt sind. Im Putz muß ein Drahtgewebe von 10 bis 15 mm Maschenweite liegen, das die Stütze vollständig umschließt und dessen Quer- und Längsstöße mit Bindedraht sicher verknüpft sind. Die Längsstöße sind gegeneinander zu versetzen.

Auf den Putz kann verzichtet werden, wenn die Stütze mindestens 30 cm dick ist und nachgewiesen wird, daß die Würfelfestigkeit des Betons $W_{b\,28}$ mindestens 225 kg/cm² ist.

Als „hochfeuerbeständig" gelten ohne besonderen Nachweis Eisenbetonstützen, die mindestens 40 cm dick und wie vorher angegeben geputzt sind, wenn nachgewiesen ist, daß $W_{b\,28}$ mindestens 225 kg/cm² ist.

Die Festlegung des Putzmörtels auf das den Normen DIN 1053 entsprechende Mischungsverhältnis von 1 Rtl. Zement + 2 Rtl. Kalkpulver + 8 Rtl. Sand gab Veranlassung zu untersuchen, ob bei Anwendung auch anderer Mörtel die Feuerbeständigkeit von Eisenbetonstützen erreicht wird. Ferner sollte festgestellt werden, ob mit Hilfe dieser Putzmörtel die Widerstandsfähigkeit gegen Feuer so erhöht wird, daß den Stützen die Eigenschaft „hochfeuerbeständig" zugesprochen werden kann.

Die Mittel für die Untersuchungen stellte auf Anregung des Staatlichen Materialprüfungsamtes Berlin-Dahlem die Deutsche Forschungsgemeinschaft zur Verfügung. Der Prüfungsplan wurde von dem Ende des vergangenen Jahres verstorbenen Amtsmitglied Prof. Dipl.-Ing. Alfred Schulze entworfen und unter Mitwirkung des Amtsmitgliedes W. Dohmöhl durchgeführt.

Versuchs-Baustoffe

1. Zement

Verwendet wurde den Normen DIN 1164 entsprechender Portlandzement. Seine Festigkeit betrug bei

---

[*] Bereits abgedruckt in Feuerschutztechnik Nr. 6, 21. Jahrg. Juni 1941.

Wasserlagerung nach 7 Tagen auf Zug 29 kg/cm²,
Wasserlagerung nach 7 Tagen auf Druck 345 kg/cm²,
gemischter Lagerung nach 28 Tagen auf Zug 44 kg/cm²,
gemischter Lagerung nach 28 Tg. auf Druck 510 kg/cm².

2. Kiessand

Der Kiessand wies die in der Sieblinie (Bild 1) dargestellte Körnung auf.

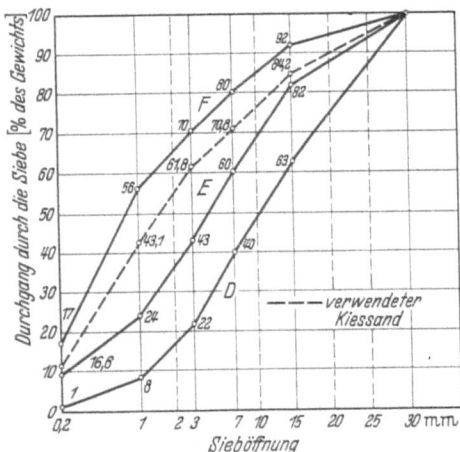

Bild 1. Siebkurve des Kiessandes

3. Beton

Für die Herstellung der Stützen wurden zwei Betone hergestellt. Durch die Wahl zweier verschiedener Mischungen sollte gleichzeitig der Einfluß der Festigkeit auf die Widerstandsfähigkeit der Stützen gegen Feuer ermittelt werden. Die kennzeichnenden Eigenschaften des Betons zeigt die Zahlentafel 1. Verwendet wurden die unter 1 und 2 beschriebenen Stoffe.

Zahlentafel 1.
Kennzeichnende Eigenschaften des Betons

Mischungsverhältnis		Wasserzementverhältnis $\frac{W}{Z}$	Frischraumgewicht kg/l	Zementgehalt in 1 m³ Beton	Druckfestigkeit W_{b28} kg/cm²
Rtl.	Gtl.				
1 + 4,2	1 + 5,4	0,83	2,25	311	151
1 + 6	1 + 7,5	1,05	2,19	230	109

4. Stahl

Zerreißversuche an Rundstäben von 22 mm ⌀ ergaben folgende Festigkeitswerte:

Festigkeit in kg/cm²		Dehnung* in %
Streckgrenze	Bruchgrenze	
2420	3760	28,3

* Mittel aus 3 Versuchen am langen Proportionalstab.

Herstellung der Stützen und Anordnung der Versuche

Auf eine waagerecht verlegte Stahlplatte wurde das in dem Bild 2 dargestellte Stahlgerippe gestellt und lotrecht ausgerichtet. Das Stahlgerippe bestand aus 8 Rundstählen von 22 mm ⌀, die in Höhenabständen von 25 cm durch Stahlbügel von 7 mm ⌀ gehalten wurden. Die Enden der senkrechten Stäbe waren so abgeschliffen, daß sie oben und unten in einer Ebene lagen. In eine zentrisch um das Stahlgerippe gestellte zunächst etwa 1 m hohe zweiteilige Schalung wurde der weich angemachte Beton unter dauerndem Stochern lagenweise geschüttet. Entsprechend dem Fortschritt der Arbeit wurden auf die untere Schalung weitere Schalungen gestellt. Nach der Füllung wurde der überstehende Beton bündig mit den Enden des Stahlgerippes abgestrichen und geglättet. Nach dem Entschalen wurden die Stützen einige Tage feucht gehalten.

Die Abmessungen der Stützen sind aus Bild 3 ersichtlich. Die Seiten ihres quadratischen Querschnittes sind 34,5 cm lang. Die Höhe der Stützen beträgt 480 cm, die Betonüberdeckung der Stäbe 1,5 cm.

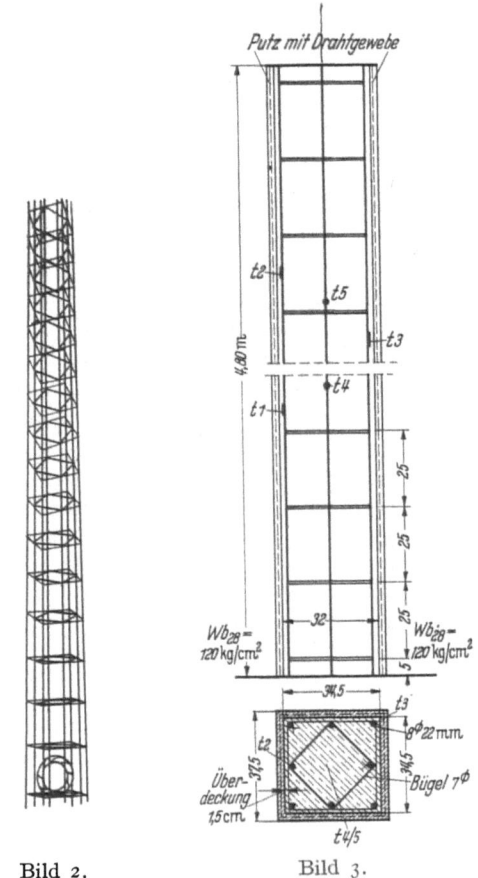

Bild 2.
Bewehrung der Stütze

Bild 3.
Eisenbetonstütze

Etwa 4 Wochen nach der Herstellung der Stützen wurden die Stützen zunächst mit einem Vorwurf, dann mit einem Überputz in einer Gesamtdicke von etwa 1,5 cm versehen. In den Vorwurf wurde entsprechend den Normen ein verzinktes Drahtgewebe hineingedrückt und mit Krammen befestigt. Die Arten des Putzmörtels sind in der Zahlentafel 2 angegeben, die gleichzeitig eine Übersicht über die hergestellten Stützen bietet.

Zahlentafel 2. Übersicht über den Versuchsumfang

Bezeichnung der Stütze		Mischungsverhältnis des Betons in Rtl.	Art des Putzes	
			Vorwurf	Überputz
I	a	1 + 4,2	Gipsbrei	Berliner Kalkmörtel (1+4 in Rtl.) +20% Gips
	b	1 + 6		
II	a	1 + 4,2	4 Rtl. Schamottemehl +1 „ Sand +9% Zement	wie Vorwurf
	b	1 + 4,2		
III		1 + 6	Berliner Kalkmörtel (1+4) +20% Gips +12% Kieselgur	wie Vorwurf

Die Prüfung fand etwa 4 Monate nach Herstellung der Stützen statt. Sie wurde nach den Vorschriften der Normen DIN 4102 durchgeführt, wobei die Stützen zum Nachweis der Eigenschaft „hochfeuerbeständig" über die Brennzeit von 90 Minuten hinaus bis zum Bruch oder — falls kein Bruch eintrat — bis zu 180 Minuten Brennzeit beansprucht wurden.

Die Stützen wurden in ein Brandhaus (vgl. Bild 4) gestellt, zentrisch mit einer Last von 54 t (s. Bestimmungen d. Deutsch. Aussch. für Eisenbeton, Teil I, § 27, (Gl. 14) belastet und bei Gleichhaltung dieser Last mit Ölbrennern durch Feuer beansprucht. Der Anstieg der Temperatur im Brandraum entsprach hierbei der im Bild 5 dargestellten Einheitstemperaturkurve (nach DIN 4102). Mit Thermoelementen wurden während des Brandes im Brandraum gemessen die Temperaturen

am Stahl an den Meß-
   stellen t_1 bis t_3 } (s. Bild 3)
im Beton an den Meß-
   stellen t_4 und t_5

und mit Meßstäben die Längung der Stützen. Um den Befund der Stützen nach Abschluß der Prüfung nicht zu verwischen, wurden abweichend von den Normen die Stützen nicht abgespritzt. Der Verzicht auf das Abspritzen ist insofern vertretbar, als erfahrungsgemäß der Einfluß der Abkühlung durch das Löschwasser auf die Tragfähigkeit der Bauteile recht gering ist.

Versuchsergebnisse

Der Verlauf der Temperaturen und der Fortschritt der Längungen sind in den Bildern 6—8 dargestellt. Die Zahlentafel 3 bringt die Zusammenstellung einiger Vergleichswerte. Zur Feststellung des Befundes dienen die Bilder 9—13.

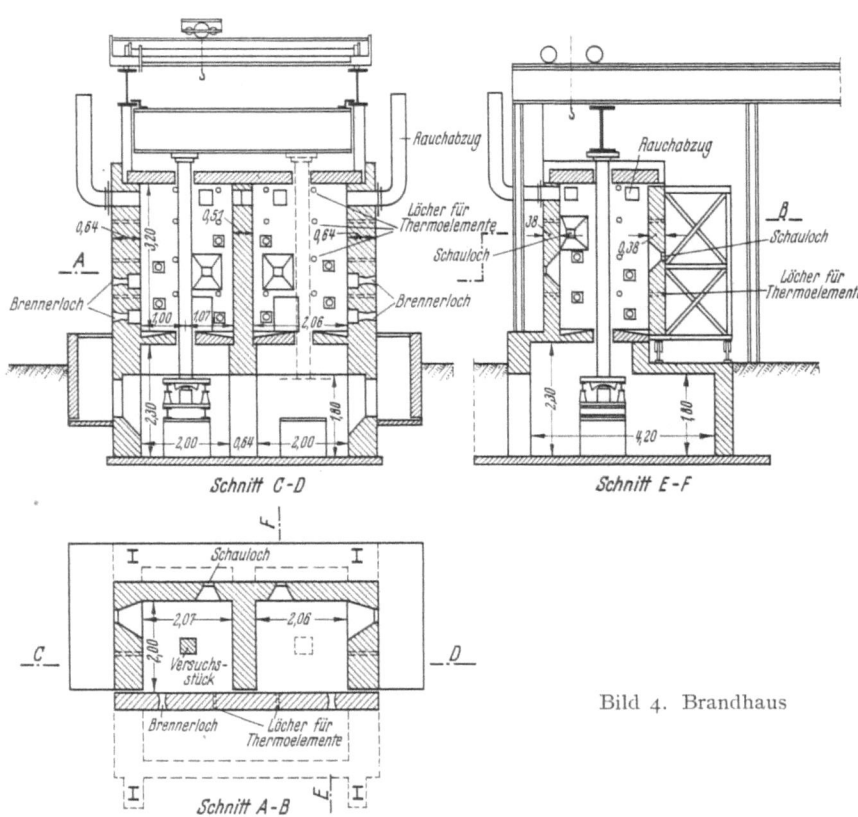

Bild 4. Brandhaus

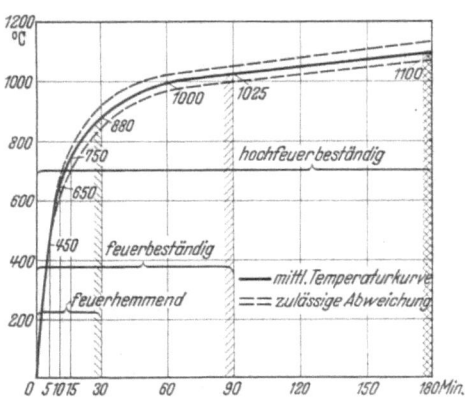

Bild 5. Einheitstemperaturkurve

Auswertung der Ergebnisse

Nach den Bestimmungen der Norm DIN 4102 wird zum Nachweis des Begriffes „feuerbeständig" gefordert, daß die Stützen

1. 90 Minuten dem Feuer und anschließend dem Löschwasser standhalten,
2. das Gefüge während dieser Zeit nicht wesentlich ändern,
3. unter der rechnerisch zulässigen Last die Tragfähigkeit nicht verlieren.

Als „hochfeuerbeständig" gelten Stützen, wenn sie die gleichen Anforderungen bei einer Prüfzeit von 180 Minuten erfüllen.

Die Auswertung sieht ihr Ziel darin, festzustellen, ob und wie weit die einzelnen Stützen diesen Bedingungen entsprechen.

In Verfolg dieser Aufgabe wurde auch auf Wahrnehmungen eingegangen, die durch die graphischen Darstel-

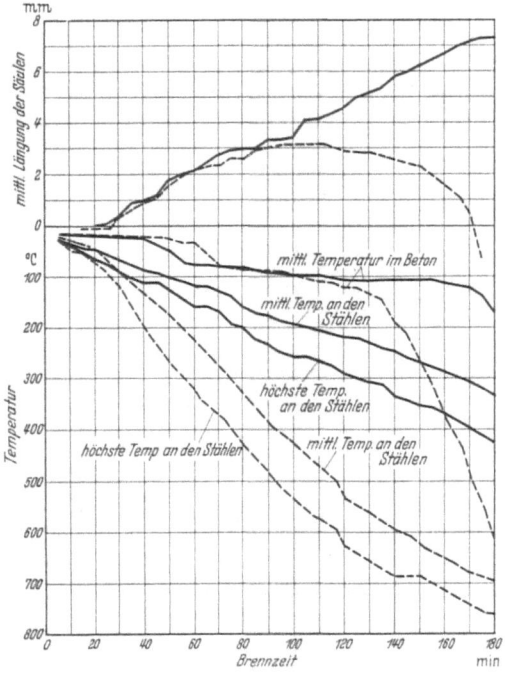

Bild 6. Temperaturverlauf und Längung

Eisenbetonsäulen Ia (—) und Ib (----). Putz: Gipsvorwurf + Kalkgipsmörtel

lungen besonders augenfällig hervortreten und für die Beurteilung der Güteabstufungen als wertvoll erschienen.

Wie aus den Bildern 6, 7 und 8 ersichtlich ist, verlaufen die Stahltemperatur und die Längung bei allen Stützen bei mehr oder minder großer Neigung vorerst annähernd geradlinig. Die Linien für die Betontemperaturen verlaufen zunächst waagerecht, um etwa von 30° an sich merklich nach unten zu krümmen. Von etwa 100°

Betons einen starken Abfall, d. h. die Temperatur des Betons steigt schnell an.

Im Augenblick des Gleichgewichtes zwischen Längung und Stauchung weist der Beton eine mittlere Temperatur von etwa 120° auf.

Ähnliche Erscheinungen, jedoch nach längerer Brenndauer, bahnen sich deutlich sichtbar auch bei den entsprechenden Kurven der Stützen Ia und III an. Bei der Stütze Ib ist der Bruch etwa 40 Minuten nach der Beugung der Betontemperaturkurve und etwa 60 Minuten nach dem

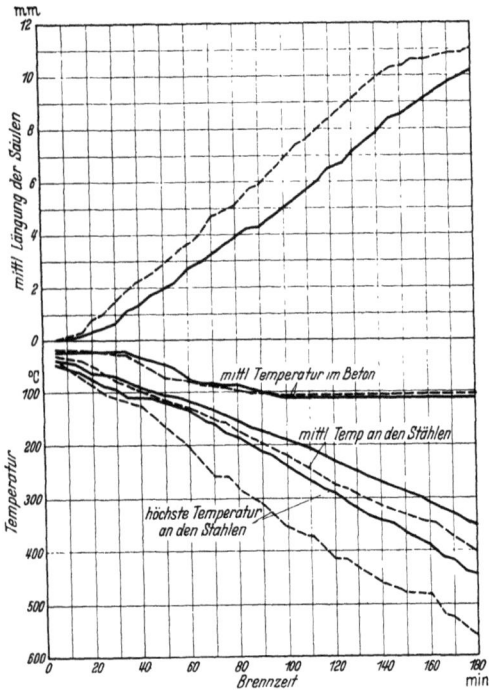

Bild 7. Temperaturverlauf und Längung
Eisenbetonsäulen IIa (—) und IIb (----). Putz: Schamottemehl + Sand + Zement

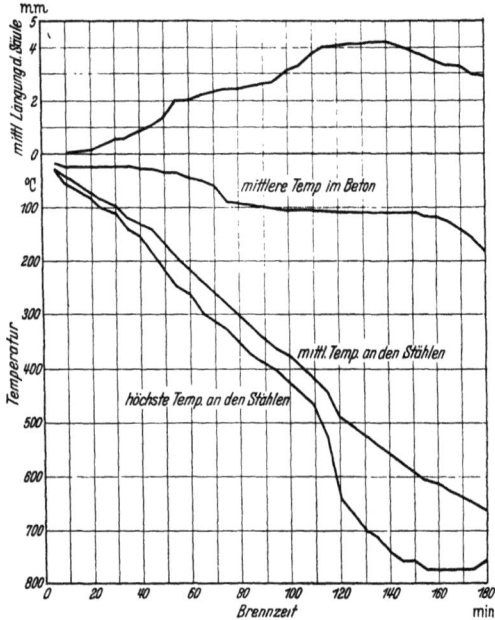

Bild 8. Temperaturverlauf und Längung
Eisenbetonsäule III. Putz: Berliner Kalkmörtel + Gips + Kieselgur

an ist der Verlauf wieder geradlinig geneigt. Wahrscheinlich steht diese Erscheinung mit der Verdampfung des Wassers im Beton im Zusammenhang. Jedoch sollen diese physikalischen Eigenheiten in einem anderen Aufsatz behandelt werden.

Besonders auffällig ist in der weiteren Prüfzeit der Abfall der Längungskurve der Stütze Ib (Bild 6). Hier wird die thermische Längung durch die statische Stauchung zunächst aufgehoben und später sogar überwunden. Etwa 30 Minuten später zeigt auch die Temperaturkurve des

Stillstand der Längung eingetreten. Leider konnte bei den Stützen Ia und III die Parallelität dieser Beziehungen nicht bis zum Bruch verfolgt werden, weil die Versuche nach 180 Minuten abgeschlossen wurden. Nimmt man aber ein ähnliches Verhalten als wahrscheinlich an, so läßt sich der Bruch für die Stütze Ia bei einer Brenndauer von etwa 200 Minuten voraussagen.

Die Temperaturen der Stähle werden von diesen Vorgängen nicht berührt. Ihr Verlauf ist nahezu geradlinig, jedoch bei den verschiedenen Säulen mehr oder weniger

Zahlentafel 3. Zusammenstellung von Vergleichswerten

Bezeichnung der Stützen		Druckfestigkeit des Betons W_{b28}	Art des Putzes	Mittlere Temperaturen in Grad								Mittlere Längung in mm				Bruch nach der in Minuten angegebenen Brenndauer	Nach dem Erkalten	
				an den Stahlen nach				im Beton nach				nach			beim Bruch		Belastung in t	Bruch in t
				90 Min.	120 Min.	180 Min.	beim Bruch	90 Min.	120 Min.	180 Min.	beim Bruch	90 Min.	120 Min.	180 Min.				
I	a	151	Gipsvorwurf + Kalkgipsmörtel	178	218	332	—	89	107	171	—	3,3	4,5	7,2		kein	97	kein
	b	109		387	535	—	686	92	121	—	540	3,0	2,9	—*		175	—	—
II	a	151	Schamottemehl + Sand + Zement	173	231	360	—	102	112	112	—	4,3	6,5	10,1		kein	127	kein
	b	151		196	272	402	—	104	107	107	—	5,8	8,4	10,9		kein	123	kein
III		109	Berliner Kalkmörtel + Gips + Kieselgur	341	481	664	—	99	110	187	—	2,6	4,0	2,9		kein	77,5	77,5

* Verkürzung infolge Stauchung war eingetreten.

geneigt (s. Bilder 6 bis 8). Werden die bei einer Brenndauer von 120 Minuten noch vergleichbaren Temperaturen der Stähle gegenübergestellt, so ist aus Zahlentafel 3 zu erkennen, daß bei den mit Beton geringerer Festigkeit hergestellten Säulen Ib und III die Stähle die höchsten Temperaturen aufweisen. Die Stahltemperaturen bei den Säulen gleicher Betonfestigkeit, aber verschiedener Putzart liegen ungefähr in gleicher Höhe.

Diese Beobachtung sowie auch die Feststellungen beim Bruch unterstreichen die bereits früher gemachte Erfahrung[2], daß für den Widerstand gegen Feuer weniger die Art des Putzes als die Festigkeit des Stützenbetons maßgebend ist. Daher ist die Forderung der Bestimmungen der Norm DIN 4102 durchaus richtig, unverputzte Stützen mit Beton von einer Druckfestigkeit $W_{b\,28} = 225$ kg/cm² herzustellen, Säulen mit geringer Betondruckfestigkeit jedoch sorgfältig zu verputzen.

Die vorgenannten Feststellungen beim Bruch beziehen sich auf
1. die Brenndauer beim Eintritt des Bruches,
2. den Befund der Säulen nach der Feuerbeanspruchung,
3. die Höhe der nach dem Brandversuch noch aufgebrachten Last.

Bild 9. Stütze Ia nach dem Brand
Vorwurf: Gipsbrei. Überputz: Berliner Kalkmörtel (1 + 4 in Rtl.) + 20% Gips

Bild 11. Stütze IIa nach dem Brand
Vorwurf = Überputz: 8 Rtl. Schamottemehl + 2 Rtl. Sand + 9% Zement

Mit Ausnahme der Stütze Ib, die nach 175 Minuten Prüfzeit zerstört wurde, trat bei den Stützen innerhalb der vorgesehenen Brenndauer kein Bruch ein. Eine unterscheidende Bewertung dieser Stützen konnte daher nur durch den Befund und die weitere Belastung vorgenommen werden.

Aus den Bildern 9 bis 13 ist der Zustand der Stützen nach dem Brande ersichtlich. Am meisten hat die Stütze Ib (Bild 10) gelitten. Der etwa in ⅓ der Höhe befindliche Querriß verrät deutlich die durch die Knickung eingetretene Bruchstelle. Im Putz sind vereinzelte Querrisse vorhanden. An der gesamten Länge der Kanten und an großen Stellen der Seitenflächen ist der Putz abgefallen. Einen ähnlichen Zustand, jedoch ohne Knickung, weist die Stütze Ia (Bild 9) auf. Günstiger sieht die Stütze III (Bild 13) aus. Zwar sind die durch das Feuer stark beanspruchten Kanten in ihrer ganzen Länge beschädigt, doch

Bild 10. Stütze Ib nach dem Brand
Vorwurf: Gipsbrei. Überputz: Berliner Kalkmörtel (1 + 4 in Rtl.) + 20% Gips

[2] Schulze-Wedler: Brandversuche mit belasteten Eisenbetonteilen, Teil II, Dtsch. Ausschuß f. Eisenbeton, Heft 92.

ist der Putz auf den Seitenflächen bis auf vereinzelte Querrisse im wesentlichen erhalten geblieben. Einen völlig unversehrten Eindruck machen die Stützen IIa (Bild 11) und IIb (Bild 12). Bis auf Netzrisse in den Seitenflächen

Bild 12. Stütze IIb nach dem Brand
Vorwurf = Überputz: 8 Rtl. Schamottemehl + 2 Rtl. Sand + 9% Zement

und vereinzelte mit den Kanten gleichlaufende Risse sind keine Beschädigungen vorhanden. Das Gefüge des Betons ist — ausgenommen die Stütze Ib — bei allen Stützen im wesentlichen erhalten geblieben.

Bild 13. Stütze III nach dem Brand
Vorwurf = Überputz: Berliner Kalkmörtel (1+4 in Rtl.) + 20% Gips + 12% Kieselgur

Bei der nach dem Erkalten durchgeführten weiteren Belastung der Stützen ergaben sich die in Zahlentafel 3 eingetragenen Werte. Zum Bruch gelangte lediglich die Stütze III, und zwar bei 77,5 t. Die Stützen Ia, IIa und IIb konnten noch höher beansprucht werden. Jedoch mußte der Versuch, ohne den Bruch herbeizuführen, abgebrochen werden, weil dem im Brandhaus verankerten Widerlager eine höhere Belastung nicht zugemutet werden durfte.

Es ist schon an anderer Stelle[3] darauf hingewiesen worden, daß in der Norm DIN 4102 eine Güteeinteilung von Bauteilen in bezug auf ihren Feuerwiderstand nur insofern vorgesehen ist, als zwischen den Begriffen feuerhemmend, feuerbeständig und hochfeuerbeständig unterschieden wird. Eine Wertabstufung innerhalb dieser Gruppen ist nicht getroffen. Trotzdem wurden die Ergebnisse nach dieser Richtung ausgewertet, da für die Praxis die Kenntnis der nach dem Brande noch vorhandenen Sicherheit bedeutsam ist.

In der Zahlentafel 4 sind die Stützen entsprechend den Ergebnissen der Prüfung den nach den Normen vorgesehenen Klassen eingereiht und innerhalb dieser unter Berücksichtigung der vorher vorgenommenen Auswertung nach zunehmender Güte geordnet.

Zahlentafel 4. Einreihung der Stützen in die Begriffe „feuerbeständig" und „hochfeuerbeständig"

Stütze	Art des Putzmörtels	Druckfestigkeit des Betons kg/cm²	Nachweis
Ib	Gipsvorwurf + Kalk-Gipsmörtel	109	feuerbeständig
III	Berliner Kalkmörtel + Gips + Kieselgur	109	hochfeuerbeständig
Ia	Gipsvorwurf + Kalk-Gipsmörtel	151	
IIb	Schamottemehl + Sand + Zement	151	
IIa		151	

Zusammenfassung

Die geprüften Stützen unterscheiden sich von denen, die nach DIN 4102 ohne besonderen Nachweis als

1. feuerbeständig gelten, in der Druckfestigkeit des Betons und der Zusammensetzung des Putzmörtels,
2. hochfeuerbeständig gelten, in den Abmessungen des Querschnittes, der Druckfestigkeit des Betons und der Zusammensetzung des Putzmörtels.

Dagegen blieb die in den Normen vorgesehene Herstellungsweise des Putzes unverändert.

Die Versuche, die wegen der geringen Anzahl Proben nur als Vorversuche anzusehen sind, haben ergeben, daß bei geringeren Querschnittsabmessungen und niedrigerer Betondruckfestigkeit eine den Begriffen der Normen entsprechende Widerstandsfähigkeit gegen Feuer nur dann erreicht wird, wenn zum Putzen der Stützen Mörtel besonderer Zusammensetzung angewendet wird.

Jedoch sollte im Hinblick auf einen ausreichenden Sicherheitsfaktor an den in den Normen festgelegten baulichen Anforderungen in bezug auf den Querschnitt und die Betondruckfestigkeit festgehalten werden, wobei aller-

---

[3] Herrmann: Brandversuche an verschieden geputzten Steineisendecken, s. Seite 86 bis 91.

dings die Möglichkeit der Verwendung eines Putzmörtels besonderer Zusammensetzung offen gelassen werden kann. Von dieser Möglichkeit könnte z. B. dann Gebrauch gemacht werden, wenn die in den Normen geforderte Betondruckfestigkeit aus irgendwelchen Ursachen einmal nicht erreicht wird.

BRANDVERSUCHE MIT BELASTETEN MAUERWERKSPFEILERN*
Von Martin Herrmann und Wolfgang Dohmöhl

I. Zweck der Versuche

Nach den zur Zeit der Untersuchungen maßgeblichen Bestimmungen des Normblattes DIN 4102 (August 1934) galten „als feuerbeständig ohne besonderen Nachweis" Stützen und Pfeiler bei einer Mindestdicke von 20 cm, wenn sie aus vollfugig in Kalkzementmörtel verlegten Mauerziegeln, Kalksandsteinen, Schwemmsteinen und kohlefreien Schlackensteinen hergestellt waren.

Versuche, deren Ergebnisse als Grundlage für diese Bestimmungen hätten herangezogen werden können, waren in Deutschland noch nicht durchgeführt worden. Besonders im Hinblick auf den Einfluß der während des Brandes wirkenden Nutzlast auf das Verhalten der Pfeiler lagen damals keine Erfahrungen vor. Es war daher notwendig, durch Untersuchung der Widerstandsfähigkeit von Mauerwerkspfeilern gegen Feuer unter dauernder Einwirkung der zulässigen Nutzlast die Richtigkeit der Bestimmungen des Normblattes zu bestätigen. Gleichzeitig sollten die für ummantelte Stahlstützen und Eisenbetonbauteile bereits vorliegenden Erkenntnisse in bezug auf das Verhalten gegenüber Nutzlast und Feuereinwirkung durch diese Versuche ergänzt werden.

Im Hinblick auf den Wortlaut des Normblattes DIN 4102 erschien die Prüfung von 25 cm dicken Mauerwerkspfeilern mit dem nach den Normenbestimmungen DIN 1053 höchstzulässigen Schlankheitsgrad 12 als dem praktisch schwächsten Pfeiler besonders wünschenswert. Diese Pfeiler ließen sich jedoch nicht ohne weiteres in das für die Prüfung von belasteten Hochbauteilen errichtete Brandhaus einbauen.

Die Versuche wurden daher an 38 cm dicken Pfeilern durchgeführt. Nur eine Pfeilerreihe wurde 25 cm dick — allerdings mit höherem Schlankheitsgrad — hergestellt. Für den Fall, daß die 38 cm dicken Pfeiler den Prüfungsbedingungen für die Feuerbeständigkeit nicht genügten, wurden außerdem auch 51 cm dicke Pfeiler errichtet.

Noch vor dem Abschluß der Untersuchungen wurden im Jahre 1940 die neuen Bestimmungen DIN 4102 (2. Ausgabe, November 1940) herausgegeben. Darin wurde das Maß der Mindestdicke für Mauerwerkspfeiler, die „als feuerbeständig ohne besonderen Nachweis" gelten, von 20 cm auf 38 cm heraufgesetzt. Für diese Abänderung sind wohl weniger Zweifel an der Feuerbeständigkeit als bauliche und statische Bedenken maßgebend gewesen. Daher wurden die brandtechnischen Versuche unabhängig von diesen Erwägungen in dem ursprünglich geplanten Umfange durchgeführt.

Die Untersuchungen wurden von dem im Jahre 1940 verstorbenen Mitglied des Staatlichen Materialprüfungsamt Berlin-Dahlem, Herrn Professor Dipl.-Ing. Alfred Schulze, angeregt, 1938 und 1939 durchgeführt und die Ergebnisse von den Verfassern zusammengestellt und ausgewertet.

Die Mittel für die Durchführung der Untersuchungen

* Bereits abgedruckt in Feuerschutztechnik, Heft 9, 22. Jahrg., September 1942.

stellten die Stiftung für Forschungen im Wohnungs- und Siedlungswesen, die Fachgruppe Kalksandsteinindustrie, die Fachgruppe Ziegelindustrie, der Verband öffentlicher Feuerversicherungsanstalten in Deutschland und der Verband privater Feuerversicherungsgesellschaften zur Verfügung. Den genannten Stellen sei für ihre Unterstützung bestens gedankt.

II. Baustoffe, Art, Prüfung, Ergebnisse

Die Baustoffe für die Bereitung der verschiedenen Mörtel wurden vom Amt aus dem Handel beschafft.

Zement:

Verwendet wurde Normenzement mit den nachstehend angegebenen Festigkeiten (gem. DIN 1164).

Art der Lagerung	Festigkeit kg/cm²	
	Zug	Druck
7 Tage Wasserlagerung . . .	27,2	307
28 ,, gemischte Lagerung .	44,4	515

Kalkpulver:

Die nach DIN 1060 durchgeführte Prüfung auf Druckfestigkeit brachte folgende Ergebnisse:

Sand:

Mineralogische Beschaffenheit:

	Festigkeit kg/cm² nach 28 Tagen	
	Zug	Druck
Gelblich-brauner Sand von feinkörniger Struktur	1,3	3,7

tur, zum weitaus größten Teil aus feinen und feinsten Korngrößen zusammengesetzt, die fast ausschließlich aus Quarz bestehen. Der Sand ist durch verschwindend kleine Mengen (Spuren) von Kreide durchsetzt. Die gröbere Körnung des Sandes erreicht etwa 1 cm Größe und besteht ebenfalls aus abgerundeten Quarzkörnern. Lehmige Beimengungen konnten nur in Spuren nachgewiesen werden.

Kornzusammensetzung:

Die Kornzusammensetzung des Sandes ist in Bild 1 graphisch dargestellt. Die Sieblinien nach DIN 1045 — Bestimmungen für Ausführung von Bauwerken aus Eisenbeton — sind ausgezogen, die Sieblinie des verwendeten Sandes gestrichelt.

Mörtel:

Das Mischungsverhältnis und die Festigkeiten der zum Aufmauern der Pfeiler handwerksgerecht aus

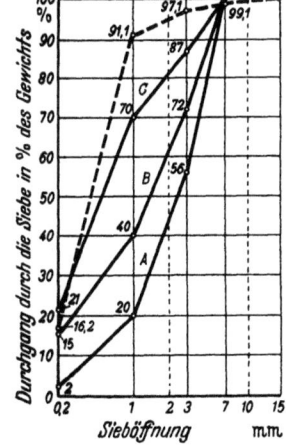

Bild 1. Kornzusammensetzung des Sandes

—— Sieblinien nach DIN 1045, Bestimmungen für Ausführung von Bauwerken aus Eisenbeton
--- Verwendeter Sand

den untersuchten Baustoffen hergestellten Mörtelarten sind aus Zahlentafel 1 ersichtlich. Die Proben (Form gem. DIN 1164) lagerten an der Luft im Zimmer vom 2. bis 7. Tage unter feuchten Tüchern.

Zahlentafel 1. Festigkeit der Mörtel

Mischung	Festigkeit in kg/cm² nach			
	28 Tagen		56 Tagen	
	Zug	Druck	Zug	Druck
1 Rtl. Zement +4 ,, Sand +5 % Kalkteig	15,4	99	—	—
1 Rtl. Zement +2 ,, Kalkpulver +8 ,, Sand	7,2	34	7,9	36
1 Rtl. Kalkpulver +4 ,, Sand	3,3	3,7	4,0	4,3

Steine:

Die für den Aufbau der Pfeiler benötigten Steine wurden von mehreren durch die Fachgruppe Ziegelindustrie bzw. Kalksandsteinindustrie beauftragten Herstellerfirmen angeliefert.

Die Steine hatten die Abmessungen des Reichsformats, etwa 25 cm lang, 12 cm breit und 6,5 cm hoch. Ihre Druckfestigkeit und Wasseraufnahme wurden nach den Normbestimmungen DIN 105 ermittelt. Die Ergebnisse sind in Zahlentafel 2 zusammengestellt.

Zahlentafel 2. Eigenschaften der Mauersteine

Art der Steine	Druckfestigkeit in kg/cm²	Wasseraufnahme %
Klinker	383	7,1
Hartbrandziegel	338	8,9
Mauerziegel, 1. Kl. (1. Sendung)	266	11,2
Mauerziegel, 1. Kl. (2. Sendung)	203	23,5
Kalksandsteine	161	15,4

III. Umfang und Anordnung der Versuche

Aus den unter II. beschriebenen Baustoffen wurden handwerksgerecht Pfeiler hergestellt, deren Art, Abmessungen und Verband aus Zahlentafel 3 und Bild 2 ersichtlich sind.

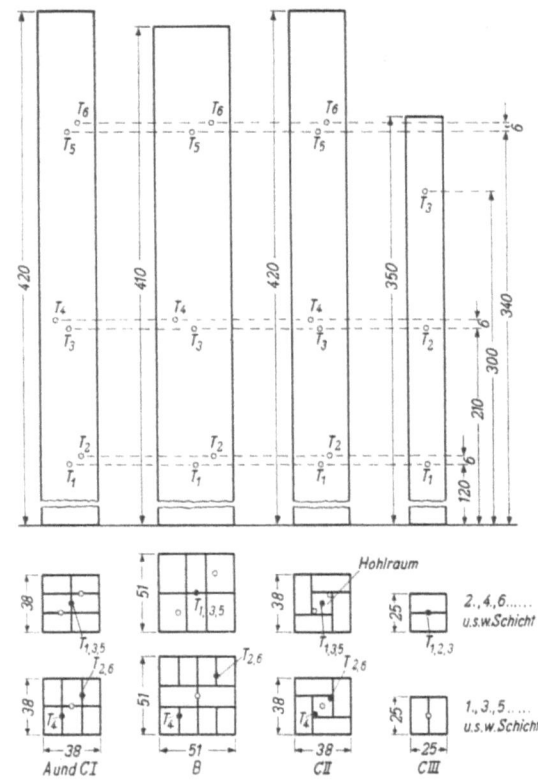

Bild 2. Abmessungen und Verband der Pfeiler sowie Anordnung der Temperaturmeßstellen

Beim Aufmauern wurden zur Messung der Durchwärmung des Mauerwerks im Innern der Pfeiler Thermoelemente eingelegt (s. Bild 2). Für jede Versuchsreihe wurden drei gleiche Pfeiler errichtet, von denen einer geputzt wurde. Der etwa 2 cm dicke Putz bestand aus einem Vorputz aus Zementbrei (1 Rtl. Zement + 3 Rtl. Sand) und einem Überputz aus Berliner Kalkmörtel. Bis zur Prüfung standen die Pfeiler an der Luft im Freien. Ihr Alter bei der Prüfung betrug etwa 5 bis 7 Monate.

Geprüft wurde entsprechend den Normbestimmungen DIN 4102, wobei zum Nachweis der Eigenschaft „feuerbeständig" die Pfeiler 90 Minuten lang dem Feuer ausgesetzt wurden. Die Pfeiler wurden in ein Brandhaus (s. Bilder 3 und 4) gestellt, zentrisch mit der zulässigen Last gemäß den Normbestimmungen DIN 1053 belastet und bei Gleichhal-

Bild 3. Brandhaus

tung dieser Last durch die Flammen von Ölbrennern beansprucht. Dabei wurden die Flammen der Ölbrenner so eingerichtet, daß sie die Pfeiler nicht unmittelbar trafen, sondern vielmehr den umgebenden Brandraum möglichst gleichmäßig beheizten. Der Anstieg der Temperatur im Brandraum entsprach hierbei der in Bild 5 dargestellten „Einheitstemperaturkurve" (nach DIN 4102). Außer der fortlaufenden Überwachung der Temperaturen im Brandraum, die mit vier Thermoelementen in unmittelbarer Nähe der Versuchsstücke festgestellt wurden, wurde die Durchwärmung der Pfeiler in 12 cm Tiefe und in der Mitte des Mauerwerks (s. Bild 2) sowie mit Maßstäben die Längung der Pfeiler gemessen. Sämtliche Messungen wurden in Abständen von 5 Minuten durchgeführt. Unter Verzicht auf das Abspritzen wurden nach dem Brandversuch die Pfeiler im warmen oder langsam abgekühlten Zustande bis zum Bruch belastet. Der Temperaturverlauf der im abgekühlten Zustand bis zum Bruch belasteten Pfeiler wurde auch über die Brennzeit von 90 Minuten hinaus — bei mehreren Pfeilern bis zur Zeit von 17 Stunden — gemessen.

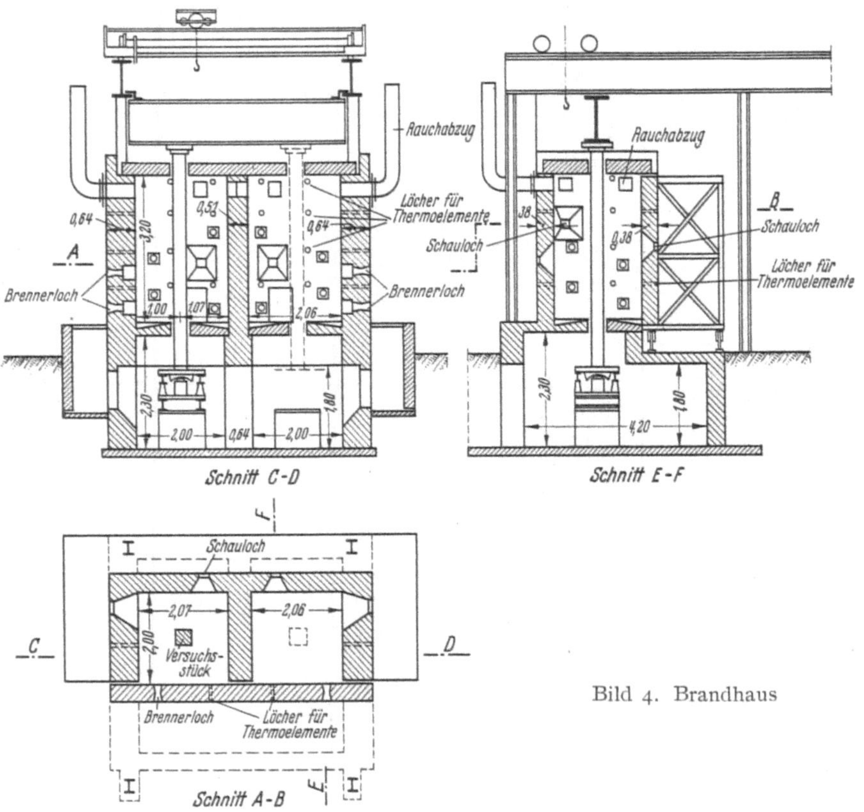

Bild 4. Brandhaus

Risse 5 bis 10 Minuten früher festgestellt. Ein Abfallen der Kanten trat bei keinem der 51 cm dicken Pfeiler ein. Während sich bei der Feuerbeanspruchung der nicht

IV. Prüfungsergebnisse

Beobachtungen während der Feuerbeanspruchung

Auf den Oberflächen der nicht geputzten 38 cm dicken Pfeiler zeigten sich 30 bis 50 Minuten nach Beginn der Feuerbeanspruchung senkrecht verlaufende feine Risse, besonders in 5 bis 10 cm Entfernung von den Kanten.

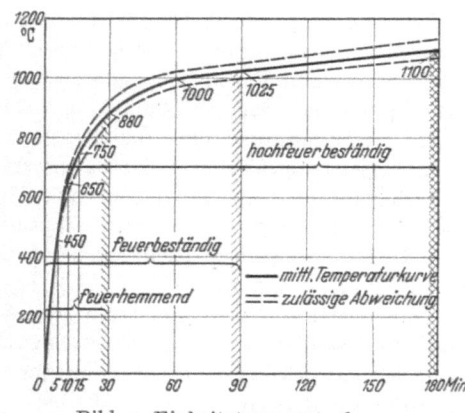

Bild 5. Einheitstemperaturkurve

Diese Risse, die bei allen Steinsorten annähernd gleichartig beobachtet wurden, verliefen durch Steine und Fugen und nahmen in bezug auf Anzahl und Breite allmählich zu. Die Vermehrung der Rißbildung steigerte sich besonders in der Zeit von 55 bis 70 Minuten, führte jedoch nur bei einem Pfeiler aus Mauerziegeln 1. Klasse in Kalkzementmörtel zu einem stellenweisen Abfallen der Kanten.

Die gleichen Vorgänge wurden bei den 51 cm dicken, nicht geputzten Pfeilern beobachtet, jedoch wurden die Rißbildung sowie die Erweiterung und Vermehrung der

Bild 6. Pfeiler aus Mauerziegeln 1. Klasse in Kalkzementmörtel, ungeputzt, nach dem Brandversuch. Im unteren Teil des Pfeilers sind die lose haftenden Steinschalen und Kanten abgeklopft

Zahlentafel 3. Abmessungen und Belastung der Pfeiler

Bezeichnung der Pfeiler		Anzahl der Pfeiler	Art des Mörtels	Art der Steine	Abmessungen der Pfeiler Grundfläche cm²	Abmessungen der Pfeiler Höhe cm	Schlankheit der Pfeiler: Höhe/Dicke	Belastung σ_{zul} kg/cm²
A	III	3	Zementmörtel	Klinker	38 × 38	420	11	10,5
	II	3[1]	Kalkzementmörtel	Hartbrandziegel				7,5
	I	3[1]		Mauerziegel 1. Klasse (1. Sendung)				4,5[2]
	IV	3[1]		Kalksandsteine				4,5
B	III	3	Zementmörtel	Klinker	51 × 51	410	8	13
	II	3[1]	Kalkzementmörtel	Hartbrandziegel				9
	I	3[1]		Mauerziegel 1. Klasse (1. Sendung)				6[3]
	IV	3[1]		Kalksandsteine				6
	Ia	3[1]	Kalkmörtel	Mauerziegel 1. Klasse (1. Sendung)				3
	IVa	3[1]		Kalksandsteine				3
C	I	3[1]	Kalkzementmörtel	Mauerziegel 1. Klasse (2. Sendung)	38 × 38	420	11	4,5
	II	3			38 × 38			4,5
	III	2			25 × 25	350	14	3

[1] Davon wurde ein Pfeiler geputzt.
[2] Ein Pfeiler wurde im Verhältnis der Steinfestigkeit von 266 kg/cm² zu der in den Normen geforderten Mindestfestigkeit von 150 kg/cm² mit 8 kg/cm² belastet.
[3] Wie 2, jedoch mit 10,6 kg/cm² belastet.

geputzten Pfeiler keine äußeren Unterschiede im Verhalten der Steinsorten hinsichtlich der Zerstörungserscheinungen feststellen ließen, wiesen die geputzten Pfeiler aus gebrannten Ziegeln einerseits und Kalksandsteinen andererseits verschiedene Haftfestigkeiten des Putzes auf. Diese Vorgänge traten insbesondere bei den 51 cm dicken Pfeilern in Erscheinung. Bei den Pfeilern aus gebrannten Ziegeln fiel der Überputz größtenteils innerhalb von 5 bis 10 Minuten nach Versuchsbeginn ab; bei den Pfeilern aus Kalksandsteinen dagegen bereits innerhalb von 3 bis 5 Minuten. Im weiteren Versuchsverlauf fielen weitere Putzreste ab, so daß auf den Pfeilern aus gebrannten Ziegeln innerhalb von 22 bis 50 Minuten kein Überputz mehr haftete.

Von dem Mauerwerk der Kalksandsteinpfeiler waren dagegen bereits nach 10 bis 11 Minuten die Reste des Überputzes abgefallen. Der Vorputz blieb bei allen Pfeilern im wesentlichen erhalten. Geringfügige Abblätterungen des Vorputzes wurden jedoch bei allen Kalksandsteinpfeilern nach 30 bis 40 Minuten Versuchszeit festgestellt.

Befund nach der Feuerbeanspruchung

Die Flächen der nicht geputzten Pfeiler aus gebrannten Ziegeln waren von feinen Rissen, die hauptsächlich senkrecht durch Steine und Fugen liefen, durchsetzt. In der Nähe der Kanten war stärkere Rißbildung festzustellen. Stellenweise waren während des Abkühlens die Kanten abgefallen. Bei leichtem Abklopfen der Mauerwerksflächen lösten sich schalenförmige Absprengungen von 0,5 bis 1,5 cm Dicke ab. An den Kanten ließen sich Steinstücke von 4 bis 7 cm Dicke (gemessen in Richtung der Diagonalen) abklopfen (s. Bilder 6 und 7).

Das Mauerwerk der nicht geputzten Kalksandsteinpfeiler war oberflächlich in gleicher Weise von Haarrissen durchzogen wie das Mauerwerk der Ziegelpfeiler. Auf den Flächen waren die Kalksandsteine etwa 2 bis 2,5 cm tief verfärbt und zermürbt, jedoch hafteten die zermürbten Schichten fest an dem nicht zerstörten Steinmaterial, so daß ein Abklopfen der zermürbten Schicht in zusammenhängenden Stücken wie bei den gebrannten Ziegeln nicht möglich war. Die Kanten waren während des Abkühlens stellenweise abgefallen.

Innerhalb der zerstörten äußeren Steinschichten war der Fugenmörtel mürbe geworden, im Inneren der Pfeiler jedoch fest geblieben.

Bei allen geputzten Pfeilern war der Überputz bis auf den Vorputz abgefallen. Der Vorputz war im wesentlichen

Bild 7. Kantenstück eines Pfeilers aus Mauerziegeln 1. Klasse mit abgelöster Ecke

haften geblieben. Die Art der Zerstörungen des Mauerwerks waren die gleichen wie bei den ungeputzten Pfeilern. Sie blieben jedoch infolge des Haftens des Vorputzes auf etwas geringere Schichtdicken beschränkt.

Die Bilder 8 und 9 zeigen einen ungeputzten und einen geputzten Pfeiler nach der Feuerbeanspruchung.

B und C III läßt erkennen, daß der Unterschied zwischen den mittleren und den Höchsttemperaturen mit abnehmender Dicke der Pfeiler größer wird. Die als Mittelwerte innerhalb der einzelnen Pfeilergruppen berechneten Unterschiede zwischen den mittleren Temperaturen und den gemessenen Höchsttemperaturen betragen

Pfeiler nach dem Brandversuch
Bild 8. Pfeiler aus Kalksandsteinen in Kalkzementmörtel (ungeputzt)

Bild 9. Pfeiler aus Kalksandsteinen in Kalkmörtel (geputzt)

bei den 51 cm dicken Pfeilern (Gruppe B) 16%,
,, ,, 38 cm ,,   ,,   (,, A) 74%,
,, ,, 25 cm ,,   ,,   (,, C III) .... 96%.

Vom Standpunkt der Feuersicherheit aus sind daher praktisch dickere Pfeiler zu bevorzugen, da einerseits im Mauerwerk nicht so hohe Temperaturen auftreten wie bei dünneren Pfeilern (vgl. Zahlentafel 4), anderseits sich einzelne Temperaturspitzen in mäßigen Grenzen halten.

Der bei den Versuchspfeilern angewendete Putz hat auf die Durchwärmung des Mauerwerks keinen wesentlichen Einfluß ausgeübt. Da infolge des Abfallens des Überputzes während des Beginns der Feuerbeanspruchung (vgl. S. 5) lediglich der Vorputz aus Zementbrei das Mauerwerk im weiteren Versuchsverlauf schützte, sind Unterschiede in der Durchwärmung im Vergleich zu den ungeputzten Pfeilern nur vereinzelt und zwar bei den geputzten Pfeilern der Gruppen A II, I und IV (Kalkzementmörtel) und B I a (Kalkmörtel) feststellbar[1]. Bei diesen Pfeilern, deren mittlere Durchwärmung im ungeputzten Zustand wesentlich höher als 100° lag, beträgt der Unterschied zwischen den mittleren Temperaturen der geputzten und der ungeputzten Pfeiler im Mittel 25%. Bei den übrigen Pfeilergruppen sind keine Unterschiede in den mittleren Temperaturen aufgetreten.

Durchwärmung des Pfeilermauerwerks

Als praktisch wesentliche Ergebnisse der Temperaturmessungen sind in Zahlentafel 4 die mittleren und höchsten Temperaturen im Mauerwerk der Pfeiler nach 90 Minuten Brennzeit zusammengestellt.

Die mittleren Temperaturen an den 12 cm überdeckten Meßstellen der 38 und 51 cm dicken Pfeiler liegen nach 90 Minuten Brennzeit zwischen 100° und 185°, an den in der Pfeilermitte gelegenen Meßstellen um 100°. Bei den 25 cm dicken Pfeilern (Gruppe C III) beträgt die mittlere Temperatur an diesen Meßstellen 245°.

Wie aus Zahlentafel 4 ersichtlich ist, liegen die Einzelwerte wie auch die Mittel der gemessenen Höchsttemperaturen zum großen Teil erheblich über den mittleren Temperaturen. Die mittleren Temperaturen können daher in ihrer Gesamtheit nur als Werte für die Größenordnung gelten, mit deren Bereich — etwa 100 bis 150° bei 38 und 51 cm dicken Pfeilern — in Brandfällen mindestens gerechnet werden muß. Es ist jedoch zu berücksichtigen, daß etwa die doppelten Werte an einzelnen Stellen im Pfeilermauerwerk erreicht werden können.

Der Vergleich der mittleren und der Höchsttemperaturen innerhalb der nicht geputzten Pfeiler der Gruppen A,

---

[1] Die Pfeiler der Gruppe C konnten zum Vergleich nicht herangezogen werden (vgl. Zahlentafel 4).

Zahlentafel 4. Durchwärmung, Längung und Bruchlast der Pfeiler

Bezeichnung der Pfeiler	Versuch Nr.	Kantenlänge des Querschnitts cm	Art des Mörtels	Art der Steine	Belastung während des Brandes kg/cm²	Temperaturen nach 90 Minuten Brennzeit in 12 cm Tiefe[1] des Pfeilers				Längung der Pfeiler nach 90 Min. mm		Bruchlast[2] kg/cm²	Errechnete Bruchlast[3]	Bruchlast[4] im Mittel kg/cm²	Bruchlast / Nutzlast im Mittel
						mittlere	im Mittel	höchste	im Mittel	Einzelwerte	im Mittel	Einzelwerte	kg/cm²		
A III	1		Zementmörtel	Klinker	10,5	158	140	260	198	12	13	>104	105	105	10
	2					140		198		13		>104			
	3					123		136		14		102			
A II	1			Hartbrandziegel	7,5	110	120	130	203	11	11	73	66	70	9
	2					129		275		13		69			
	3[5]	38				113	113	138	138	10		68			
A I	1		Kalkzementmörtel	Mauerziegel 1. Klasse (1. Sendung)	8,0[6]	180	159	332	387	9	12	71	56	68	9
	2				4,5	137		441		11		69			15
	3[5]				4,5	109	109	164	164	15		65			
A IV	1			Kalksandsteine	4,5	115	116	130	165	20	22	32	40	33	7
	2					116		199		25		32			
	3[5]					100	100	106	106	21		35			
B III	1		Zementmörtel	Klinker	13	122	131	122	143	9	10	>60	100	100	8
	2					122		136		10		>60			
	3					148		171		11		>60			
B II	1			Hartbrandziegel	9	108	108	108	140	9	10	>60	66	66	7
	2					108		171		10		>60			
	3[5]					108	108	143	143	10		>60			
B I	1		Kalkzementmörtel	Mauerziegel 1. Klasse (1. Sendung)	6	110	105	117	113	6	7	>60	56	56	9
	2				10,6[6]	100		108		6		>60			5
	3[5]	51			6	100	100	106	106	8		>60			9
B IV	1			Kalksandsteine	6	104	103	106	104	13	13	28	40	29	5
	2					102		102		13		26			
	3[5]					106	106	106	106	—		33			
B Ia	1		Kalkmörtel	Mauerziegel 1. Klasse (1. Sendung)	3	110	149	114	212	6	6	44	27	41	14
	2					188		310		6		43			
	3[5]					112	112	125	125	5		37			
B IVa	1			Kalksandsteine	3	104	104	106	107	19	19	19	19	19	6
	2					104		108		20		15			
	3[5]					106	106	106	106	17		22			
C I	1	38		Mauerziegel 1. Klasse (2. Sendung)	4,5	vom Feuer nicht beansprucht				—	15	39,5	47	39,5	9
	2					Temperaturen nicht gemessen				18		42		38	8
	3[5]		Kalkzementmörtel			185	185	220	220	11		33			
C II	1				4,5	108	108	108	108	11	14	21,5[8]	—	22	5
	2	38[7]				108	108	108	108	16		22[8]			
	3[5]					vom Feuer nicht beansprucht				—		33[8]		33	7
C III	1	25			3	258	245	521	481	18	20	25	—	31	10
	2					232		441		22		37			

[1] In Pfeilermitte betrug die Temperatur nach 90 Minuten Brennzeit stets etwa 100°.
[2] Eine höhere Beanspruchung als 104 kg/cm² bei den Pfeilern der Gruppe A und 60 kg/cm² bei den Pfeilern der Gruppe B durfte mit Rücksicht auf die Abmessungen der Belastungseinrichtung des Brandhauses nicht ausgeübt werden.
[3] Siehe Herrmann: Über die Abhängigkeit der Mauerwerksfestigkeit von der Druckfestigkeit der Steine und des Mörtels, s. Seite 70 bis 78.
[4] Sofern die Bruchlasten nicht erreicht werden konnten, ist der berechnete Wert als Mittel aufgeführt.
[5] Der Pfeiler war geputzt.
[6] Siehe Fußnote 2 und 3 der Zahlentafel 3.
[7] Die Mitte der Pfeiler war hohl (s. Bild 2).
[8] Bezogen auf die Fläche 38 × 38 cm².

In diesem Zusammenhang muß darauf hingewiesen werden, daß zur Feststellung der Wirksamkeit des Putzes die gemessenen Höchsttemperaturen und deren Mittelwerte nicht herangezogen werden können, da in diesen Werten die bei Großversuchen mit inhomogenen Baustoffen stets auftretenden Versuchsschwankungen und sonstigen nicht zu erfassenden Zufälligkeiten ihren Niederschlag gefunden haben.

Die Ergebnisse der Temperaturmessungen zeigen demnach, daß der gewählten Putzart gegenüber der Durchwärmung des Pfeilermauerwerks keine wesentliche Widerstandsfähigkeit zuzuschreiben ist.

Als Beispiele für den Verlauf der Durchwärmung während der gesamten Versuchszeit sind in den Bildern 10 und 11 die im Mauerwerk der Pfeilergruppen A I und B II ermittelten Temperaturen in Abhängigkeit von der Brennzeit und von der Brandraumtemperatur graphisch dargestellt.

Die 12 cm tief im Mauerwerk angeordneten Meßstellen der 38 cm dicken Pfeiler (Bild 10) zeigen im allgemeinen nach etwa 15 Minuten Brennzeit einen plötzlichen Temperaturanstieg von der Temperatur bei Versuchsbeginn bis auf 100°. Dort verweilt die Temperatur bis etwa 80 Minuten Brennzeit und setzt dann zu einem weiteren Anstieg an. In Pfeilermitte (19 cm tief) tritt der erste plötzliche Anstieg erst nach etwa 35 Minuten Brennzeit ein. Eine weitere Erhöhung der Temperatur über 100° hinaus findet während der Brennzeit von 90 Minuten in Pfeilermitte nicht mehr statt.

Bei den 51 cm dicken Pfeilern (Bild 11) liegen die Verhältnisse ähnlich, jedoch zeigt sich die Temperaturerhöhung in 12 cm Tiefe nach 15 bis 30 Minuten, in Pfeilermitte (25 cm tief) nach 40 bis 60 Minuten.

Nach dem Abstellen der Ölfeuerung bei 90 Minuten Versuchszeit fällt die Brandraumtemperatur schnell ab. Dagegen nimmt die Erwärmung der 12 cm überdeckten Meßstellen zunächst noch stark zu und zwar bis etwa zu dem Zeitpunkt, bei dem die Temperaturkurven der 12 cm überdeckten Meßstellen die Abkühlungskurve der Brandraumtemperatur schneiden, um dann allmählich abzufallen. Das bedeutet, daß die während der Feuerbeanspruchung den äußeren Schichten des Mauerwerks zugeführte Wärme so lange in das Innere des Pfeilers abgeleitet wird, bis die äußeren Schichten des Mauerwerks bei fortschreitender Abkühlung des Brandraumes umgekehrt wieder Wärme an den Brandraum abgeben. In jeder Mauerwerksschicht wird so eine Höchsttemperatur erreicht, nach deren Eintritt ein annähernd gleichförmiger Temperaturabfall beginnt. Dieser Vorgang wiederholt sich — wie aus dem weiteren Verlauf der Kurven zu erkennen ist — an den in 12 cm Tiefe und in Pfeilermitte gelegenen Meßstellen unter Abgabe von Wärme aus der Pfeilermitte an die umgebenden äußeren Schichten. Der Schnittpunkt der entsprechenden Temperaturkurven entsteht naturgemäß später und zwar bei den 38 cm dicken Pfeilern nach 5 bis 8 Stunden, bei den 51 cm dicken Pfeilern nach 9 bis 15 Stunden.

Nach den am Ende der Feuerbeanspruchung festgestellten Temperaturen (vgl. Zahlentafel 4) scheinen in erster Linie die Abmessungen der Pfeiler auf die Durchwärmung von Einfluß zu sein; dagegen wirken sich die innerhalb der Gruppen verschiedenen Baustoffe anscheinend nur wenig aus. Besonders die in Gruppe B festgestellten mittleren Temperaturen weisen so geringe Unterschiede auf, daß diese in der Größenordnung der Versuchsschwankungen liegen.

Bei der Zusammenstellung der im Versuchsverlauf nach 90 Minuten Brennzeit auftretenden Höchsttemperaturen zeigt sich jedoch, daß die Durchwärmung des Pfeiler-

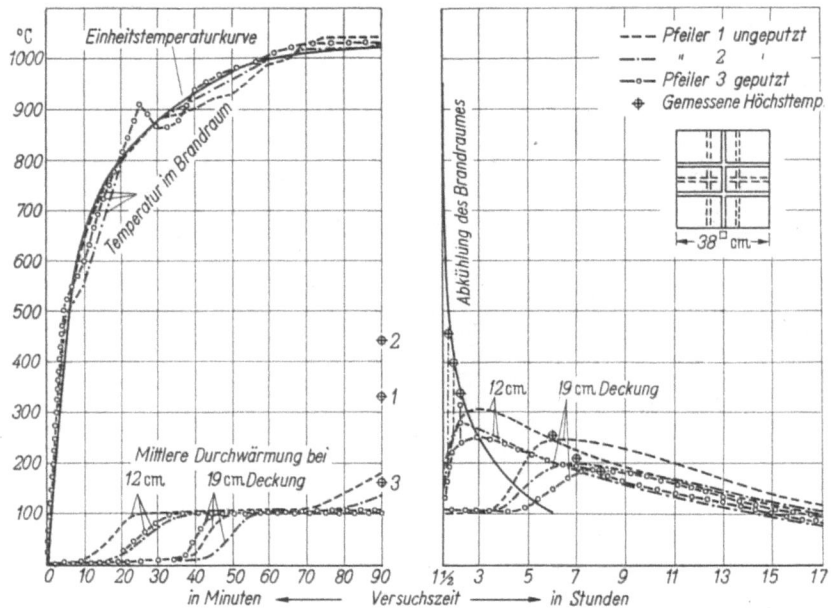

Bild 10. Temperaturverlauf im Brandraum und Durchwärmung der Pfeiler A I/1—3 aus Mauerziegeln 1. Klasse in Kalkzementmörtel

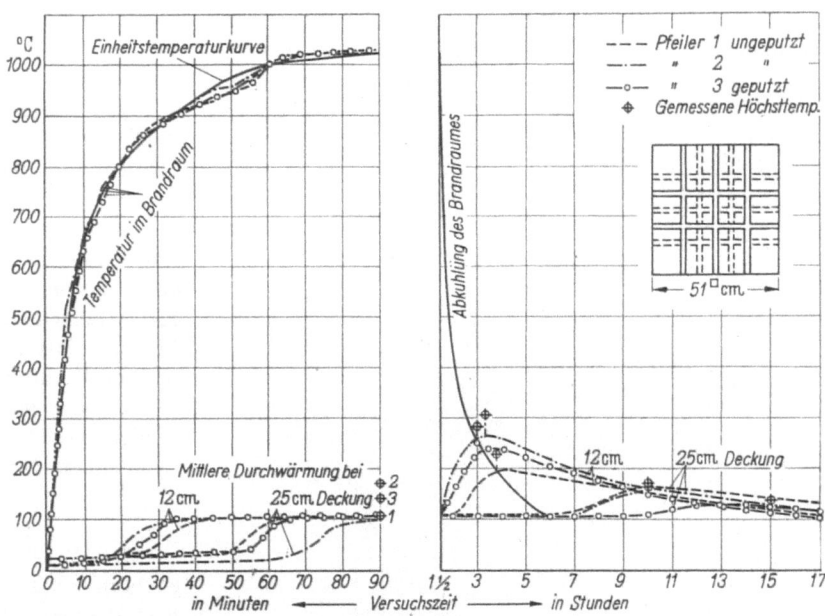

Bild 11. Temperaturverlauf im Brandraum und Durchwärmung der Pfeiler B II/1—3 aus Hartbrandziegeln in Kalkzementmörtel

mauerwerks durch die Art der Steine und auch durch die Mörtelart beeinflußt wird. In Bild 12 sind die bei den ungeputzten Pfeilern während des gesamten Temperaturverlaufs festgestellten Höchsttemperaturen und die gleichzeitig aufgetretenen mittleren Temperaturen schaubildlich dargestellt. Ferner enthält das Schaubild die Versuchszeiten, nach denen diese Temperaturen erreicht wurden.

In Übereinstimmung mit den bei 90 Minuten Versuchszeit ermittelten Temperaturen ist aus Bild 12 ersichtlich, daß bei den 38 cm dicken Pfeilern sowohl die Höchst- als auch die Mitteltemperaturen höher liegen als bei den 51 cm dicken. Weiterhin lassen die Blockdicken erkennen, daß diese Temperaturen an den 12 cm überdeckten Meßstellen (B Ia) und Kalksandsteine (B IVa) weisen gegenüber den in Kalkzementmörtel hergestellten Pfeilern gleicher Art und Abmessungen bei früherem Zeitpunkt höhere Temperaturen auf.

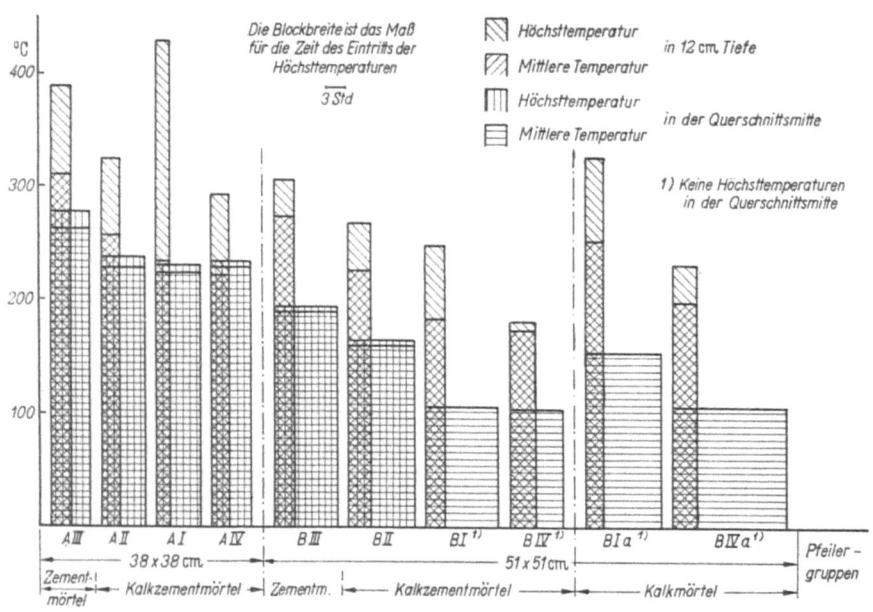

Bild 12. Durchwärmung des Mauerwerks der nicht geputzten Pfeiler nach Beendigung der Feuerbeanspruchung

und in Pfeilermitte bei den dünnen Pfeilern früher eintreten als bei den dicken Pfeilern.

Innerhalb der Pfeilergruppen A und B hat sich bezüglich der Höhe der Durchwärmung eine bestimmte Reihenfolge herausgebildet, die in beiden Fällen einen Abfall der Temperaturen von den Pfeilern aus dichten Steinen zu den

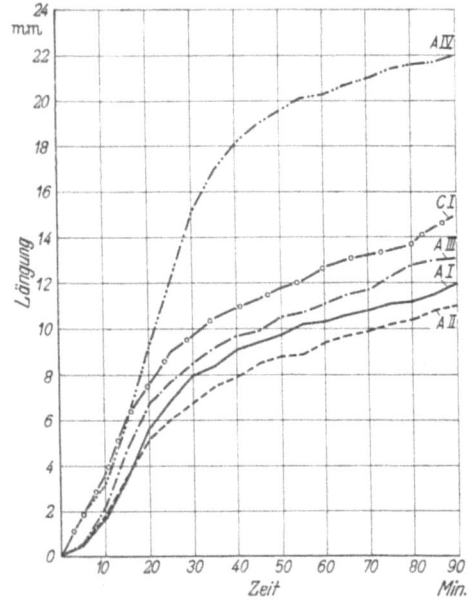

Bild 13. Längung der 38 cm dicken Pfeiler (Mittelwerte aus den drei Versuchen jeder Gruppe)

Pfeilern aus weniger dichten Steinen zeigt: Klinker, Hartbrandsteine, Mauerziegel 1. Klasse, Kalksandsteine, wobei die beiden letzteren sich ungefähr gleich verhalten. Selbst durch vereinzelt auftretende extreme Höchsttemperaturen (vgl. S. 7) wird diese Ordnung nicht gestört.

Die in Kalkmörtel vermauerten Mauerziegel 1. Klasse

Längung der Pfeiler

Für die Beurteilung der Widerstandsfähigkeit gegen Feuer ist neben der Durchwärmung die Formänderung der Bauglieder von praktischer Bedeutung. Auch die Bestimmungen des Normblattes 4102 tragen dieser Tatsache dadurch Rechnung, daß für feuerbeständige Bauweisen bei Brandversuchen nur unwesentliche Änderungen des Gefüges zugestanden werden. Da die äußerlich wahrnehmbaren Gefügeänderungen, wie Rißbildung, Abfallen der Kanten oder Zermürbung der Baustoffe, keine wesentlichen Unterschiede in der Güte der Pfeiler erkennen lassen, wurde als meßbare Größe für Änderungen des Gefüges bei den vorliegenden Untersuchungen die thermische Längung der Pfeiler ausgewertet. Diese ist sowohl von den Abmessungen der Versuchsstücke als auch von den Baustoffen abhängig.

Wie aus Zahlentafel 4 zu ersehen ist, liegen die nach 90 Minuten Versuchszeit ermittelten Werte für die Längung bei den 38 cm dicken Pfeilern insgesamt höher als bei den entsprechenden Gruppen der 51 cm dicken Pfeiler. Ebenso zeigen die 25 cm dicken Pfeiler der Gruppe C III eine größere Längung als die in den Baustoffen gleichen 38 cm dicken Pfeiler der Gruppe C I.

Die Längung wächst demnach mit abnehmender Dicke der Pfeiler. Die Abhängigkeit der Längung von der Steinart geht aus Bild 13 hervor, das die Zunahme der Längung der 38 cm dicken Pfeiler vom Versuchsbeginn bis zum Ende der Feuerbeanspruchung zeigt. Während der Verlauf der Kurven für die Längung der Pfeiler aus gebrannten Ziegeln etwa im gleichen Bereich liegt, ist bei den Pfeilern aus Kalksandsteinen eine beträchtlich schnellere Zunahme der Längung festzustellen. Auch der Wert für die Längung nach 90 Minuten Brennzeit liegt erheblich höher als bei den Pfeilern aus gebrannten Ziegeln. Bei den 51 cm dicken Pfeilern ist dieser Unterschied ebenfalls — wenn auch nicht in so hohem Maße — zu erkennen.

Bruchlast

Der Bruch ist unter der während der Brennzeit ausgeübten Belastung in keinem Falle eingetreten. Um den nach dem Brande noch vorhandenen Sicherheitsgrad festzustellen, wurden die Pfeiler über die zulässige Last hinaus belastet. Auf das in den Normbestimmungen geforderte Abspritzen der Pfeiler nach der Feuerbeanspruchung wurde verzichtet, da erfahrungsgemäß das Löschwasser bei Mauerwerk keine weiteren Zerstörungen hervorruft, sondern lediglich entstandene Schäden durch Abspülen freilegt. Einige Pfeiler wurden im warmen Zustand belastet, also unmittelbar anschließend an den Brandversuch auf Tragfähigkeit geprüft. Die übrigen kühlten bis zur Weiterbelastung ab. Um eine Überbeanspruchung des im Brandhaus eingebauten Widerlagers zu vermeiden (vgl. Fußnote 2, Zahlentafel 4), durfte eine Anzahl von Pfeilern nicht bis zum Bruch belastet werden. Eine umfassende Gegenüberstellung der Ergebnisse war daher zunächst nicht möglich. Zur Aufstellung von Vergleichswerten wurde die voraussichtliche Mauerwerksfestigkeit rechnerisch[2] ermittelt. Die angewendete Formel $e = t \cdot \sqrt[3]{m \cdot s^2}$, bei der e die Mauerwerksfestigkeit, m die Mörtelfestigkeit, s die Steinfestigkeit und t einen Wurzelbeiwert bedeuten, wurde aus den Erfahrungen und Ergebnissen von etwa 300 Prüfungen an Mauerwerkskörpern entwickelt. Sie konnte zur Ergänzung der vorliegenden Untersuchungen um so eher herangezogen werden, als sich auch hier, soweit die Bruchlasten festgestellt werden konnten, zwischen den gefundenen Ergebnissen und den errechneten Werten eine gute Übereinstimmung ergab.

Im Mittel beträgt der Sicherheitsgrad der Pfeiler aus gebrannten Ziegeln in jeder Gruppe 10 (mit Ausnahme der höher belasteten Pfeiler A I/1 und B I/2 sowie der Pfeiler C II/1 und 2), der der Kalksandsteine in den Gruppen A und B dagegen nur 6. Die höchsten Sicherheitsgrade wurden in den Gruppen A und B von den Mauerziegeln 1. Klasse erreicht, wobei allerdings berücksichtigt werden muß, daß auch die Steinfestigkeit der verwendeten Mauerziegel weit über der nach den Normen festgelegten Mindestfestigkeit von 150 kg/cm² lag.

Ein Einfluß des thermischen Zustands der Pfeiler auf die Tragfähigkeit konnte nicht nachgewiesen werden. Die festgestellten Abweichungen lagen stets im Bereich der üblichen Versuchsstreuungen.

Pfeiler nach der Belastung
Bild 14. Pfeiler aus Kalksandsteinen in Kalkmörtel (ungeputzt)

Bild 15. Pfeiler aus Mauerziegeln 1. Klasse in Kalkmörtel (ungeputzt)

Die im Versuch festgestellten bzw. errechneten Bruchlasten sind in Zahlentafel 4 zusammengestellt.

Die Sicherheitsgrade wurden als Quotienten aus Bruchlast und Nutzlast bestimmt und sind ebenfalls aus Zahlentafel 4 zu entnehmen.

Die Bruchlasten nehmen bei den 38 und 51 cm dicken Pfeilern mit den Steinfestigkeiten ab. Die relativen Werte für die Sicherheitsgrade sind unterschiedlich, liegen jedoch stets bei 5 oder höher. Die geringsten Bruchlasten wurden innerhalb jeder Pfeilergruppe bei den Kalksandsteinen festgestellt. Mit Ausnahme der Pfeiler A I/1 und B I/2, die unter höheren Lasten als der zulässigen geprüft wurden, und der hohlen ungeputzten Pfeiler der Gruppe C II liegen jedoch auch die Sicherheitsgrade sämtlicher Pfeiler aus gebrannten Ziegeln höher als bei den Kalksandsteinpfeilern.

[2] Herrmann: Über die Abhängigkeit der Mauerwerksfestigkeit von der Druckfestigkeit der Steine u. des Mörtels, s. S. 70—78.

In den Bildern 14 bis 16 sind Beispiele für die Bruchform der nach dem Brande durch Belastung beanspruchten Pfeiler dargestellt. Die Pfeiler haben klaffende Risse erhalten und weisen mehr oder weniger starke Merkmale einer beginnenden Ausknickung auf, oder sie sind ausgeknickt.

V. Zusammenfassung und Schlußfolgerungen

Nach den Bestimmungen DIN 4102, Blatt 1, gelten als feuerbeständig: Bauteile aus nicht brennbaren Baustoffen, die bei einem Brandversuch nach Blatt 3 der genannten Normbestimmungen während einer Prüfzeit von 1 ½ Stunden dem Feuer und anschließend dem Löschwasser standhalten, dabei ihr Gefüge nicht wesentlich ändern, unter der rechnerisch zulässigen Last ihre Standfestigkeit und Tragfähigkeit nicht verlieren und den Durchgang des Feuers verhindern.

Diese Bedingungen haben sämtliche geprüften Pfeiler erfüllt, sogar die 25 cm dicken bei unzulässig hohem Schlankheitsgrad. Für die Bestätigung der Richtigkeit der Bestimmungen würde dieses Ergebnis genügen. Darüber hinaus wurden jedoch im Verlauf der Untersuchungen Ergebnisse erzielt, durch die sich wesentliche Unterschiede in der Widerstandsfähigkeit der einzelnen Pfeilergruppen feststellen ließen.

Bild 16. Pfeiler aus Mauerziegeln 1. Klasse in Kalkzementmörtel (geputzt)

1. Aus den Versuchsergebnissen ist zu ersehen, daß infolge Abfallens während der Feuerbeanspruchung der gewählten Putzart hinsichtlich der Herabsetzung der Durchwärmung des Pfeilermauerwerks keine nennenswerte Bedeutung zuzuschreiben ist, wenn auch der Vorputz aus Zementbrei, der während der gesamten Versuchszeit auf dem Mauerwerk haften blieb, bei einigen Pfeilern eine geringe Herabsetzung der Durchwärmung bewirkte.
2. Aus dem Verhalten des Putzes während der Feuerbeanspruchung ist auf eine größere Haftfestigkeit auf Mauerwerk aus gebrannten Ziegeln gegenüber Mauerwerk aus Kalksandsteinen zu schließen.
3. Die Durchwärmung des Pfeilermauerwerks erreicht erst geraume Zeit nach Beendigung der Feuerbeanspruchung ihre größten Werte.
4. Die Durchwärmung nimmt mit zunehmendem Querschnitt der Pfeiler ab.
5. Die Pfeiler aus Mauerziegeln 1. Klasse und aus Kalksandsteinen setzen der Durchwärmung den größten Widerstand entgegen. Die geringste Durchwärmung tritt bei den Pfeilern aus Kalksandsteinen auf.
6. Beim Vergleich der Fugenmörtel — Kalkzementmörtel $1+2+8$ und Kalkmörtel $1+4$ — ist in bezug auf die Durchwärmung das günstigere Verhalten des Kalkzementmörtels festzustellen.
7. Die thermische Längung erreicht bei den Pfeilern aus Kalksandsteinen beträchtlich höhere Werte als bei den Pfeilern aus gebrannten Ziegeln.
8. Im Zusammenhang damit liegen die Bruchlasten und Sicherheitsgrade bei den Kalksandsteinpfeilern niedriger als bei den Pfeilern aus gebrannten Ziegeln.

Zur Herabsetzung der Durchwärmung, die bei Schadenfeuern stets erstrebenswert sein wird, würden demnach Pfeiler aus Kalksandsteinen und Mauerziegeln 1. Klasse in Kalkzementmörtel bei größeren Dicken zu bevorzugen sein, soweit ihre Verwendung nicht durch statische oder architektonische Erwägungen in Frage gestellt ist.

Den in bezug auf die Durchwärmung günstigen Eigenschaften der Kalksandsteine stehen jedoch hinsichtlich der Gefügeänderungen bei Feuereinwirkung, die mit Rücksicht auf die bei Schadenfeuern auftretenden Schubkräfte infolge der thermischen Längung nicht übersehen werden dürfen, Nachteile gegenüber, die sich bei der Bruchlast und der statischen Sicherheit der Kalksandsteinpfeiler auswirken.

Wenn bisher in der einschlägigen Literatur, teils auf Grund der Beobachtung von Schadenfeuern, teils infolge der Ergebnisse von Brandversuchen das annähernd gleiche Verhalten von Mauerziegeln 1. Klasse und Kalksandsteinen festgestellt wurde, so ist diese Tatsache darauf zurückzuführen, daß bei Schadenfeuern die Einwirkung der Belastung nicht genügend verfolgt werden konnte und bei den bisher durchgeführten Brandversuchen nur unbelastete Bauteile untersucht wurden.

DIE INTERNATIONALEN SIEBNORMEN
Von Lothar Krüger

Die internationale Föderation der nationalen Normenvereinigungen (ISA) Basel hat in ihrem Komitee ISA 24 — Kontrollsiebe — internationale Richtlinien für Drahtgewebe und Rundlochbleche für Prüfsiebe aufgestellt. Die Verhandlungen wurden auf den Tagungen 1934 in Mailand, 1937 in Paris und abschließend 1939 in Helsinki geführt. Als Grundlage für die Behandlung dienten ein französischer Vorschlag, die amerikanische Normung und vor allen Dingen die Bestimmungen über Prüfsiebe des Deutschen Normenausschusses, die in den Normblätter DIN 1170 und 1171 Blatt 1 und 2 verankert sind. Darüber hinaus gelangten Vorschläge des österreichischen Normenausschusses zur Verhandlung, die dahin zielten, die Sieböffnungen nach den in DIN 323 festgelegten und auch international anerkannten Normungszahlen zu staffeln und nach einem Gewebemodul zu bezeichnen, der in Abhängigkeit von der Maschenweite eine Wertziffer für die Siebfähigkeit des Gewebes sein sollte.

Die Beschlüsse der ISA werden in Resolutionen niedergelegt, die als Empfehlungen zu betrachten sind, nach denen sich die Normung in den einzelnen Ländern bei der Aufstellung ihrer eigenen Normen möglichst richten soll. International anerkannte Normblätter werden nicht aufgestellt. Das ISA-Komitee 24 stellte zwei Empfehlungen auf, und zwar eine für Prüfsiebgewebe (Drahtgewebe) und eine zweite für Prüfsiebe aus Rundlochblechen (Rundlochbleche, die beide im nachstehenden inhaltlich wiedergegeben werden.

1. Prüfsiebgewebe (Drahtgewebe)

a) Gewebereihen

Maschenweiten in mm

A	B	C	A	B	C
0,04		16	0,50		27
0,05		17		0,60	$27^3/_4$
0,063		18	0,63		28
	0,075	$18^3/_4$		0,71	$28^1/_2$
0,08		19		0,75	$28^3/_4$
	0,09	$19^1/_2$	0,80		29
0,10		20		0,85	$29^1/_4$
	0,106	$20^1/_4$	1,00		30
0,125		21		1,18	$30^3/_4$
	0,15	$21^3/_4$	1,25		31
0,16		22		1,40	$31^1/_2$
	0,18	$22^1/_2$	1,60		32
0,20		23		1,70	$32^1/_4$
	0,212	$23^1/_4$	2,00		33
0,25		24		2,36	$33^3/_4$
	0,30	$24^3/_4$	2,50		34
0,315		25		2,80	$34^1/_2$
	0,355	$25^1/_2$	3,15		35
0,40		26		3,35	$35^1/_4$
	0,425	$26^1/_4$	4,00		36

A. Hauptreihe, gleichzeitig Bezeichnung der Drahtgewebe nach der Maschenweite in mm
B. Nebenreihe
C. Modul

b) Durchmesser der Drähte

Als vorläufige Lösung wird folgendes Verhältnis zwischen dem Drahtdurchmesser und der Maschenweite Spalte A und B als unverbindlich vereinbart:

$$d \approx A(1 - 0{,}53 \sqrt[4]{A}.)$$

Die endgültigen Werte für die Durchmesser werden später festgelegt.

c) Zulässige Abweichung der Drahtdurchmesser

Als vorläufige Lösung wird als mittlere Abweichung ±5% und als größte Abweichung +10% verbindlich angenommen. Der Vorschlag, eine obere Grenze festzulegen für die Gesamtzahl der Drähte, deren Durchmesser vom Nennmaß die größte Abweichung von 10% haben darf, ist nicht abschließend behandelt worden.

Der Vorschlag der deutschen Normen kann richtungsweisend sein.

d) Zulässige Abweichungen der Maschenweite der Drahtgewebe

Die mittlere Abweichung wird gleichmäßig auf ±5% des für die Maschenweite angegebenen Nennmaßes festgesetzt.

Die größte Abweichung der Maschenweite darf erreichen:

für Weiten von 0,106 mm und weniger einen Wert zwischen +15% und +30%,

für Weiten von 0,125 bis 0,25 mm einen Wert zwischen +12,5% und +25%, sowie

für Weiten von 0,30 mm und mehr einen Wert zwischen +10% und +20% der entsprechenden geforderten Nennmaße.

Die im 2. Absatz festgesetzten größten Abweichungen werden auf höchstens 6% der Gesamtzahl der gemessenen Maschen zugelassen; die im 1. Abschnitt festgesetzte mittlere Abweichung darf dabei nicht überschritten werden.

e) Bezeichnung der Drahtgewebe und der gewebten Prüfsiebe (Drahtgewebesiebe)

Drahtgewebe und Drahtgewebesiebe werden durch die in mm ausgedrückte Maschenweite bezeichnet.

Die Zahlentafel für Drahtgewebe und Prüfsiebe kann ebenfalls die Module der Gewebemaschen angeben. Dieser Drahtgewebemodul ist nahezu die ganze Zahl oder das Vielfache von 0,25 mal dem 10fachen Dezimallogarithmus der in Mikromillimetern ausgedrückten Maschenweite.

Beispiel:

Module der Hauptreihe: 16, 17, 18 usw.
für die Maschenweiten 0,04, 0,05, 0,063 usw.,
Module der Nebenreihe: $18^3/_4$, $19^1/_2$, $20^1/_4$ usw.
für die Maschenweiten 0,075, 0,09, 0,106 usw.

Zu den einzelnen Bestimmungen hat das ISA-Komitee folgende Erläuterungen gegeben:

Die Abmaße sind im allgemeinen den Bestimmungen des deutschen Normenwerkes entnommen. Die festgelegten Gruppen verhindern das Überdecken der Maße für die Maschenweite benachbarter Drahtgewebe. Die Siebreihe, bestehend aus Haupt- und Nebenreihe, erfaßt unter Berücksichtigung der zulässigen Abweichungen nahezu alle in den verschiedenen Ländern bis 1 mm Maschenweite bereits genormten Gewebe. Den einzelnen Ländern wird anheimgestellt, soweit dies nicht schon geschehen ist, für ihre eigenen Bedürfnisse eine bevorzugte Reihe aufzustellen, deren Bestandteile der internationalen Reihe entnommen werden. Es bestand Einigkeit darüber, daß Drahtgewebe von mehr als 1 mm Maschenweite, besonders aber solche mit größeren Öffnungen, nur bei pfleglicher Behandlung ihre Genauigkeit behalten. Aus diesem Grunde wurde vorgeschlagen, an Stelle von Sieben mit Drahtgeweben von mehr als 1 mm Maschenweite Rundlochbleche zu verwenden. Zur Erreichung annähernd gleicher Siebergebnisse wurde empfohlen, als Verhältnis zwischen Lochdurchmesser eines Rundlochbleches und der Maschenweite des entsprechenden Drahtgewebes die Zahl $\sqrt[10]{10} = 1{,}259$ anzuwenden. Die Empfehlung ging hauptsächlich von den Vertretern Frankreichs aus, die diese Zahl als verbindlich angesehen haben wollten. Trotz Widerspruchs der Vertreter der übrigen Länder ist dieser Vorschlag schließlich doch noch als Anregung aufgenommen worden, weil die Siebergebnisse mit natürlichen oder künstlich erzeugten Körnungen in den einzelnen Lieferungen wahrscheinlich in größerem Maße schwanken werden, als es die vorgesehene Verhältniszahl rechnerisch ergibt.

In den deutschen Normen sind Bestimmungen für die Abnahme und Prüfung von Prüfsieben enthalten. Das Komitee ISA 24 konnte sich nicht entschließen, jetzt schon diese Bestimmungen als Empfehlungen aufzunehmen, obwohl das Bedürfnis, solche Richtlinien zu erlassen, bejaht wurde. Deshalb wurde empfohlen, daß, wenn die einzelnen Länder Bestimmungen einführen würden, sie sich an die im deutschen Normblatt DIN 1171 Blatt 2 enthaltenen Bestimmungen für die Durchführung der Prüfung und für die Verwendung der Prüfeinrichtungen halten sollen.

2. Prüfsiebgewebe aus Rundlochblechen
a) Rundlochblechreihe.

Maße in mm

A	± B	C	D	E	A	± B	C	D	E
2,5	0,1	4	1	33	20	0,5	30	1,5	42
3,15	0,2	5	1	34	25	0,5	38	1,5	43
4	0,2	6	1	35	31,5	0,5	46	1,5	44
5	0,2	8	1	36	40	0,5	60	1,5	45
6,3 (7[1])	0,3	9	1,5	37	50	1	70	2,5	46
8	0,3	12	1,5	38	63	1	80	2,5	47
10	0,4	15	1,5	39	80	1	105	2,5	48
12,5	0,4	19	1,5	40	100	1	133	2,5	49
16	0,4	24	1,5	41					

[1] Wird zur Zeit in Deutschland noch in der Betonindustrie verwendet.

A. Lochdurchmesser, gleichzeitig Bezeichnung der Prüfsiebe und Rundlochbleche
B. Abweichung der Lochdurchmesser
C. Teilung
D. Blechdicke
E. Modul

b) Man nimmt an, daß das Ergebnis des Siebens auf Rundlochblechen und Drahtgeweben mit quadratischen Öffnungen annähernd gleich ist, wenn der Durchmesser der Öffnungen etwa 1,25 der Maschenweite der Drahtgewebe beträgt.

c) Rundlochbleche werden bezeichnet durch den in mm oder Bruchteilen von mm ausgedrückten Durchmesser ihrer Öffnungen oder durch den Modul des das annähernd gleiche Siebergebnis liefernden Gewebes.

Beispiel: Rundlochblech von 3,15 mm als Rundlochblech vom Modul 34, welches das annähernd gleiche Siebergebnis liefert wie das 2,5 mm-Drahtgewebe gleichen Moduls 34.

d) Die Rundlochsiebe dürfen nach dem Stanzen der Bleche nicht gewalzt werden.

e) Das Sieben erfolgt auf der glatten Fläche der Rundlochsiebe.

3. Forschungsarbeiten

Das Komitee ISA 24 hat die nationalen Normenvereinigungen zu gegebener Zeit um Berichte über das Ergebnis der praktischen Anwendung der Normen für gewebte Prüfsiebe gebeten. Diese Bitte wird hiermit an alle Prüfstellen, Laboratorien sowie Dienststellen und staatlichen Materialprüfungsanstalten weitergegeben, damit nach einer gewissen Zeit die Erfahrungen gesammelt werden können. Auf Grund der gemachten Erfahrungen wird zu unterscheiden sein, ob und inwieweit eine Überprüfung der bisher festgelegten Bestimmungen vorgenommen werden muß. Gedacht ist daran, daß z. B. überprüft wird, in welchem Ausmaß die Siebergebnisse voneinander abweichen, wenn mit Sieben gearbeitet wird, die den Normen zwar voll entsprechen, bei denen aber die Maschenweite des einen an der Grenze der Minus-, die des anderen an der Grenze der Plus-Abweichung liegt. Diese Frage ist besonders wichtig für Schiedsuntersuchungen bei Abnahmeuntersuchungen von Mühlen durch Prüfung des gewährleisteten Mahlgrades u. ä.

Weiterhin soll untersucht werden, ob die Überprüfung von Gewebetüchern verschärft werden müßte oder vereinfacht werden könnte und ob es nicht möglich wäre, für fertig bespannte Siebe ein vereinfachtes Prüfverfahren zu erhalten, dergestalt daß die Normenmäßigkeit eines Siebes an dem Ergebnis der Prüfung eines genormten Prüfgutes ermittelt wird.

Als Beitrag für Untersuchungen dieser Art wird das Ergebnis einer Untersuchung gleichen Siebgutes auf drei Prüfsieben mitgeteilt. Die Prüfung wurde im Rahmen anderer Versuche vor Jahren durchgeführt. Für das Prüfsiebgewebe 0,090 DIN 1171 war seinerzeit eine Sollmaschenweite von 88 μ maßgebend, die auch jetzt für die Beurteilung der Siebe und des Siebergebnisses zugrunde gelegt werden soll.

Aus dem gleichen Gewebetuch wurden drei Gewebestücke in verschiedener Breite des Tuches entnommen und in quadratische Holzrahmen eingespannt. Es handelte sich um die in den Zementnormen zur Bestimmung der Mahlfeinheit von Zementen vorgeschriebenen Prüfsiebe von 22 cm lichter Weite und 9 cm lichter Höhe. Sie wurden nach DIN 1171 Blatt 2 geprüft. Das Ergebnis der Prüfung zeigt nachstehende Zahlentafel.

Ein gewaschener, getrockneter und entstaubter Feinsand, der teils aus natürlichen, teils aus zerkleinerten Körnungen bestand, wurde auf dem Sieb A in die Körnungen feiner und gröber als 88 μ zerlegt und die für die Versuche erforderlichen Proben nach Gewicht zusammengesetzt. Die Siebversuche selbst wurden nach den in den Zementnormen vorgeschriebenen Verfahren durchgeführt.

Das Siebergebnis auf Sieb A entsprach naturgemäß den abgewogenen Mengen, während auf den Prüfsieben B und C eine deutliche, sogar wesentliche Erhöhung der Rückstände eintrat. Aus den Versuchsergebnissen läßt sich ein deutlicher Einfluß des innerhalb der nach den Normen zulässigen Grenzen liegenden Feinheitsgrades der Maschen des Größtmaßes einzelner Maschen erkennen. Das Anwachsen des Rückstandes auf den Sieben ist darauf zurückzuführen, daß die größten im Bereich der Maschen mit +15 bis +30% Abmaß liegenden Maschen mit 106 μ bei den Sieben B und C kleiner sind als bei dem Sieb A mit 110 μ und daß das Sieb C, wenn es auch gleiche Maschenweite im Mittel mit dem Sieb B besitzt, eine kleinere Höchstmaschenweite, nämlich 93 gegen 96 μ aufweist.

Für Prüfsieb	A	B	C
Die mittleren Maschenweiten lagen zwischen	84 und 91 μ	84 und 92 μ	84 und 88 μ
Maschenweite im Mittel	88 μ	87 μ	87 μ
Abweichung vom Sollwert 88 μ	0,0%	—1,1%	—1,1%
Größte gemessene Maschenweite	96 μ	96 μ	93 μ
Abweichung vom Sollwert 88 μ	+9,1%	+9,1%	+5,7%
Anzahl der Maschen mit +15 bis +30% Abmaß	4%	4%	5%
Größte gemessene Maschenweite	110 μ	106 μ	106 μ
Abmaß vom Sollwert	25%	20%	20%
Rückstand des Siebgutes	10%	13%	16%

Es wäre sehr zu begrüßen, wenn in dieser Hinsicht Erfahrungen auf breiterer Grundlage gesammelt werden würden. Der Deutsche Normenausschuß ist bereit, diese Unterlagen zu sammeln, den Erfahrungsaustausch herbeizuführen und die gegebenenfalls vorliegenden Ergebnisse allgemein bekanntzugeben, damit sie später als Gemeinschaftsarbeit als Unterlage für die Weiterführung der Normungsarbeit nutzbar gemacht werden können, wenn eine europäische Normung Weltgeltung erlangen wird.

40 Jahre der Erfahrung

im Eisen- und Betonschutz durch Anstrich und Überzug liegen hinter uns. Der Ruf unserer Erzeugnisse beruht auf wissenschaftlicher Durcharbeitung und ständiger Kontrolle des einzelnen Fabrikates seitens unseres Laboratoriums, auf einer Nachprüfung durch berufene Prüfungsanstalten und auf einer Verwertung der vieljährigen Beobachtungen in der Praxis.

Firma Paul Lechler,
Inertolfabrik **Stuttgart-N**

HÄRTEPRÜFER DUROMETER
für

ROCKWELL- und BRINELL-PROBEN
von 15,6—250 kg Belastung

ORIGINAL-BRINELLPRESSEN
Modell **DURANDO** u. a.
für KUGELDRUCKPROBEN
von 187,5—3000 kg Belastung

Einfache Handhabung * Zuverlässige Resultate

Durometer   Durando

REPARATUREN und Überholungen von Kugeldruckpressen ALPHA werden von uns sorgfältig und preiswert ausgeführt

Verlangen Sie unsere Druckschriften

P. F. DUJARDIN & CO., DÜSSELDORF 74

If you have any concerns about our products,
you can contact us on
ProductSafety@springernature.com

In case Publisher is established outside the EU,
the EU authorized representative is:
**Springer Nature Customer Service Center GmbH
Europaplatz 3, 69115 Heidelberg, Germany**

Printed by Libri Plureos GmbH
in Hamburg, Germany